DAS WOHNMOBIL

JOHANNES P. HEYMANN

DAS WOHNMOBIL

CAMPINGBUSSE UND REISEMOBILE
PLANEN - KAUFEN - SELBERMACHEN

MOTORBUCH VERLAG STUTTGART

Einband und Schutzumschlag: Siegfried Horn unter Verwendung eines Farbdias von
VW-Westfalia

ISBN 3-87943-409-3
5. Auflage 1981
Copyright © by Motorbuch Verlag, 7 Stuttgart 1, Postfach 1370
Eine Abteilung des Buch- und Verlagshauses Paul Pietsch GmbH. & Co. KG.
Sämtliche Rechte der Verbreitung – in jeglicher Form und Technik – sind vorbehalten.
Satz und Druck: Rung Druck, 7320 Göppingen
Bindung: Verlagsbuchbinderei Karl Dieringer, 7 Stuttgart.
Printed in Germany.

Inhalt

Grundlagen und Grundfragen

Vom Düsenjet zum Wohnmobil 7
Wohnmobil – ein Sammelbegriff 9
Vorteile und Nachteile, sachlich betrachtet 12
Der Verwendungszweck entscheidet! 18
Kosten und Nebenkosten 28

Basisfahrzeuge

Wer die Wahl hat 39
Die 2,8 t-Grenze 40
Die Frage der Nutzlast 43
Noch ein paar Probleme 50

Wohnmobile

Suchet, so werdet Ihr (vielleicht) finden 75
Mieten oder kaufen 78
Wohnmobil-Kauf: Neu oder gebraucht 82

Eigenbau von A bis Z

Lohnt sich der Eigenbau? 93
Ausgangspunkt: Das Fahrzeug 95
Entwurf und Planung 99
Von A wie Aufmaß bis Z wie Zeichnung 110
Arbeitsplatz und Werkzeug 115
Vorbereitungen am Fahrzeug 116
Grundausbau und Isolation 121
Bord-Elektrik 130
Gas-Versorgung 138
Heizung – Kühlung – Lüftung 147
Wasser-Versorgung 152
Möbel und Einrichtung 159

Sitz- und Liegemöbel 168
Schränke und Staufächer 179
Schutz vor Sicht und Sonne 197
Die flexible Superspar-Einrichtung 201
Ein Kapitel über Zubehör 202

Tips und Adressen

Vor der Reise 208
Auf der Reise 212
Nach der Reise 220
Anschriften und Bezugsquellen 222
Das Wohnmobil und der TÜV 225

Grundlagen und Grundfragen

VOM DÜSENJET ZUM WOHNMOBIL

Die zweite Hälfte des zwanzigsten Jahrhunderts wird vielleicht eines Tages einmal in die Geschichte eingehen als die Zeit des Massentourismus.

Noch vor wenigen Jahrzehnten war Reisen in ferne Länder oder auch nur eine Ferienfahrt relativ beschwerlich.

Da wurde monatelang im Kreise der Familie geplant und gerechnet, Hotelzimmer wurden gebucht, Fahrpläne studiert und schließlich zog man dann mit Sack und Pack zum nächsten Bahnhof.

Nach stundenlanger Schleichfahrt kam man durchgerüttelt und erschöpft am ersehnten Urlaubsort an und sank übermüdet in ein Hotelbett.

Und wie sieht es heute dagegen aus? Noch schneller, noch bequemer und ... noch teurer, aber besser?

In jedem Reisebüro, in jedem Kaufhaus werden einem alle Sorgen und Überlegungen abgenommen (natürlich nicht aus reiner Menschenfreundlichkeit und schon garnicht umsonst), man bucht sein Ticket und läßt sich im Düsenjet in wenigen Stunden in die entferntesten Winkel unserer Erde katapultieren.

Dort liegt man dicht an dicht neben Herrn Müller und Frau Schulze, die wir von zu Hause her schon ausreichend kannten, am Strand. Es wird deutsch gesprochen, deutsch gegessen und zu deutscher Musik geschunkelt, damit man auch ja seine »Gemütlichkeit« hat und nicht zu denken braucht.

Tausende von Urlaubern vor uns haben das alles schon durchexerziert und die Problemlosigkeit solchen Massentourismusses bewiesen. Nach zwei bis drei Wochen wird man braungegrillt in das nächste Flugzeug geschichtet und in Richtung Heimat geschossen. Dort hat man dann fast ein Jahr Zeit, darüber nachzudenken, ob man wiederum als Herdenmensch Urlaub gemacht bekommen will oder ob sich nicht doch eine Möglichkeit ergibt, die kostbarste Zeit des Jahres individueller zu »erleben«.

Im Verlauf unserer Gedankenarbeit stoßen wir dabei früher oder später auch auf das Thema Camping, Caravaning und alles, was damit zusammenhängt. Also informieren wir uns zunächst einmal ganz genau über dieses vielversprechende Gebiet.

In einer der zahlreichen Campingausstellungen wird man von tausenden anderer Besucher, die merkwürdigerweise offenbar die gleiche Idee hatten, von Wohnwagen zu Wohnwagen und von einem Stand zum nächsten Stand geschoben.

Im Gedränge kann man immer nur einen kurzen Blick riskieren, aber zu guter Letzt hat man doch endlich ein Fahrzeug entdeckt, das noch nicht bis zum Überlaufen mit schreienden Kindern, begeisterten Eltern und verstört nach Prospekten kramenden Ausstellern überfüllt ist.

So, da sitzt man nun erleichtert auf der wunderbar weichen Polsterbank und schaut sich erwartungsvoll in dem hell und freundlich eingerichteten fahrbaren Wohnzimmer um. Träume scheinen wahr zu werden. Man denkt an ungebundenes Reisen, an ferne Länder, an unverfälschte Natur. Man träumt davon, morgens in seinem Fahrzeug am gedeckten Kaffeetisch zu sitzen, hinter einem ein Pinienwald, vor einem plätschert das Meer an den weißen Sandstrand, die Vögel zwitschern und der ganze lange Sonnenurlaub liegt noch vor uns. Zugegeben, so etwas gibt es. Aber wie sieht in den meisten Fällen die nüchterne Realität aus?

Mit seinem Wohnwagen kann man sich nicht einfach irgendwo in die Natur stellen, um eine längere Rast einzulegen oder gar zu übernachten. Und selbst auf den meisten öffentlichen Parkplätzen bekommt man Ärger damit. Also ist man als Besitzer eines Wohnwagens gezwungen, einen offiziellen Campingplatz aufzusuchen.

Oder man muß sich mit einem privaten Grundeigentümer arrangieren, was aus verschiedenen Gründen auch wieder nicht das Wahre ist.

Oft wird man also nicht umhin können, sich einen Campingplatz für seinen Urlaub zu suchen. Und da beginnt bereits wieder das alte Leid, man muß sich vorher anmelden, bei guten Plätzen oft schon Monate im voraus seinen Platz buchen, um dann erschreckt festzustellen, daß rundum andere Wohnwagen stehen mit bekannten Gesichtern: Herr Meier, Frau Schulze usw. . . . .

Hat man noch dazu in der Saison einen schlechten Platz erwischt, mit mangelhaften sanitären Einrichtungen, staubig, ohne schattenspendende Bäume, und meist mit kinderreichen Familien gesegnet, also richtige Rummelplätze, dann ist einem auch dieser Urlaub schnell vermiest.

Zugegeben, immer mehr Besitzer von Campingplätzen geben sich sehr viel Mühe, attraktiv zu werden mit vorbildlichen Stellplätzen, ausreichend bemessenen Elektroanlagen, Duschen, Waschgelegenheiten, Sport- und Freizeiteinrichtungen.

Auf diesen Platzen herrscht ein strenges Reglement, meist sogar im Interesse aller Benutzer.

So wird jedem Camper vorgeschrieben, zu welchen Zeiten er mit seinem Fahrzeug kommen oder den Platz verlassen darf, um andere möglichst wenig zu stören. Auch seinen Hund darf der Camper lange nicht auf jeden Platz mitnehmen, sein Radio darf keinen anderen belästigen, Kinder dürfen nicht laut sein und so weiter.

Auch seinen Stellplatz in bestimmter Größe bekommt der Camper vorgeschrieben, selbst wenn der Stellplatz da hinter den Bäumen doch sicher viel schöner ist. Bloß, den haben sich Meiers schon im Winter reservieren lassen.

Daß dieser ganze Verwaltungsaufwand logischerweise nicht billig ist, wird einem manchmal erst klar, wenn man die Standgebühr für eine Nacht mit den Preisen eines einfachen Hotelzimmers vergleicht. Aber wir wollten ja individueller reisen und im eigenen Bett schlafen. Und das kostet eben seinen Preis . . .

Sicher finden viele tausend Camper jährlich auf diese Weise ihre Erholung, und es ist doch relativ bequem, Jahr für Jahr mit dem Haus am Haken zu diesem einmaligen Platz zu fahren.

Man kennt die Fahrstrecke, man weiß eventuell sogar schon, wer dies Jahr seinen Standplatz neben einem hat und so hat alles seine Ordnung, oder?

Aber innerlich quält einen doch der Gedanke, daß sich diese Art der Ferienreise gar nicht so sehr unterscheidet von der vorigen mit dem Düsenjet. Alles ist so durchorganisiert, so fast etwas langweilig.

Und dabei hat man doch so viel Geld in den neuen Caravan gesteckt, weil man ein Stückchen von der Welt sehen wollte, weil man etwas erleben wollte, ein Eckchen Abenteuer.

Und nun diese Routine, und noch nicht einmal so billig, wie man sich das vorgestellt hatte.

Aber was sonst gibt uns die Möglichkeit, frei und ohne große Einschränkungen Ferien zu machen, auf Entdeckungsreisen zu gehen und wirklich die Welt, mit einem Hauch Romantik und Abenteuer, zu erleben?

Die Frage ist leicht beantwortet. Man kann seine Vorstellungen von individuellen Reisen verhältnismäßig einfach und schnell mit einem Wohnmobil verwirklichen. Also mit einem Auto, mit dem man überall hinfahren und in dem man jederzeit wohnen kann.

WOHNMOBIL – EIN SAMMELBEGRIFF

Von jedem Besuch einer Campingausstellung bringt man für gewöhnlich einen dicken Stapel Prospektmaterial mit nach Hause, setzt sich gemütlich in einen Sessel und versucht nun, sich durch den wüsten Papierhaufen hindurch zu arbeiten.

Dabei interessiert natürlich alles ganz besonders, was mit Wohnmobilen zu tun hat.

Verblüfft stellt man dabei fest, daß jeder Hersteller eines solchen Fahrzeuges meint, nur seine spezielle Bezeichnung sei die einzig Richtige. Ich habe einmal nachgezählt und bin auf bisher 34 verschiedene Bezeichnungen gekommen.

Der Einfachheit halber möchte ich daher in diesem Buch alles das, was in den Prospekten als »Campingwagen, Campingbus, Campbus, Camper, Campmobil, Safaribus, Motorcaravan, Reisemobil, Wohnmobil, Motorhome« usw. bezeichnet wird, unter dem Sammelbegriff Wohnmobil zusammenfassen.

Abgesehen von diesen recht gebräuchlichen Begriffen für ein und dasselbe, nämlich ein geräumiges Motorfahrzeug mit Wohneinrichtung, gibt es noch eine ganze Reihe firmeneigener Bezeichnungen, die aus dem Firmennamen und Worten wie Mobil oder Home entstanden sind. Im Grunde sollen auch diese Bezeichnungen nur sagen: Hier ist ein Wohnmobil, aber das besonders gute, nämlich von Firma XY. Wem die pauschale Begriffsbestimmung Wohnmobil zu grob ist, der möge zu der Klassifizierung Campingbus und Reisemobil greifen. Unter einem Campingbus verstehe ich ein als Wohnmobil ausgestattetes Fahrzeug mit einer serienmäßigen Karosserie, wie sie vom Fahrzeughersteller

Fiat 238 (Weinsberg): Mit einem Wohnmobil (hier Fiat 238 mit Weinsberg-Ausbau) ist man überall zu Hause, wie hier mitten im Wald.

Freiheit, ungezwungenes Leben und Erleben, das ist erst mit einem Wohnmobil möglich. Billiger als ein Ferienhaus in Spanien, beweglicher als eine Wochenendlaube: Jede Wiese, jeder Parkplatz oder auch jedes Ufer wie hier das des Gardasees wird zum Ferienplatz. Im Bild der »Joker« (Westfalia) mit Aufstelldach und Dieselmotor.

geliefert wurde und allenfalls durch Sonderzubehör wie Hubdächer, Extrafenster usw. ausgerüstet.

Ein Reisemobil dagegen besitzt zwar ein handelsübliches Fahrgestell, auch das Fahrerhaus kann noch serienmäßig sein, aber die Karosserie ist gesondert und speziell auf die Belange eines Wohnmobils hin angefertigt.

Doch damit mag es nun auch genug sein, ich bin überzeugt, jeder Hersteller hat gewichtige Gründe vorzubringen, warum gerade sein Fahrzeug nur so heißen darf und nicht anders.

Ich bin aber auch überzeugt, daß es im Interesse zumindest vieler Leser dieses Buches ist, mit dem Bezeichnungswirrwarr etwas aufzuräumen und einen Sammelbegriff, nämlich das Wohnmobil, zu schaffen.

Viel wichtiger jedoch ist, Vorteile und Nachteile eines solchen Fahrzeuges einmal sachlich gegeneinander abzuwägen.

Schließlich handelt es sich um eine erhebliche Investition, egal, ob wir unser Wohnmobil mieten, selber ausbauen oder kaufen wollen. Und in das Familienleben greifen wir auch ein, indem wir, zumindest für einige Urlaubsreisen, eine völlig andere Art des Reise-Erlebens wählen.

Und je nüchterner und überlegter wir die Dinge in Angriff nehmen, umso mehr dauerhafte Freude haben wir später viele Jahre an unserem völlig ungebundenen, persönlichen Stil, die Welt zu er-»fahren«.

VORTEILE UND NACHTEILE, SACHLICH BETRACHTET

Sowohl Wohnwagen als auch Wohnmobil besitzen gemeinsam eine Reihe von Vorzügen, die ich hier nur einmal ganz kurz erwähnen möchte, bevor wir uns mit den Unterschieden der beiden Fahrzeugarten befassen:

1.) Sie haben Ihr Quartier immer dabei, also Ihr eigenes Bett mit der gewohnten Bettdecke, Sie brauchen keine Koffer aus- und einpacken, denn Ihre Garderobe hängt ordentlich auf einem Bügel im Kleiderschrank, und auch Ihre speziellen Eßgewohnheiten können in der mitgeführten eigenen Küche fast immer befriedigt werden. Sie haben ein eigenes Waschbecken, Zahnbürste und Handtuch haben ihren festen Platz und werden nicht in irgendeinem Hotel vergessen und in Ihrem Kühlschrank steht immer ihr Lieblingsgetränk wohltemperiert bereit. Und, um auch das noch zu erwähnen, auch von Ihrem WC wissen Sie, wer es benutzt hat, nämlich außer Ihnen keiner.

2.) Ihr Fahrzeug ist jederzeit startbereit, Sie sind also nicht auf irgendwelche Buchungstermine (abgesehen einmal von Campingplatzreservierungen) angewiesen. Immer, wenn Zeit und Gelegenheit gegeben sind, können Sie jetzt reisen. Sommer wie Winter.

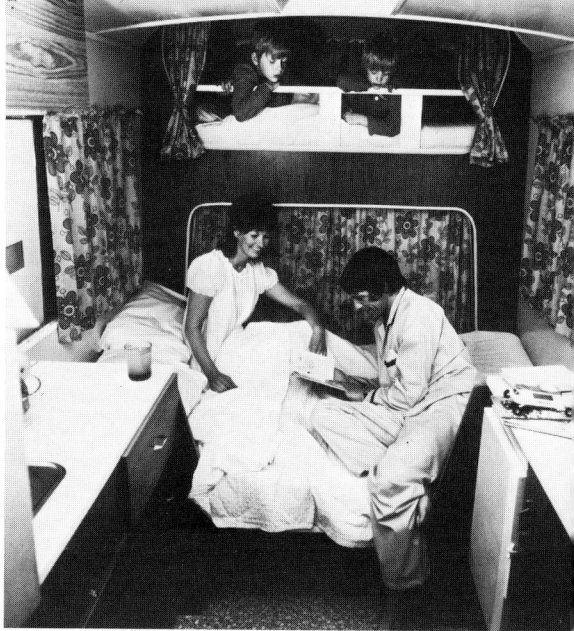

Rolling home: Tag oder Nacht, nie hat man in einem Wohnmobil das Gefühl, in der Fremde zu sein. Das eigene Hotelzimmer ist immer dabei, und Trinkgelder kommen in die eigene Tasche.

12

3.) Die Anschaffung eines Wohnwagens oder Wohnmobils reißt ein beträchtliches Loch in die Brieftasche, aber bei vernünftiger Planung als langfristige Anschaffung eines solchen Fahrzeuges ergibt sich durchaus eine erträgliche Kalkulation.

4.) Außer zu unseren Urlaubsreisen ergeben sich noch eine ganze Reihe anderer Gelegenheiten, ein so geräumiges Fahrzeug zu verwenden. Das sollte man bei Kalkulationen nicht übersehen.

Soweit diese »Zweckentfremdungen« das Wohnmobil betreffen, gehe ich im Text noch ausführlicher darauf ein.

Wenden wir uns nun zunächst den Vorteilen eines Wohnmobils gegenüber dem Wohnwagen zu:

1.) Wohnmobile bis 2,8 t zul. Gesamtgewicht sind nur an die Geschwindigkeitsbegrenzungen gebunden, die auch für PKW gelten.

Dies besagt nicht mehr und nicht weniger, als daß Sie z. B. auf deutschen (nicht DDR!) Autobahnen, soweit es Ihr Motor und die Fahrverhältnisse zulassen, zügig mit 130 km/h (notfalls auch mehr) an den Wohnwagengespannen vorüberbrausen können. Die dürfen nämlich bloß 80 Sachen machen.

Ich will damit keinesfalls zu Rennversuchen auf unseren Straßen auffordern, aber es hat schon seine Vorteile, wenn man auf eintönigen Streckenabschnitten nicht ständig auf den Tacho schielen muß.

Bedford-Blitz (Karosseriewerke Weinsberg): Der Weinsberger Ausbau macht aus dem praktischen Bedford-Blitz ein blitzsauberes Wohnmobil. Das große Hubdach, die praktischen Türtaschen in den weit öffnenden Hecktüren, das alles zeigt die Liebe und die Erfahrung.

Fahrzeuge über 2,8 t zul. Gesamtgewicht sind allerdings an die Beschränkungen gebunden, z. B. in Deutschland auf Autobahnen mit 80 und auf Landstraßen mit 60 km/h.

Aber diese Wohnmobil-Elefanten sind sowieso nicht für Straßenrennen gedacht. Das merken Sie selbst mit Ihrem Wohnmobil spätestens bei kräftigem Seitenwind auf glatter Strecke oder in kurvenreichen Straßen. Aber ein paar Stunden weniger am Steuer sitzen auf einer größeren Urlaubsreise, weil man schneller ist, ist manchmal auch ganz vorteilhaft, oder?

2.) Unser Wohnmobil ist ein jederzeit einsatzbereites, für den Straßenverkehr zugelassenes Fahrzeug.

Deshalb dürfen wir, wie ein normaler PKW, an allen öffentlichen Straßen und Plätzen halten und parken. Natürlich nur, wenn nicht die zuständige Behörde ausgerechnet da Teile ihres Schilderwaldes deponiert hat.

Was die Frage betrifft, ob man in einem ordnungsgemäß geparkten Wohnmobil auch übernachten darf, so ist die Rechtsprechung leider recht unterschiedlich, selbst innerhalb Deutschlands. Wo in einem Land davon gesprochen wird, daß man wegen einer Übernachtung in seinem Wohnmobil bereits gegen das Meldegesetz verstoßen habe (wie praktisch für das Hotelgewerbe!), gehen andere Länder erst, und auch nur in Extremfällen, auf die Barrikaden, wenn man wochenlang seinen Urlaub auf einem öffentlichen Parkplatz verbringt. Aber das ist wohl auch nicht der Zweck eines Wohnmobils, denn das Wort mobil heißt ja beweglich! Auch zu diesem Thema Ausführliches unter Reisetips.

3.) Wo mancher Wohnwagenfahrer beim Rangieren oder Rückwärtsfahren Blut und Wasser schwitzt, um ohne Kollision davonzukommen, sitzen wir in unserem Wohnzimmer am Lenkrad, steuern unser Fahrzeug wie einen PKW durch die Gegend und haben dank der erhöhten Sitzposition noch dazu einen weitaus besseren Überblick über das Verkehrsgeschehen.

4.) Ein Wohnmobil ist das ideale Reisefahrzeug für häufigen Standortwechsel. Es entfällt jegliches An- oder Abkuppeln wie bei Gespannen. Auch das Ausrichten des Wagens mit Kurbelstützen usw. kann man getrost vergessen.

Wer nicht gerade ein Vorzelt aufgebaut hat oder sein Boot am Haken mitschleppt, kann im wahrsten Sinn des Wortes aus dem Bett steigen und das nächste Urlaubsziel ansteuern, während der Copilot (es darf natürlich auch eine Pilotin sein) das Frühstück vorbereitet. Aber so eilig sollte man es eigentlich in den Ferien nicht haben.

Ein verregneter Tag ist also künftig kein Grund mehr, an Petrus zu verzweifeln. Ein- bis zweihundert Kilometer weiter ist das Wetter vielleicht besser, und wie schnell hat man die abgespult. Und Begriffe wie Buchungen oder Standgebühr kann man als zünftiger »Wohnmobilist« sowieso vergessen.

(Eine Ausnahme bilden auch hier die Ostblockstaaten, wo man sich tunlichst an vorgeschriebene Reiserouten und Übernachtungsplätze halten sollte).

5.) Gerade dort sind häufig die landschaftlich interessantesten Stellen zu finden, wo man mit einem Wohnwagengespann nicht hinkommt. Hier macht sich die Handlichkeit und oft auch bessere Geländegängigkeit des Wohnmobils vorteilhaft bemerkbar.

Fahren Sie einmal am späten Nachmittag mitten durch Paris oder in der Hochsaison über eine schmale Pyrenäenstraße, dann wissen Sie, was ich meine.

6.) Je nachdem, wie Ihr Fahrzeug zugelassen ist, können sich während der Fahrt auch im Wohnteil des Fahrzeuges Personen aufhalten. Das macht sich besonders auf längeren Fahrten sehr vorteilhaft bemerkbar. Kinder können auf der Reise schlafen oder spielen, auch der Beifahrer kann sich aufs Ohr legen und dann, frisch ausgeruht, mit Ihnen den Platz am Lenkrad tauschen.

7.) Müssen Sie Ihr Wohnmobil verschiffen oder verladen, macht es sich in der Reisekasse angenehm bemerkbar, daß Sie kein Gespann aus PKW und Caravan besitzen, sondern nur noch ein Fahrzeug. Zugegeben, es sind keine horrenden Ersparnisse, aber immerhin.

8.) Da Ihr Wohnzimmer bereits im Fahrzeug selbst enthalten ist, haben Sie natürlich auch die Möglichkeit, Ihr Wohnmobil als Zugwagen für einen Caravan oder einen Bootsanhänger zu benutzen. Das hat schon viele Wohnwagenbesitzer zum Wohnmobil bekehrt.

9.) So ein Wohnmobil bietet aber nicht nur in ein paar Wochen Urlaub eine große Reihe von Vorteilen, sondern auch im normalen Alltagsbetrieb.

Sie haben gleichzeitig nämlich ein rollendes Büro, wenn Sie so etwas brauchen sollten, beim Bau Ihres Hauses dient das robuste, mit ein paar alten Decken ausgestattete Wohnmobil als billiger LKW für Baustoffe, man kann auch gut im Fahrzeug auf der Baustelle übernachten und so den seltsamen Schwund an Baustoffen und Einrichtungsgegenständen in Grenzen halten. Ist dann der Neubau endlich bezugsfertig, hat man mit seinem Wohnmobil ein recht praktisches Möbelwägelchen zur Hand, mit dem man all die tausend Kleinigkeiten transportieren kann, die sonst von einer Möbelspedition aufwendig verpackt werden müssen.

Aber auch beim Transport des defekten Fernsehers oder beim Großeinkauf im nächsten Supermarkt zeigt so ein Wohnmobil, wieviel Platz noch drinsteckt.

Zum Wochenende schließlich ist man schnell mit seinem Fahrzeug in der näheren Umgebung und kann endlich auch einmal dort ausgiebig auf Entdeckungsreise gehen, wo man bisher aus Rücksicht auf Essen oder Übernachten allenfalls einen Tagesausflug machen konnte.

Auch ein Messebesuch oder ein sportliches Ereignis ist jetzt viel leichter zu bewältigen. Abends fährt man hin, sucht sich einen gutgelegenen Parkplatz in der Nähe der Veranstaltung aus und kommt am nächsten Morgen frisch und munter aus seinem rollenden Hotelzimmer geklettert.

Aber es gibt noch viel mehr Möglichkeiten, so ein Wohnmobil im Alltag einzusetzen. Wenn unvermutet einmal mehr Gäste kommen, als erwartet, so haben Sie ja immer ein komplettes Gästezimmer mit fast allem Komfort vor der Haustür stehen, Sie haben sogar die Möglichkeit, Ihre Gäste ganz exklusiv an den schönsten Stellen Ihres Wohnortes die Nacht verbringen zu lassen.

Zur nächsten Party bei Freunden können Sie natürlich auch Ihr Wohnmobil mitbringen und dort vor der Haustür abstellen.

Mancher feiert viel ausgelassener ohne Promillesorgen und in dem Bewußtsein, das eigene Bett in der Nähe zu haben.

(Hier jedoch ein Hinweis: Der menschliche Körper baut durchschnittlich nur ca. 0,1 Promille je Stunde vom Blutalkoholgehalt ab, also sind nach z. B. acht Stunden Schlaf erst ca. 0,8 Promille weg. Bitte denken Sie daran, ehe Sie sich ans Steuer setzen!)

Auf einen der interessantesten Punkte, sein Wohnmobil im Alltag zu verwenden, möchte ich an dieser Stelle nur ganz kurz hinweisen.

Manche Wohnmobile sind bereits vom Hersteller so konstruiert worden, daß das gesamte Mobiliar mit ein paar Schrauben im Fahrzeug befestigt ist. Mit wenigen Handgriffen läßt sich dann das Wohnmobil zu einem geräumigen Kastenwagen verwandeln, indem man die Einrichtung vorübergehend herausnimmt.

Man hat also bewußt die Möglichkeit geschaffen, das Fahrzeug wochentags als Transporter o. ä. seine Brötchen verdienen zu lassen und hat zum Wochenende oder Urlaub doch rasch wieder ein bequemes Campingfahrzeug zur Hand.

Bei einer fälligen Neuanschaffung des nächsten Fahrzeugs sollte man sich diese mögliche Doppelfunktion, oder auch die weiter unten erwähnte, durchdenken.

Vielleicht läßt sich dann Ihr nächster Firmenwagen bei Bedarf als Wohnmobil »zweckentfremden«.

Bei der Betrachtung der Inneneinrichtungen werden wir uns auch mit flexiblen Einrichtungen von Wohnmobilen befassen, und im Kapitel Eigenbau werden auch passionierte Bastler bzw. Heimwerker manche Anregung zu diesem Thema finden.

Größere Familien werden sicher auch Überlegungen anstellen, ein Fahrzeug anzuschaffen, das sich sowohl als Großraum-PKW als auch als Wohnmobil verwenden läßt.

Hierbei spielt allerdings die Dimensionierung eine wichtige Rolle. Einerseits möchte man in einem Wohnmobil verständlicherweise recht viel Platz haben. Andererseits, wenn man mit so einem Fahrzeug tagtäglich am Straßenverkehr, noch dazu während des Berufsverkehrs, teilnehmen will, muß man schon ein wendiges, nicht zu unhandliches Modell nehmen, das PKW-ähnlich zu fahren ist.

Ich halte hierfür Fahrzeuge wie zum Beispiel den VW-Bus oder den Fiat 238 E für den besten Kompromiss, aber diese Entscheidung soll jeder persönlich treffen.

Nachdem wir uns nun an den Vorteilen eines Wohnmobils erfreut haben, wenden wir uns seinen Schattenseiten zu. Wie sagte Götz von Berlichingen doch: »Wo viel Licht ist, da ist auch viel Schatten«. Allerdings meinte er damit sicherlich nicht das Wohnmobil. Eine kritische Betrachtung der Nachteile des Wohnmobils gegenüber dem Wohnwagen ergibt Folgendes:

1.) Ein Wohnmobil besteht aus dem Wohnteil und einem kompletten Kraftfahrzeug. Es ist also wesentlich teurer in der Anschaffung, und auch die laufenden Kosten wie Wartung, Steuern und Versicherung und natürlich auch Reparaturen sind zu berücksichtigen.

2.) Bei gleicher Wagenlänge hat man im Wohnmobil weniger Platz, denn irgendwo müssen ja Motor, Nebenaggregate, Tank, Fahrgestell, Reserverad und Fahrerhaus untergebracht werden.

Auch bei der Konzeption eines Transporters oder Kastenwagens wird im Herstellerwerk von ganz anderen Gesichtspunkten ausgegangen, als dies uns für unsere Wohnmobilwünsche angebracht erscheint. Der Wohnwagen dagegen kann von Anfang an von innen nach außen geplant werden, und auch die Sonder-Karosserien der Reisemobile haben es etwas besser.

3.) Die Lebensdauer eines Wohnmobils ist allgemein nicht so groß wie bei einem Wohnwagen.

Schließlich altert ja das Kraftfahrzeug schneller, als das zum Beispiel bei einer Polyesterkarosserie der Fall ist. Rost und Verschleiß finden mehr Angriffspunkte, und schlimmstenfalls zieht der TÜV bei der nächsten Untersuchung unser Wohnmobil aus dem Verkehr, obwohl noch nicht einmal die Polsterstoffe durchgesessen sind. Aber wie überall kann auch hier rechtzeitige gute Pflege diesen Zeitpunkt weit hinausschieben.

4.) Wird unterwegs eine größere Reparatur fällig und das Fahrzeug muß für einige Zeit in die Werkstatt, ist man doch wieder gezwungen, sich nach einem Hotelzimmer umzusehen.

5.) Hat man an seinem Urlaubsort einen günstigen Standplatz für sein Wohnmobil gefunden, scheut man sich verständlicherweise, wegen jeder kleinen Besorgung wie Zeitung holen oder Wassertanks auffüllen, mit dem Fahrzeug loszubrummen. Hier ist der Wohnwagenbesitzer besser dran, er fährt nur mit dem Zugwagen. Aber selbst für solche Probleme gibt es durchaus akzeptable Lösungen wie Pick-up-Aufbauten, z. B. die Tischer-Wohnkabine. In geräumigen Wohnmobilen findet sich vielleicht auch noch ein Plätzchen für einen Einkaufswagen, ein Klappfahrrad oder ein Mini-Moped.

Als Extrakt aus der Summe von Vorteilen des Wohnmobils gegenüber dem Wohnwagen könnte man die Unabhängigkeit, die Freiheit des Reisens bezeichnen.

Bei der Betrachtung der Nachteile ist am augenfälligsten der Kostenfaktor.

Auf eine kurze Formel gebracht, bedeutet es soviel wie etwa: »Unabhängigkeit kostet Geld«.

Aber lassen Sie sich bitte dadurch nicht entmutigen, wir wollen in anderen Kapiteln dieses Buches versuchen, die unvermeidlichen Kosten so gering wie möglich zu halten. Und es muß ja auch nicht gleich eine jener Traum-Landyachten zu sein, die für den Preis eines mittleren Einfamilienhauses erworben werden dürfen. Bevor wir uns also den Kopf zerbrechen, wie ein Wohnmobil zu bezahlen ist, müssen wir zunächst einmal klarstellen, wozu wir es denn speziell einsetzen wollen, also welchen Zweck es erfüllen soll. Ein Wohnmobil zur Afrikadurchquerung ist nämlich doch etwas anders als ein Sonntagsnachmittagsausflugsfahrzeug, sowohl in der Ausrüstung als auch im Preis.

DER VERWENDUNGSZWECK ENTSCHEIDET!

Wenn Sie heute vor der Entscheidung stehen, sich ein Wohnmobil anzuschaffen, so wissen Sie möglicherweise noch nicht, welche Aufgaben dieses Fahrzeug in zwei, drei oder mehr Jahren erfüllen soll. Auf keinen Fall sollten Sie daher auf zu kurze Sicht disponieren. Selbst wenn Sie momentan nur daran denken, auf möglichst preiswerte Weise ein einfach ausgestattetes Fahrzeug für Wochenendausflüge zu erwerben, sollten Sie zumindest an spätere Ausbau- und Ergänzungsmöglichkeiten gewisse Anforderungen stellen. Die Wahrscheinlichkeit ist relativ hoch, daß Sie bereits im nächsten oder übernächsten Jahr eine größere Urlaubsreise mit Ihrem neuen Wohnmobil unternehmen wollen (schon damit es sich besser rentiert).

Und wer jetzt plant, mit seinem Neuerwerb in Frankreich oder Spanien einen geruhsamen Urlaub zu verleben, findet sich bald mitten in der

Planung einer Afrika- oder Asienreise wieder. Selbst ein Trip quer durch die Vereinigten Staaten ist für einen unternehmungslustigen Wohnmobilbesitzer absolut nichts Ungewöhnliches. Zumal man in den USA vom einfachsten Wohnmobil bis zu riesigen Reisemobilen alles auch mieten kann. Und so, wie der Dollarkurs zur Zeit steht, durchaus diskutabel.

Ich möchte Ihnen damit nur einmal klarmachen, wer einmal »Blut geleckt« hat mit dieser Art des ungebundenen Reisens, den läßt es so schnell nicht wieder los. Und lieber macht man sich vor dem Kauf und beim Lesen dieses Buches etwas länger Gedanken über seine Absichten und Möglichkeiten, als hinterher enttäuscht zu sein oder mit einem ungenügend ausgestatteten Wagen ständig improvisieren zu müssen. Leider gibt es auch gegenteilige Fälle. Da hat ein allzu gewandter Verkäufer jemandem ein Fahrzeug mit allen Schikanen aufgeschwatzt, der hinterher ernüchtert feststellt, daß er sich doch eigentlich in einem Hotelzimmer wohler fühlen würde.

Deshalb für völlig Unerfahrene ein gutgemeinter Rat: Mieten Sie sich ein Wohnmobil, am besten eins in der Größenordnung, die Sie sich anzuschaffen gedenken. Scheuen Sie nicht die hoch erscheinenden Mietgebühren für eine oder mehrere Wochen, um festzustellen, wie man sich als Kapitän einer Landyacht fühlt.

Dieses Geld ist nicht hinausgeworfen. Erstens ist es immer noch weitaus billiger, als der Verkauf eines 4 Wochen alten Wohnmobils mit seinen sämtlichen Nebenkosten, und zweitens, was wahrscheinlicher ist, sammeln Sie unheimlich viel Erfahrungen in dieser Zeit. Und die kommen Ihnen beim Kauf Ihres eigenen Fahrzeuges wieder zugute. Indem Sie dann wissen, worauf Sie speziell in Ihrem Fall achten sollten.

Übrigens, wo man Fahrzeuge mieten kann, sagt Ihnen fast jeder Wohnmobilhersteller oder -Händler, und einige Adressen finden Sie auch am Ende dieses Buches.

Und noch etwas: Zu kurz sollte man die Testzeit mit einem gemieteten Fahrzeug auf keinen Fall wählen, mit einer Fahrt nur einmal um den Häuserblock ist noch gar nichts bewiesen.

Erst nach ein paar hundert Kilometern Strecke und wenigstens zwei bis drei Nächten (die erste Nacht ist die Schlimmste, weil alles noch ungewohnt ist) kann man sich ein ungefähres Bild machen, ob man sich auch auf längeren Reisen im Wohnmobil wohlfühlt und welche Anforderungen an Größe, Einrichtung und technische Ausrüstung (zum Beispiel: Motorstärke) sich auf Grund dieser Erfahrungen ergeben.

Eine Entscheidungshilfe für die Anschaffung eines Wohnmobils liegt bereits vor Ihnen: Dieses Buch.

Weitere Hilfen sind die Prospekte von Herstellern. Aber das Wichtigste ist, daß Sie sich ein Programm machen, indem Sie Ihre ganzen Wün-

Viel besser als der übliche Sonntag-Nachmittags-Spaziergang ist ein kompletter Wochenend-Kurzurlaub. Vorausgesetzt, man hat ein handliches, kompaktes Wohnmobil, das man auch in der Woche als PKW-Ersatz nutzen kann. (Fiat 238 E Cosmos-Weinsberg).

sche und Vorstellungen und auch Ihre finanziellen Möglichkeiten einfach auf ein Blatt Papier schreiben!

Dieses Programm, das Sie ganz speziell auf sich abstimmen sollten, sollte zumindest auf folgende Fragen eingehen:

1.) *Nutzungsart*

1.1) Wird das Fahrzeug, egal ob neu, gebraucht oder selbst ausgebaut, nur als Wohnmobil benötigt?

1.2) Ist eine zweifache Nutzung (z.B. Lieferwagen/Wohnmobil) möglich?

1.3) Soll es nur zu Wochenenden oder kleinen Reisen benutzt werden?

1.4) Soll es für größere Urlaubsfahrten in Europa dienen?

1.5) Besteht die Absicht, große Reisen, auch in schwierigem Gelände, zu unternehmen?

1.6) Soll es als Expeditionsfahrzeug in schwierigsten Bedingungen bestehen?

1.7) Ist nur eine »Schönwetternutzung« vorgesehen oder soll auch z.B. volle Wintertauglichkeit erreicht werden?

Mit einem nachrüstbaren Aufstelldach kann aus jedem neueren VW-Transporter ein individuell eingerichtetes Wohnmobil werden. Durch die geringe Bauhöhe des einge-klappten Dachteils kommt man auch in jedes Parkhaus und auch in die eigene Garage.

1.8) Wird das Wohnmobil längerfristig, zum Beispiel als Zweitwoh-nung für Künstler, Artisten, Monteure usw., bewohnt?

1.9) Sind nur kurze Nutzeiten wie Messebesuche, Wochenendfahr-ten oder gelegentliche Reisen eingeplant?

1.10) Wieviel Jahre soll das Fahrzeug bei normaler Nutzung seine Auf-gaben erfüllen?

2.) *Platzbedarf*

2.1) Wieviel Personen gehen auf die Reise? Wieviel Schlafplätze?

2.2) Wieviel davon sind Kinder, die sich auf langen Fahrten oder an Regentagen im Wagen beschäftigen wollen?

2.3) Wird ein Haustier mitgenommen?

2.4) Welche Tätigkeiten (Hobbys) sollen unterwegs ausgeübt werden können?

2.5) Welche Anforderungen bestehen hinsichtlich:
   a) Größe und Bequemlichkeit der Schlafplätze?
   b) Anzahl der Sitzplätze im Wohnteil und Fahrerhaus?
   c) Schrankraum und Stauplatz?
   d) Kochgelegenheit? Grill? Backofen?

Viele Firmen bieten dem Selbstausbauer komplette Bausätze, um aus einem vorhandenen Basisfahrzeug ein zweckmäßiges Wohnmobil zu basteln. Im Bild ein Mosaik-Programm für den Mercedes 207 D/208 von Westfalia.

    e) Waschbecken, Dusche?
    f) Kühlbox/Kühlschrank?
    g) Toilette? Extra-Toilettenraum?
    h) Heizung/Klimaanlage?
    i) Tischfläche, Ablagemöglichkeiten?
    k) Bewegungsraum?
    l) Platz für Zubehör, Vorräte usw.?
    m) getrennte Anordnung von Schlaf- und Sitzplätzen?
2.6) Ist das Fahrzeug in den äußeren Abmessungen nach Klärung der Raumansprüche noch handlich genug?

Haben Sie diese Fragen ganz sachlich und Ihren persönlichen Wünschen entsprechend geklärt, und auch noch dies und jenes bedacht, was nur auf Ihren speziellen Fall zutrifft, so sind Sie ein gutes Stück auf dem Weg zum Wohnmobil vorangekommen. Als nächstes Problem dürfte nun die Frage nach den Kosten auftauchen.

Zuvor jedoch möchte ich für alle diejenigen unter Ihnen, die noch keine Gelegenheit hatten, »Camping«-Erfahrungen zu sammeln und für die dieser Fragenkomplex völliges Neuland bedeutete, einige Merkmale aufzählen, an denen man ein durchdachtes und brauchbares Wohnmobil erkennen kann.

Sicher wird nicht jedes Fahrzeug alle Merkmale zugleich besitzen, dazu sind die Konstruktionen zu unterschiedlich und ebenso auch die Ansprüche der Käufer. Es gibt aus diesem Grund auch kein »Idealfahrzeug«, es sei denn, man baut es sich selbst nach seinen Vorstellungen aus. Aber auf den Selbstbau kommen wir später noch ausführlich zu sprechen, hier zunächst die Merkmale eines guten Wohnmobils:

1.) *Straßenlage*
Ein Wohnmobil kann noch so praktisch oder noch so billig sein, wenn Sie beim Fahren in jeder Kurve befürchten, umzukippen oder hinten wegzurutschen, haben Sie an Ihrem Fahrzeug keine Freude. Deshalb: Probefahrt mit beladenem (!) Wohnmobil. Notfalls ein paar Säcke Sand einladen.
Auch die Gewichtsverteilung beachten. Was sagt der Motor zum vollbeladenen Wohnmobil, genügt Ihnen noch das Durchzugsvermögen?

2.) *Raumnutzung*
Ein Wohnmobil ist bei gleicher Wagenlänge innen enger als ein Wohnwagen (Fahrerhaus, Antrieb usw.). Deshalb ist die Nutzung des vorhandenen Raumes entscheidend. Eine raffiniert ausgetüftelte Einrichtung und eine kompakte Bauweise kommt der Handlichkeit des Fahrzeuges im Straßenverkehr und letztendlich auch Ihrer Brieftasche entgegen. Immer praktisch ist eine Dinette, also eine Sitzbankgruppe, die sich abends mit wenigen Handgriffen in ein bequemes Doppelbett verwandeln läßt. Bettbreite beachten! Unter 70 cm Breite je Schlafplatz wird es unbequem bzw. unzumutbar. Zweckmäßig ist, wenn zumindest ein (Not-)Bett auch tagsüber ständig aufgebaut sein kann, sei es als zusätzliche Gepäckablage oder für den Fall, daß unterwegs einer krank ist, oder auch wenn man sich bloß zwischendurch mal ein Stündchen aufs Ohr legen will.

3.) *Fahrzeug-Service*
Auch die hübschesten Gardinen im Wohnteil können nicht darüber hinwegtrösten, wenn die Technik unseres Fahrzeugs streikt. Ich meine damit nicht nur eine defekte Wasserversorgung oder ausgefallene Heizung, viel wichtiger ist ein guter und weitverbreiteter Kundendienst des Werkes, das unser Fahrgestell, also unseren Auto-Teil, fabriziert hat. Besonders bei größeren Auslandsreisen kommt es außer auf Robustheit und geringe Störfälligkeit des Fahrzeugs auch auf ein dichtes Kundendienstnetz an.

4.) *Verarbeitung*
Aber nicht nur das Fahrwerk unseres Wohnmobils soll lange halten,

auch die Einrichtung. Eine möglichst solide Verarbeitung aller Teile ist genau so wichtig wie die Wahl der Möbelschlösser, die weder bei der Fahrt aufspringen dürfen noch klappern sollten und sich dennoch einfach bedienen lassen. Auch die Möbel selbst verdienen Beachtung. Türen, Stauraumklappen und Schubladen dürfen nicht klappern oder gar versehentlich aufgehen während der Fahrt. Und Möbel mit scharfen Ecken verursachen im günstigsten Fall bloß blaue Flecken und können bei einer Notbremsung oder einem Unfall für die hinten Mitreisenden zu einer Lebensgefahr werden.

5.) *Isolierung*

Eine gute und fachgerechte Isolierung aller Außenseiten des Wagens (also auch Dach und Fußboden!) ist unabdingbar. Selbst wenn Sie (noch) nicht vorhaben, Wintercamping zu machen, so dient eine ausreichende Isolierung auch Ihrem Wohlbefinden beträchtlich in den warmen Jahreszeiten. Und eine volle Wintertauglichkeit kostet relativ auch nicht viel mehr als eine mittelmäßige »Isolierung«.

Achten Sie bitte auch darauf, daß nirgends Kältebrücken (Stellen unzureichender Isolierung führen zu verstärkter Kondenswasserbildung!) vorhanden sind. Ebenfalls lassen große Fensterflächen ohne Doppelverglasung und überdimensionierte Dachhauben sehr viel Wärme bzw. Kälte herein.

6.) *Heizung, Lüftung*

Will man sich an seinem Wohnmobil zu jeder Jahreszeit freuen, ist eine gute Heizung genau so wichtig wie eine astreine Lüftung. Bei der Heizung sollten wir darauf achten, daß die Wärme möglichst gleichmäßig im gesamten Innenraum verteilt wird, also auch in Ecken und im Fußraum. Eine Heizung ohne eine Luftumwälzung im Raum führt nur zu kalten Füßen und warmen Köpfen, und wer mag das schon? Die Frage, welche Heizung wann empfehlenswert oder angebracht ist, wird im Kapitel »Eigenbau von A bis Z« näher untersucht.

Auch der Lüftung des Wohnmobils sollte man unbedingt die gebührende Achtung schenken. Man braucht eine Dauerlüftung im Wagen, also z.B. eine Öffnung im Wagenboden und eine im Dach, die eine ständige Querlüftung bewirkt und so das Stocken und Schimmeln des abgestellten Fahrzeugs verhindert. Aber auch beim Aufenthalt im Fahrzeug, besonders nachts, brauchen wir ständig Sauerstoff. Und wenn im Wagen gekocht oder gewaschen wird, entstehen Wrasen, die ebenfalls so schnell als möglich abgeführt werden müssen, wenn sie nicht als Kondensat die Wände langlaufen sollen. Hierzu ist erforderlich, daß sich weitere Fenster, Türen oder Dachöffnungen aufmachen lassen, ohen daß Regen oder z.B. auch Ungeziefer (Mücken) eindringen kann.

7.) *Durchgang zum Fahrerhaus*
Man sollte darauf achten, einen wenn auch noch so engen Durchgang vom Wohnraum zum Fahrerhaus zu bekommen.

Selbst wenn dieser Durchgang zeitweise, zum Beispiel durch herausgeklappte Gaskocher, Waschraumtüren oder Ähnliches, versperrt ist. Man hat dann aber wenigstens abends die Gelegenheit, das Fahrerhaus als Kleiderablage zu benutzen, man kann bei schlechtem Wetter vom Lenkrad aufstehen und trocken in den Wohnteil gelangen, und nicht zuletzt kann man auch notfalls einmal schnell losfahren, ohne erst das Fahrzeug verlassen zu müssen.

Wichtig ist, daß dieser Durchgang mittels Vorhang, Falttüren oder anders geschlossen werden kann, denn denken Sie bitte an die großen Einscheibenverglasungen des Fahrerhauses und die damit verbundene schlechte Wärmedämmung.

8.) *Zweckmäßigkeit*
Alleine über dieses Thema könnte man ein dickes Buch schreiben, aber ich möchte Sie an dieser Stelle nur bitten, auf die möglichst praktische Anordnung all der Teile zu achten, mit denen Sie unterwegs laufend zu tun haben.

Zum Beispiel sollten die Wassertanks leicht erreichbar sein zum Säubern und auch zum Füllen, an die Gasflaschen und den Hauptabsperrhahn müssen Sie öfters heran, und auch der Toilettenbehälter erfordert häufigere Reinigung und Leerung. Denken Sie bitte auch daran, daß praktisch bei jedem Halt das Hub- oder Aufstelldach geöffnet und anschließend wieder geschlossen werden will, falls Sie nicht ein Fahrzeug mit genügend hohem Kastenaufbau vorziehen.

Und wenn man artistische Verrenkungen begeh'n muß, um den Kühlschrank ein- oder umzuschalten (probieren Sie es doch bitte einmal bei passender Gelegenheit aus), so zeigt das die ungenügende Denkarbeit des Konstrukteurs oder seine Ansicht, daß die Platzverhältnisse keine bessere Lösung zulassen. Manchmal hat er damit sogar Recht, besser Artistik als gar kein Kühlschrank.

9.) *Stauraum*
Werfen Sie bitte auch einen Blick in die Stauräume, also all die Schränke, Kästen und Schubladen, in denen Sie auf Reisen Ihre Sachen unterbringen müssen.

Wo lassen sich Dinge wie nasse Regenmäntel, feuchte Badesachen und schmutzige Schuhe unterbringen, ohne allzu sehr zu stören oder gar Schaden anzurichten? Ist der Kleiderschrank innen mit einer Verkleidung ausgeschlagen, damit unsere guten Sachen bei der ständigen Schaukelei während der Fahrt nicht an den Wänden scheuern oder gar an vorstehenden Schraubenköpfen o.ä. hängenbleiben? Ist ein Extra-Kasten vorgesehen, wo die Schmutzwäsche unterwegs verstaut werden kann? Sind die Geschirrschränke innen gepolstert und mit Geschirrkörben ausgestattet, damit nichts klappert? Zumindest sollten handelsübliche Geschirrkörbe oder Stapelgeschirr aus Kunststoff in die Schränke hineinpassen. Kann während der Fahrt nichts aus den Stauräumen herausfallen? Sind die Türen und Klappen aufspringsicher?

10.) *Ausstattung*
Machen Sie bitte auch gleich einmal eine längere Sitzprobe in Ihrem »Traumwagen«. Wenn Sie nach 15 Minuten noch immer locker und angenehm sitzen, zeigt es, daß der Fabrikant vernünftig gearbeitet hat. Werden Sie aber schon eher unruhig, stimmt etwas nicht. Ist die Sitztiefe ausreichend, sind die Polster stark genug?
Ist vielleicht die Rückenlehne zu steil? Schließlich wollen Sie ja Ihren Urlaub nicht in der Haltung eines preußischen Generals, kerzengerade und unbequem, verbringen, oder? Und auch der Tisch sollte ausreichend groß sein, damit alle Mitreisenden zugleich dran essen können. Auch die Beinfreiheit am Tisch ist einen Blick wert, wenn mehrere Personen dran sitzen. Weder der Tisch darf allzusehr hindern, unsere Beine auszustrecken, noch darf man sich gegenseitig auf die Füße trampeln.
Und da wir gerade, hoffentlich bequem, sitzen, schauen wir uns die Möbelstoffe an. Sind sie pflegeleicht, strapazierfähig und möglichst so gemustert, daß man nicht jeden Fleck sieht? Sind sie leicht abzunehmen zur Reinigung? Ziehen sie Falten, wenn wir drauf gesessen haben, dann kann es auch sein, daß diese Falten uns drücken, sobald wir auf den Polstern schlafen wollen.
Abschließend noch ein Blick auf die Möbeloberfläche. Sind die Oberflächen leicht zu reinigen, schmutzunempfindlich und kratzfest? Was sagt der Fußbodenbelag, kann man ihn schnell reinigen? Läßt sich hereingetragener Sand gut ausfegen? Ist er trotzdem angenehm, wenn man nachts mal barfuß drauf rumlaufen muß? Bei Teppichboden sind mir einzelne, herausnehmbare Fliesen lieber, sie lassen sich notfalls auch einmal leicht auswechseln! Auch die Gardinen (obwohl das nicht unseren Kaufentschluß beeinflussen sollte, wenn alles andere stimmt) sollte man sich einmal anschauen. Die netteste und freundlichste Gardine kann zur Qual werden, wenn man sich abends bei Licht im Fahrzeug oder auch morgens beim Anziehen nicht unbeobachtet fühlen kann. Dichte Vorhänge, Rollos oder Blenden (notfalls Pappen) schaffen hier leicht Abhilfe, aber warum hat der Fabrikant nicht gleich daran gedacht? Fährt der denn nicht selbst mal mit seinen Fahrzeugen? Oder

hat er es gern, wenn ein Dutzend Kinder durch die Fenster blinzelt bei unserer Morgentoilette?

11.) *Wünsche*

Die Liste der Wünsche an unser Wohnmobil ist logischerweise von Käufer zu Käufer unterschiedlich und auch unterschiedlich lang. Dennoch ergeben sich eine Reihe von wünschenswerten Dingen, die uns das Reisen und Leben im Wohnmobil angenehmer gestalten können. Je mehr davon bereits in der Grundausstattung des Fahrzeuges enthalten ist, umso weniger braucht man hinterher mühsam einzeln zu beschaffen, und auch die Frage der Anbringung geht einen nichts mehr an. Sehen wir uns einmal um, was praktisch und wünschenswert ist:

A Abfallbehälter mit Deckel, leicht abnehmbar angebracht, damit man ihn schnell an der nächsten Mülltonne leeren kann.

B Batterie extra, über Trennrelais gesteuert, für alle Stromverbraucher im Wohnbereich, besser als leere Starterbatterie.

C Chemikaltoilette, mit oder ohne Wasserspülung, für dringende Bedürfnisse unentbehrlich.

D Dusch-Anschluß, zumindest Schlauchbrause, am Wasserhahn anklemmbar, und so lang, daß man im Freien duschen kann.

E Ersatzeil-Liste aller technischen Einrichtungsteile, die störanfällig sein könnten.

F Fahrersitz, zumindest bei Fernreisen praktisch, in Spezialausführung als Schwingsitz, um Ermüdungen zu verhindern.

G Gebrauchsanweisungen in einer Mappe griffbereit für alle technischen Einrichtungen an Bord.

H Halterungen für Zubehör wie Zahnputzgläser, Handtücher, Garderobe usw. kann man nie genug haben.

I Insektenschutzvorhänge an der Tür innen angebracht, und auch an den Ausstellfenstern, sind oft unentbehrlich!

K Klapptüren am Fahrzeug (Wohnteil) sind praktischer als Schiebetüren, man kann innen Kästen usw. anbringen.

L Lampen, außen über der Tür z.B., sind empfehlenswert. Leseleuchten, Licht am Tisch usw. bedenken.

M Motorleistung so bemessen, daß zügige Fahrt auch in den Bergen oder mit z.B. Bootsanhänger möglich ist.

N Notbetten sollten zusätzlich lieferbar sein und im Bedarfsfalle schnell zu montieren sein.

O Optimale Belüftung und Belichtung bei ausreichendem Einbruchschutz bietet eine zweischalige, ausstellbare Dachluke.

P Planung und individueller Ausbau sind bei vielen Herstellern durchaus erhältlich, aber teuer. Fragen!

Q Querbetten-Anordnung, falls Wagenbreite ausreicht, spart oft viel Platz für Wichtiges. (s. Eigenbau Kapitel Planung)

R Rückfahrscheinwerfer sind unentbehrlich, genau so wie zwei gute Rückspiegel außen.

S Sicherheitsgurte im Fahrerhaus sollten automatisch sein. Anschlüsse für Gurte im Wohnteil empfehlenswert.

T Tür oder notfalls Trennvorhang zwischen Wohnteil und Fahrerhaus sorgt für angenehmes Wohnklima!

U Universal- oder Spezialdachgepäckträger auf dem Wagendach (außer Hochraumwagen) schafft zusätzlich Stauraum.

V Vordach oder Vorzelt sind praktische Sachen. Zumindest die Einziehschiene sollte montiert sein.

W Warmwasserversorgung für Spüle oder Dusche gehört meines Erachtens bei größeren Wohnmobilen dazu.

XY XY-Fahnder Zimmermann braucht sich hoffentlich nie um Sie zu kümmern, wenn Ihr Fahrzeug mit guten Schlössern (auch von innen verschließbar) und einer brauchbaren Alarmanlage versehen ist.

Z Zubehör ist ein Kapitel, das den Rahmen des Buches sprengen würde. Eine Reihe Tips dazu finden Sie im Kapitel Eigenbau.

In der Hoffnung, mit den vorangegangenen Hinweisen nicht nur den Wohnmobil-Neulingen geholfen zu haben, sondern auch dem einen oder anderen Hersteller, darf ich annehmen, daß Sie bei dem nächsten Besuch einer Camping-Ausstellung oder ähnlichen Veranstaltung mit Notizblock und Bleistift bewaffnet die ausgestellten Fahrzeuge viel kritischer als bisher unter die Lupe nehmen.

Letztendlich ist sowohl Ihnen als Käufer mit einem gut durchdachten und richtig ausgestatteten Wohnmobil als auch dem auf kostenlose Flüsterpropaganda und zufriedene Kunden angewiesenen Hersteller damit gedient.

Da wir nun, zumindest auf dem Papier, schon ziemlich genau wissen, wie unser Fahrzeug aussehen sollte, wenden wir uns nun unverzagt und unwiderruflich dem Kapitel Kosten und Nebenkosten zu.

Schließlich müssen wir ja entscheiden, ob unsere Wünsche und unsere Brieftasche unter einen Hut zu bringen sind.

KOSTEN UND NEBENKOSTEN

Bevor auch nur irgendeine Entscheidung fallen kann, welches Fahrzeug mit welcher Ausstattung und von welchem Hersteller in Betracht kommt, sollte man sich zunächst mit Papier und besonders spitzem Bleistift in eine ruhige Ecke zurückziehen. Wie ich Ihnen ja bereits in einem der vorangegangenen Kapitel mit der (zugegeben sehr simplen) Formel »Unabhängigkeit kostet Geld« andeuten wollte, müssen Sie, so schwer es vielleicht auch fällt, mit beträchtlich höheren Ausgaben rechnen, als auf den ersten Blick ersichtlich.

Ihre Entscheidung, ein Wohnmobil zu mieten, zu kaufen oder auch selbst auszubauen, beziehungsweise im ungünstigsten Falle sogar der Verzicht auf ein Wohnmobil, dürfte von folgenden Faktoren abhängen:

1.) Anschaffungspreis
2.) Finanzierungskosten (Zinsen, Kreditgebühren, Disagio usw.)
3.) Überführungskosten (und Nebenkosten hierbei)
4.) Zulassungskosten (TÜV-Gebühren, KFZ-Zulassung, Nummern-schilder usw.) (Prüfgebühren, z.B. Gasanlage usw.)
5.) KFZ-Steuern (nach zul. Gesamtgewicht)
6.) Haftpflichtversicherung
7.) Teilkasko- oder Vollkaskoversicherung
8.) Garagenkosten oder Stellplatzgebühr
9.) Kosten für Sonderausstattungen und Extras
10.) Zubehörkosten (oft beträchtlich, ein leeres Wohnmobil ist noch nicht reisefertig!)
11.) Wartung und Instandhaltung (Inspektionen, Schmierdienst, Reparaturen, Ersatzteile)
12.) Reisekosten wie: Benzin/Diesel, Motoroel, Gebühren für Fähren, Autobahnbenutzung (Ausland), Parkgebühren, Reifen, Wert-minderung usw., die aber bei Benutzung eines PKW ebenfalls auftreten würden.

Bei dem Faktor Reisekosten sollte andererseits bedacht werden, daß dafür Hotelkosten für mehrere Personen, Bahn- oder Flugkosten usw. nicht in Erscheinung treten. Auch Lebenshaltungskosten, also Essen und Trinken, dürften sich bei einem Selbstversorger mit Einkaufsmög-lichkeiten in Supermärkten und ähnlichen Einkaufsquellen geringer halten lassen als bei einem Hotelaufenthalt. Den Kostenfaktor »Reise-kosten« möchte ich aus unserer Untersuchung deshalb vorläufig her-ausnehmen, weil er zu abhängig ist von Ihren persönlichen Ansprü-chen unterwegs, von dem jeweiligen Fahrzeugtyp, den Ländern, in die Sie fahren und nicht zuletzt auch von der mitreisenden Personenzahl. Bei der Betrachtung der anderen Faktoren jedoch kann man überle-gen, wie sich die unvermeidlich anfallenden Kosten so gering wie mög-lich halten lassen. Beginnen wir daher gleich mit dem größten Happen, den Anschaffungskosten:

1.) *Anschaffungskosten*
Grob gesagt, ist das der Preis, den der Händler für das in Frage kom-

mende Fahrzeug bekommt. Ich habe dabei bewußt gesagt »bekommt«, denn zwischen dem Betrag, den der Händler fordert, und dem, was wir schließlich bar auf den Tisch des Hauses legen, kann durchaus eine erfreuliche Spanne liegen. Ich will damit nicht unbedingt orientalische Bazar-Sitten herausfordern, aber Fragen kostet ja nichts. Und bei nicht allzu rosiger Absatzlage oder bei einem Vorführ- oder Ausstellungsstück steckt schon mal ein kleiner Nachlaß drin.

Noch dazu, wenn das Fahrzeug gleich bar bezahlt wird! Und es ist erwiesenermaßen immer noch billiger, vorher mit unserer Hausbank eine Finanzierung zu klären, als eine Finanzierung über den Händler. Also vorher informieren. Wenn man den Händler dann auch noch auf eine Reihe von Schwachstellen aufmerksam macht, und die finden sich fast immer (aber bitte nicht zu grob werden, sonst verärgern wir ihn und haben später dadurch selbst Ärger, wenn wir ihn mal für Kulanzregelungen brauchen), so läßt er vielleicht etwas mehr nach und baut uns ein paar Extras kostenlos ein. Wie sagte doch ein kluger Kaufmann: schon im Einkauf muß Gewinn liegen. Nutzen wir diese Regel weidlich aus, und ist der Händler unerbittlich, bleiben uns drei Möglichkeiten: Entweder wir gehen zu einem anderen Händler oder einem anderen Fahrzeugtyp über, oder wir nehmen das Modell mit etwas einfacherer Ausstattung und kaufen uns den Rest woanders beziehungsweise bauen uns das Einfachmodell so aus, wie wir uns das vorstellen und falls wir es uns zutrauen. Die dritte Möglichkeit ist, daß wir schlimmstenfalls vorläufig verzichten müssen oder uns nach einem gebrauchten »Traumwagen« umsehen. Für Anfänger keine schlechte Lösung, der »Gebrauchte«!

2.) *Finanzierungskosten*

Dies ist ein Posten, wo sich keine Riesensummen sparen lassen, ehrlich gesagt.

Wenn unsere Bargelddecke nicht ausreicht, den Wagen voll zu bezahlen, bleiben uns nur drei Möglichkeiten: Der beste, weil billigste, Weg ist der zu Verwandten und Bekannten mit dem zarten Wink, diese könnten ja auch einmal, wenn es gar nicht anders geht, unser heißgeliebtes Wohnmobil für eine Reise oder Mitfahrt nutzen. Auf diese Weise hat der Sparstrumpf seine Schuldigkeit nicht umsonst getan. Man kann auch mit Freunden, aber wirklich nur guten Freunden, zusammen ein Fahrzeug finanzieren. Allerdings sollte man sich vorher (schriftlich) einigen, wer wann damit fahren kann und wer welche Kosten trägt. Am Geld ist schon manche Freundschaft in die Binsen gegangen.

Der zweite Weg, der auch noch gangbar ist, heißt sparen. Von Anfang an jede müde Mark zu einem Geldinstitut, so gut wie irgend möglich angelegt, durch steuerliche und staatliche Vergünstigungen angereichert, so gut es geht. In der Zwischenzeit haben wir genügend Gelegenheit, uns jedes Detail unseres Wohnmobils auszutüfteln. Und vorher denken hat noch nie geschadet.

Die letzte, schnellste und leider auch teuerste Möglichkeit, das Kaufgeld aufzubringen, führt zu einem Kreditinstitut oder notfalls auch zum Fahrzeugverkäufer.

Aber auch hier sollte man sich unbedingt vorher verschiedene Angebote machen lassen, die Bank gleich an der Ecke muß nicht die billigste sein. Und auch bei einer noch so vornehmen Bank kann man um die Bedingungen feilschen. Das ist vielleicht nicht fein, und auch manchmal erfolglos, aber schließlich will die Bank uns ja als Kunden nicht verlieren.

Vielleicht haben Sie auch der Bank noch bessere Sicherheiten als das Wohnmobil anzubieten. Je besser die Sicherheiten, wie zum Beispiel ein Haus, eine Eigentumswohnung oder auch eine Lebensversicherung, umso niedriger die Zinsen oder Gebühren! Sie sehen also, es gibt verschiedene Möglichkeiten, auch hier noch etwas zu sparen. Und je höher der Eigenkapitalanteil, umso besser und schneller kommen wir ans Ziel.

3.) *Überführungskosten*
Das ist auch wieder ein Kostenfaktor, bei dem nicht allzuviel herauszuholen ist.

Der Verkäufer wird garantiert mit tränenumflorten Blick erklären, daß er bei den Überführungskosten noch zusetzt, zumindest aber nicht einen Pfennig verdient. Gelegentlich hat er dabei sogar Recht. Dennoch sollten wir überlegen, ob sich eine Gelegenheit bietet, das Fahrzeug selbst zu überführen. Sowohl vom Werk zur Ausbaufirma als auch von dort zu unserem Wohnort. Mit einer sogenannten roten Nummer von unserer KFZ-Zulassungsstelle oder vom Händler läßt sich das fast immer bewerkstelligen. Vorausgesetzt, das Fahrzeug ist betriebsbereit für den Straßenverkehr ausgerüstet. Und weiter vorausgesetzt, der Händler willigt ein. Aber warum sollte er wohl nicht, wo er doch nichts an der Überführung verdient?

Natürlich müssen wir in Kauf nehmen, mit der Bahn oder anders erst einmal zur Abholstelle zu kommen, den Papierkrieg zu erledigen usw. Aber dafür sparen wir erstens wieder ein paar Märker (fragen Sie einmal nach Überführungskosten!), und zweitens können wir das Fahrzeug gleich einmal ausprobieren. Und schonend einfahren. Das kommt uns später zugute, weil wir es dann meist etwas eiliger haben.

4.) *Zulassungskosten*
Soweit es sich hierbei um amtliche Gebühren wie KFZ-Zulassung,

TÜV-Prüfkosten oder auch um Nummernschilder handelt, ist nichts zu holen. Bei Prüfkosten wie z.B. den Kosten für das Abdrücken der Gasanlage (Dichtprobe) kann man ja mal mit dem Händler reden, wenn diese Kosten nicht bereits im Anschaffungspreis enthalten sein sollten.

5.) *KFZ-Steuern*
Auch da führt kein Weg dran vorbei, das Fahrzeug wird entsprechend der Zulassung als Sonder-KFZ vom Finanzamt nach dem zulässigen Gesamtgewicht steuerlich eingestuft. Eine Ausnahme sind Fahrzeuge mit herausnehmbarer Wohneinrichtung.

6.) *Haftpflichtversicherung*
Jedes für den öffentlichen Straßenverkehr in Deutschland zugelassene Fahrzeug ist haftpflichtversichert. Das muß sein und das ist auch gut so. Die Frage ist nur, ob man da auch eventuell noch etwas sparen kann. Zweckmäßig ist es auf alle Fälle, zunächst erst einmal mit der Versicherung Kontakt aufzunehmen, bei der man bisher auch schon andere Versicherungen abgeschlossen hat.
Generell ist es, zumindest in der Bundesrepublik Deutschland, so, daß ein Wohnmobil wie ein PKW auch nach der Motorstärke haftpflichtversichert werden muß.
Die gesetzlich (in Deutschland) vorgeschriebene Mindesthaftpflichtsumme beträgt zur Zeit DM 500.000,– für Sachschäden, DM 100.000,– für Personenschäden und DM 20.000,– für Vermögensschäden.
Es empfiehlt sich jedoch, die Haftpflichtsumme höher anzusetzen. Denn erstens fährt man ruhigeren Gewissens durch die Gegend und zweitens beträgt die Prämiendifferenz nur wenige Prozent.
Die Prämienhöhe für diese „Deckungssumme" richtet sich nach der Motorstärke und nach den „Regionalklassen". Motorstärke darum, weil ein starkmotoriges, schweres Wohnmobil bei einem Unfall mehr Schaden anrichten kann als ein schwachbrüstiges 2 CV-Wohn-Entchen.
Mit den Regionalklassen dagegen haben die Versicherer eine Unterteilung geschaffen, um die Schadenshäufigkeit in bestimmten Gegenden besser in den Prämienhöhen zu berücksichtigen. Es gibt die Regionalklassen 1 bis 6. Zusätzlich gibt es für Beamte, Leute im öffentlichen Dienst und ähnliche priviligierte Sondermenschen noch die Klassen B1 bis B3 sowie für Landwirte usw. die Klasse A.
Ein Beispiel: Deckungssumme 1 Million DM, Fahrzeug mit 66 kW (90 PS). 100% Jahresprämie in Regionalklasse 1 = DM 787,–, in Klasse 6 dagegen schon DM 1031,–. In der Beamtenklasse B1 = DM 660,–, in Klasse B3 = DM 810,–. Landwirte zahlen in Gruppe A überall gleichmäßig einen Prämiensatz von DM 707,– bei obigem Beispiel. Fazit: Be-

wohner schadensarmer (meist ländlicher) Gegenden mit relativ wenig Verkehr kommen bei der Prämienhöhe günstiger weg. Beamte und Landwirte sowieso.

Warum sollte man sein Wohnmobil also nicht auf einen Onkel vom Lande zulassen, am besten sogar, wenn er Beamter oder Landwirt ist...?

Wenn Ihr Wohnmobil als Zweitfahrzeug versichert wird, nützt Ihnen auch der schönste Schadensfreiheitsrabatt Ihres Erstwagens nichts, Sie fangen normalerweise mit 125% Prämie an. Später staffelt sich dann die Prämie wie üblich nach den Jahren schadensfreien Fahrens. Eine Möglichkeit gibt es aber auch hier für manche Fahrzeughalter, Geld zu sparen.

Nehmen wir an, Sie besitzen einen PKW mit 55 PS und einen Schadensfreiheitsrabatt von 50%. Nehmen wir ferner an, Ihr neues Wohnmobil hat 68 PS. Niemand kann Sie hindern, einen Rabatt-Tausch vorzunehmen, also Ihren PKW mit der geringeren PS-Zahl (neuerdings in kW, also Kilowatt berechnet) als Zweitwagen zu melden und den hohen SF-Rabatt dem stärkeren Wohnmobil zukommen zu lassen. Aber Vorsicht! Wenn Sie mit dem, vermutlich öfter gefahrenen, PKW einen Unfall verursachen, ist der Prämienvorteil infolge Zurückstufung durch die Versicherung unter Umständen schnell futsch.

Ein weitere Möglichkeit zum Sparen möchte ich auch noch ansprechen: Die vorübergehende Still-Legung des Fahrzeugs. Wer sein Wohnmobil nicht ständig, sondern beispielsweise nur in den Sommermonaten fährt, kann sein Fahrzeug bis zu elf Monaten pro Kalenderjahr stillegen, d.h. abmelden. Das Interessante dabei ist, daß sich so eine vorübergehende Außerbetriebsetzung nicht auf den Schadensfreiheitsrabatt auswirkt! Die Still-Legung wird bei kulanten Versicherungen genau so behandelt wie ein schadensfreies Fahren!

7.) *Teilkasko- oder Vollkasko-Versicherung*

Außer der eben besprochenen (Zwangs-)Haftpflichtversicherung gibt es noch eine Reihe von Möglichkeiten, sich auf freiwilliger Basis gegen die Risiken des Reisens abzusichern.

Da wäre zunächst einmal die Teilkasko-Versicherung.

Sie schützt unser Fahrzeug vor Schäden wie Brand, Diebstahl, Glasbruch oder elementaren Ereignissen sowie Wildschäden. Eine Teilkasko-Versicherung kostet nicht die Welt und ist eine beruhigende Sache.

Die Vollkasko-Versicherung deckt Schäden ab, die wir mit unserem Fahrzeug an unserem Fahrzeug selbst verursachen. Wenn wir also gegen einen Baum fahren, ohne daß ein anderer Fahrer oder Fußgänger daran schuld ist, zahlt die Versicherung unser beschädigtes Fahrzeug.

Die Prämien für so eine feine Sache sind allerdings nicht ganz billig. Man kann sie etwas niedriger halten, wenn man sich bei Abschluß der

Versicherung mit einer bestimmten Summe an möglichen Schadens-
beseitigungen beteiligt.

Das nennt sich Vollkasko mit Selbstbeteiligung und soll der Versicherung das Risiko verkleinern.

Sowohl für Teilkasko als auch für Vollkasko gibt es dieselben Rabatt-
sätze für schadensfreies Fahren wie bei der Haftpflicht. Auch deshalb
kann ein »Rabatt-Tausch« wie bei Haftpflicht-Versicherung beschrie-
ben, interessant sein, besonders wenn das Wohnmobil wesentlich teurer als ein normaler PKW ist.

Die Prämien für Teil- und Vollkaskoversicherung berechnen sich nämlich nach dem Gesamtwert des Fahrzeugs. Wenn zum Beispiel das leere Fahrzeug (also ohne Wohneinrichtung) DM 12.000,– und die Einrichtung (ohne lose Zubehörteile) noch einmal 8.000,– kostet, so berechnet die Versicherung zu der Basisprämie von angenommen 100,– (für
das 12.000,– DM teuere Fahrzeug) noch einmal 66,67 DM für die Einrichtung hinzu (8000 zu 12000), so daß in unserem Beispiel die Kasko-
prämie 166,67 DM betragen würde.

Entscheidend für die Höhe der Prämie ist außerdem noch die Typ-
klasse, also die Gruppe, in die nach Ansicht der Versicherung das
Fahrzeugmodell entsprechend seiner Schadenshäufigkeit und seiner
Reparaturfreundlichkeit gehört. So fällt zum Beispiel ein FIAT 238 in die
Klasse 16.

Auch die Frage, ob sich eine Kaskoversicherung nur für die Zeit der
Reise lohnt, also eine kurzfristige Sicherung des Fahrzeugs, möchte
ich kurz streifen.

Die Mindestzeit für eine solche Kaskoversicherung auf Zeit beträgt 4
Wochen. Da die Versicherungen natürlich wissen, daß das Risiko in
dieser Zeitspanne höher also normal ist, beträgt auch die Prämie nicht
bloß ein zwölftel der Jahresprämie. Grob geschätzt kann man sagen,
daß 3 kurzfristige Monatsversicherungen schon teurer sind als eine
Jahresprämie. Trotzdem ist es für Wohnmobilbesitzer interessant, die
nur einmal im Jahr eine größere Reise unternehmen. Wer sein Fahrzeug dagegen häufiger nutzt und dabei immer gut gesichert sein will,
fährt mit Jahresprämie günstiger. Selbst wenn er es nur drei oder 4 Monate im Jahr wirklich benutzt.

Auch die Insassen- und die Reisegepäckversicherung können für Besitzer eines Wohnmobils von Interesse sein, ebenfalls Rechtsschutz-
versicherungen.

Es ist nicht Aufgabe dieses Buches, Versicherungen schmackhaft zu
machen, aber da es dabei um Geld geht, bin ich hier etwas ausführlicher geworden.

Wer also Wert darauf legt, sich und seinen Fahrzeugbesitz zu schützen, sollte mit mehreren Versicherungen sprechen und sich entsprechende Angebote unterbreiten lassen.

8.) *Garagenkosten oder Stellplatzgebühr*

Eine Garage mit einem ausreichend hohen Tor für unser Wohnmobil wird nicht allzu häufig sein. Aber wohin sonst mit dem Wagen in der Ruhezeit?

Möglichkeiten finden sich vielleicht in einem nicht voll genutzten Fabrikgebäude oder einer leerstehenden Scheune. Auch Ihr Tankwart oder Ihre Autowerkstatt findet sicher noch ein Plätzchen. Oder man stellt seinen Wagen auf einem nahegelegenen Campingplatz ab. Natürlich kostet das alles Geld. Solange Ihr Fahrzeug zugelassen ist, kann es auch auf der Straße parken, vielleicht sogar vorm Haus, wo man es immer beobachten kann. Allerdings, die Nachbarn haben es auch immer vor Augen, selten jedoch gerne!

Dennoch ist dies immer noch die billigste Lösung. Und das Fahrzeug, wenn es gut konserviert wird, hält auf der Straße unter Umständen länger als in einer schlecht belüfteten Garage, wo Rost und Schimmel Feste feiern.

9.) *Kosten für Sonderausstattungen und Extras*

Dies ist ein Punkt, wo man ganz besonders kritisch sein muß. Nämlich gegen sich selbst. Der Verkäufer, der oft selbst einem Eskimo noch einen Kühlschrank verkaufen würde, wäre ja kein Verkäufer, wenn er uns nicht alles anbieten würde, was er auch nur irgendwie zu Geld machen kann.

Seien wir also hartgesotten und prüfen wir in Ruhe und zu Hause, was von dem Gebotenen wir wirklich brauchen. Manches läßt sich auch zu einem späteren Zeitpunkt noch anschaffen, vieles kann man im Handel oder auch gebraucht preiswerter beschaffen. Und vieles ist, ehrlich gesagt, einfach überflüssig.

Wenn Sie sich zutrauen, Teppichfliesen zu verlegen, und Ihre Reisebegleitung in spe in der Lage ist, Gardinen selbst zu nähen, dann nehmen Sie die gesparten Hunderter lieber mit auf Reisen.

Und so werden Sie, auch wenn Sie ein (fast) fertiges Wohnmobil kaufen wollen, sicher in den Kapiteln über Eigenbau noch manche Anregung finden, wo Sie sagen: Ja, das kann ich auch selbst hinkriegen, das brauche ich nicht zu kaufen. Wichtig ist lediglich, daß das Fahrzeug alles das in der Grundausstattung enthält, was sich erstens später nur umständlich und teuer nachträglich anbringen läßt und was Sie für den Anfang brauchen.

Also lieber ein solides und ausbaufähiges Wohnmobil als ein teures, komplettes, aber zu kleines oder gar schlechter verarbeitetes Fahr-

zeug. Qualität ist hierbei das A und O. In jedem Fall müssen Sie den Verkäufer bei einer Besichtigung Ihres Traumfahrzeuges konkret fragen, was alles nicht zum Standardpreis gehört. Am besten schriftlich bestätigen lassen, dann gibt es später keinen Ärger. Für Sie.
Ein Ausstellungsfahrzeug ist meist noch mit so vielen Extras ausgestattet, daß die Differenz zwischen Standard- und Ausstellungs-Ausstattung eine ganze Reihe Hundertmarkscheine betragen kann.

10.) *Zubehörkosten*
Auch mit einem seitens des Herstellers gut ausgerüsteten Wohnmobil kann man noch nicht ohne weiteres in Urlaub fahren. Eine noch so schöne und praktische Küche zum Beispiel ist ohne Gasflaschen, ohne Kochtöpfe, Besteck, Geschirr und -zig Kleinigkeiten nicht einsatzbereit. Und diese Kleinigkeiten können ganz schön ins Geld gehen.
Sicher, man kann für den Anfang eine ganze Menge mit Improvisation machen, und auch Papp-Wegwerfgeschirr ist nicht die schlechteste Lösung bei kurzen Reisen. Bloß muß man bereits bei den Kaufüberlegungen diese ganzen Kosten mit bedenken. Spielen Sie einfach einmal alle Möglichkeiten in Gedanken durch, die sich bei einer Reise ergeben. Autokarten z.B. haben Sie wahrscheinlich schon von Ihrem PKW her, aber haben Sie Schlafsäcke, Trainingsanzug, Kopfkissen und den übrigen Kram, den man nun mal unterwegs braucht? Anfangs behilft man sich vielleicht noch mit den Dingen, die man sowieso im Haushalt hat, aber schließlich fällt einem die ständige Raus- und Reinräumerei so auf den Wecker, daß man sich doch eine spezielle, praktische und leichte Ausstattung nur für sein Wohnmobil anschafft.
Sparen kann man bei der Beschaffung von Zubehör nur, indem man sich von vielen Zubehörlieferanten Kataloge besorgt und Preise vergleicht. Einige Adressen finden Sie im Anhang. Auch bei Ausstellungen sollte man aufmerksam auf Messeangebote oder Auslaufmodelle achten, manche Mark läßt sich so sparen.

11.) *Wartung und Instandhaltung*
Auch diese laufenden Kosten sollten in unsere Kalkulation einfließen. Wenn man wirklich längere Zeit an seinem Fahrzeug Freude haben will, ist eine laufende Pflege unerläßlich. Berechtigt ist die Parole: »Wer gut schmiert, der gut fährt« schon deshalb, weil man erstens mit einem gut gewarteten Wagen beruhigter fährt und zweitens weil die geringfügige laufende Wartung und Instandhaltung oft größere Reparaturen verhindern kann. Und damit auch höhere Kosten.
Ein nicht allzu unbegabter Kraftfahrer kann aber auch vieles selbst machen oder an einer Tankstelle machen lassen. Auch das ist meist billi-

ger als eine Fachwerkstatt. Wichtige Arbeiten an Motor, Bremsen, Lenkung und Bereifung dagegen gehören in jedem Falle in eine reguläre Werkstatt!

Deshalb bei diesen Dingen Vorsicht vor Pfusch, der kann das Leben oder zumindest Geld und Ärger kosten.

Alles, was nicht unmittelbar mit der Sicherheit für uns oder für das Fahrzeug zu tun hat, läßt sich dagegen in einer gut ausgestatteten Bastler-Garage erledigen.

Ein Wohnmobilfahrer ist meist sowieso manuell begabt, weil auch unterwegs mal eine kleine Reparatur anfallen kann. Und Anleitungen oder Unterlagen für Selbsthilfe am Fahrzeug gibt es ebenfalls für fast jedes Modell zu kaufen. Entweder vom Fahrzeughersteller direkt oder zum Beispiel in der Reihe »Jetzt helfe ich mir selbst« des Motorbuch-Verlags, wo auch spezielle Ausgaben, wie z.B. über Vergaser, Autoelektrik usw. erschienen sind.

Auch in der Frage der Ersatzteile kann man sich kostenbewußter verhalten. Viele Dinge, die im Fachhandel nur relativ teuer zu erstehen sind, gibt es im Versandhandel oft zu erstaunlich günstigen Preisen. Sowohl im Auto-Zubehörversand wie auch in geringerem Umfange in Großversandhäusern.

Wer noch billiger an Teile kommen will, sollte sich auf den Weg zu dem nächsten Autofriedhof begeben.

In gut gefüllten Regalen findet der Bastler fast alles, was an ausgeschlachteten Autoteilen überhaupt nur noch zu verwenden geht. Selbst Motore und Getriebe sind greifbar, zwar gebraucht, aber z.T. gibt der Ausschlachter sogar ein Umtauschrecht oder zumindest eine ungefähre Angabe, wieviel Kilometer das ausgeschlachtete Fahrzeug auf dem Tacho hatte.

Und noch ein paar Mark billiger wird es, wenn wir uns die gesuchten Teile selbst an einem Schrottfahrzeug ausbauen. Die Besitzer eines Autofriedhofes haben aber ein wachsames Auge, daß man nicht mehr mitnimmt, als man schließlich bezahlt. Zu Recht, meine ich, denn schließlich ist es ihr Geschäft, und wir wollen froh sein, hin und wieder ein brauchbares Teil zu einem Sparpreis erstehen zu können.

Sie sehen also, es gibt eine ganze Reihe von Kosten, an die man zunächst oft nicht denkt, wenn man an einem Messestand sein Traumfahrzeug bewundert. Allerdings gibt es auch eine ganze Reihe von Möglichkeiten, die unvermeidlichen Geldausgaben so gering wie möglich zu halten.

Geldausgaben, die das Fahren beziehungsweise Wohnen unterwegs betreffen, werden durch ein paar »Tips für Unterwegs« später behandelt.

Den ganz Sparsamen unter Ihnen wird sicher auch das Kapitel »Eigenbau von A bis Z« viele Anregungen geben können, Geld nur möglichst effektiv auszugeben.

Zuvor jedoch möchte ich Ihnen an Hand von ein paar Beispielen zeigen, welche Basisfahrzeuge vorwiegend verwendet werden, welche Vor- oder Nachteile die einzelnen Modelle bei der Verwendung als Wohnmobil aufweisen und worauf man als Käufer eines Neu- oder Gebraucht-Wohnmobils besonders achten sollte.

Basisfahrzeuge

WER DIE WAHL HAT...

Bereits mit Ihrer Entscheidung für ein bestimmtes Fahrzeugmodell, das als Basis für Ihr Wohnmobil in Frage kommt, kann zugleich entschieden worden sein, ob Sie sich jemals in Ihrem Wohnmobil „Zuhause" fühlen werden oder nicht.

Weder die schöne Holzmaserung der Einrichtung noch die üppig schwellenden Polster können auf Dauer darüber hinwegtrösten, wenn Sie sich möglicherweise für ein Basisfahrzeug entschieden haben, das Ihnen nicht liegt, mit dem Sie auf die Dauer „nicht klar kommen". Damit will ich nicht sagen, daß dieses Fahrzeug schlechter ist als jenes. Es gibt heutzutage kaum noch schlechte Fahrzeuge. Welcher Hersteller könnte sich das auch leisten? Zumindest nach einiger Zeit würde sich so etwas herumsprechen und den Absatz mindern. Aber es darf nicht vergessen werden, daß die meisten Basisfahrzeuge ja für einen ganz anderen Zweck konzipiert wurden, nämlich als Nutzfahrzeuge für kommerziellen Einsatz.

Natürlich versuchen die Firmen, die aus den Basisfahrzeugen Wohnmobile bauen, das Beste aus dem vorhandenen Grundkonzept zu machen. Aber ungünstige Fahrersitzpositionen, ein Motorblock mitten im Fahrerhaus oder im Wagenheck, zu weiche Federabstimmungen und andere Sachen sind nun einmal vorhandene Tatsachen, die man auch durch eine raffinierte Einrichtung nicht völlig überspielen kann.

Deshalb sollten Sie sich auch schon möglichst lange vor dem Kauf eines neuen oder gebrauchten Wohnmobils oder gar für den Fall des Selbstausbaus mit den Basisfahrzeugen und ihren Vor- und Nachteilen ausgiebig beschäftigen.

Ein paar erste Hinweise haben Sie schon in den vorangegangenen Kapiteln gefunden. Aber speziell für das Basisfahrzeug, für den „Rohbau" Ihres künftigen rollenden Heimes, gibt es doch noch ein paar zusätzliche Überlegungen anzustellen.

Eine grundsätzliche Überlegung ist zum Beispiel, welches Fahrzeug Sie mit Ihrem Führerschein durch die Gegend chauffieren dürfen. Mit dem normalen Führerschein der Klasse III (PKW) sind Sie bereits in die Lage versetzt, Fahrzeuge mit einem zulässigen Gesamtgewicht von bis zu 7,5 Tonnen zu fahren.

Für die überwiegende Mehrheit an Wohnmobilen ist das vollkommen

Wo man mit dem Wohnmobil hinkann, ist man auch zu Hause. Wenn es dann noch ein so geräumiges Fahrzeug ist wie hier der Tabbert »Condor« auf Mercedes-Basis, wird selbst ein Wochenendtrip zum Urlaub. Vorausgesetzt, man findet so ein idyllisches Plätzchen.

ausreichend. Nur in extremen Fällen, wo Riesen-Wohnmobile eingesetzt werden sollen oder der Eigenbau eines Wohnmobils auf der Basis
eines alten Omnibusses geplant ist, wird man auf den Führerschein der
Klasse II übergehen müssen.
Aber die Zeit derartiger Mammut-Wohnmobile ist angesichts steigen-
der Treibstoff- und Unterhaltskosten wohl endgültig vorbei.

DIE 2,8-T-GRENZE

Üblich sind, wie schon gesagt, Fahrzeuge bis zu 7,5 t zulässigem Gesamtgewicht. Die Regel sind sogar nur Fahrzeuge bis zu 2,8 t, weil diese eine ganze Reihe Vorteile aufzuweisen haben gegenüber den
größeren Modellen.
Erstens sind Fahrzeuge mit max. 2,8 t zulässigem Gesamtgewicht nur
an die Verkehrsbeschränkungen gebunden, die auch für PKW gelten.
Sie brauchen also nicht Tempolimits, Überholverbote usw. für Last-
kraftwagen zu beachten.
Zweitens wird die KFZ-Steuer bei Wohnmobilen nach dem zulässigen
Gesamtgewicht errechnet.

Es muß nicht immer ein Riesen-Wohnmobil sein, auch in einem kleinen, wendigen Campingbus fühlt man sich zu Hause wie hier im »Joker« von Westfalia.

Drittens sind Fahrzeuge der 2,8 t-Klasse recht handlich. Man bekommt weder bei der Parkplatzsuche, in engen Altstadtgassen noch auf Fähren größere Schwierigkeiten und meist reicht auch die eigene Garage noch zum Unterstellen.

Viertens die schon weiter oben erwähnten Treibstoffkosten. Jedes Kilogramm Gewicht benötigt entsprechende Mengen Treibstoff, wenn man es durch die Landschaft transportiert. Und mal ehrlich: Wenn die mögliche Nutzlast sehr groß ist, wer rechnet dann schon mit Gewicht? Bei einem kleineren Fahrzeug mit geringer Zuladung wird man sich sehr wohl überlegen, ob wirklich alles mitgeschleppt werden muß, was an Campingausrüstung vorhanden ist.

Fünftens und letztens schließlich bestehen die meisten Familien aus nur zwei bis vier Personen. Und die finden allemal Platz genug zum Wohnen und Schlafen in einem 2,8 t-Fahrzeug, wenn die Einrichtung entsprechend konstruiert wurde.

Um Ihnen eine Größenvorstellung zu geben: Der Innenraum solcher Fahrzeuge, der für die Wohneinrichtung genutzt wird, hat ungefähr 1,6 bis 2 m Breite, etwa 3,0 bis 4,0 m Länge und je nach Dachausführung eine Stehhöhe bis cirka 1,9 oder 2,0 m. Bei Ausstelldächern, die in nor-

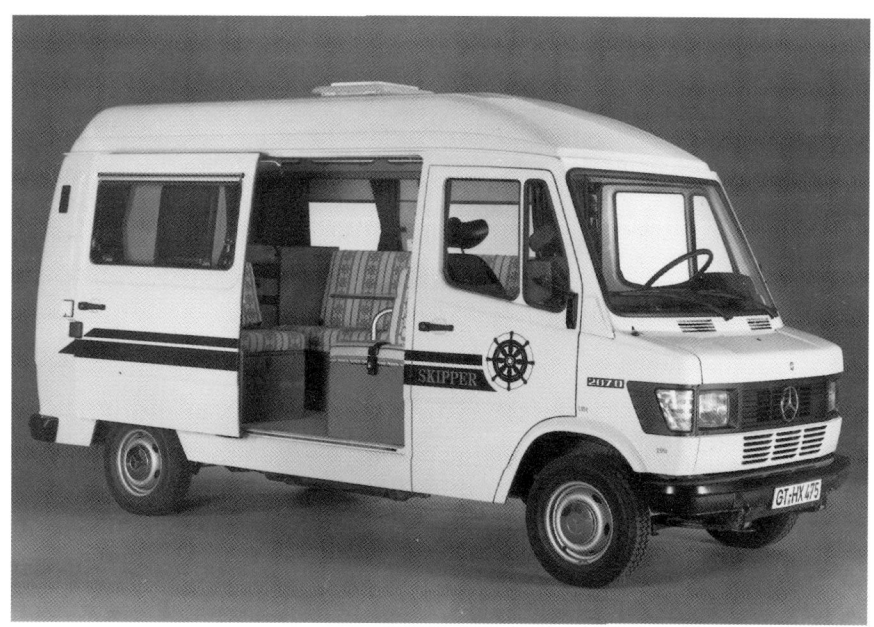

Zwei beliebte Wohnmobile mittlerer Preisklasse: Oben der »Skipper«, der als Basisfahrzeug den Mercedes 207 D mit einfachem Hochdach hat, unten der »Sven Hedin« mit einem VW LT 28 D als Basis. Dabei ist das Spezial-Hochdach mit Gepäckträger außen und Doppelbett im inneren Dachteil eine Besonderheit. Beide Fahrzeuge stammen aus der Westfalia-Produktion.

male Kastenwagen oder Busse eingebaut werden können, ist die Stehhöhe noch weitaus größer. Oft werden dann sogar die beiden Zusatzbetten im Dachraum untergebracht.

Auf einer Grundfläche, die meist nur um die 6 bis 7 m^2 beträgt, müssen dann alle Einrichtungen zum Wohnen, Schlafen, Kochen, Waschen usw. untergebracht werden. Und zwar so, daß man sich trotzdem noch ohne allzu große Artistik zwischen den Möbeln bewegen kann.

Raumwunder kann man also nicht in dieser Klasse erwarten, aber dafür bei ausreichendem Platz gute Handlichkeit und Wirtschaftlichkeit.

DIE FRAGE DER NUTZLAST . . .

Und nun zu einem weiteren Problem, nämlich zur Frage der Nutzlast. Also zu der Last, die das Fahrzeug inklusive Fahrer noch als Zuladung verträgt, ohne den Gesetzeshüter hinter dem Schreibtisch hervorzulocken.

Zur Erläuterung ein Beispiel: Der als Basisfahrzeug recht oft verwendete Mercedes-Hochraum-Kastenwagen mit langem Radstand und Dieselmotor TYP 207 D hat ein zulässiges Gesamtgewicht (je nach Modell) von beispielsweise 2,8 t, also 2800 kg.

Laut Fahrzeugbrief beträgt das Leergewicht des noch nicht eingerichteten Kastenwagens 1760 kg. Dieses Leergewicht bezieht sich auf das Fahrzeug mit gefülltem Treibstofftank und mit einem 75 kg schweren Fahrer.

Die Nutzlast errechnet sich aus der Differenz zwischen Leergewicht und zul. Gesamtgewicht, in diesem Beispiel also 2800 – 1760 = 1040 kg. Jetzt sind Sie vielleicht der Meinung, das sei doch eine ganze Menge Nutzlast. Stimmt, und stimmt auch wieder nicht.

Diese errechneten 1040 Kilogramm treten ja nur beim leeren Basisfahrzeug in Erscheinung. Es muß ja, um zu einem Wohnmobil zu werden, zunächst einmal isoliert, verkleidet und mit Möbeln ausgerüstet werden. Außerdem muß die ganze technische Einrichtung wie Wassertanks, Abwassertank, Kühlschrank, Pumpe, Zweitbatterie und was all der Dinge noch mehr sind, im Fahrzeug untergebracht und von der Nutzlast abgezogen werden.

Diese Einrichtung wiegt je nach Hersteller, verwendeten Baustoffen, Umfang der Ausstattung usw. nochmals rund 500 kg. Verbleibt eine Nutzlast von 540 kg in unserem Beispiel. Nun müssen die Wassertanks gefüllt werden, die Gasflaschen kommen an Bord und diese beiden Dinge kosten nochmals rund 100 kg Nutzlast. Die verbleibenden 440 kg reduzieren sich nochmals um das Gewicht der Mitreisenden. Bei zwei Mitreisenden a 75 kg verbleiben somit ganze 290 kg Nutzlast. Und nur

SYRO-VW-Campingbus: Mit ein paar Metern Rohr, einigen Quadratmetern Zeltleinwand und etwas Geschick kann man bei einem längeren Aufenthalt aus einem VW-Bus eine richtige Campingvilla mit Sonnenterasse und Dachgeschoßausbau machen.

Auch wenn eine ständige Liegefläche erforderlich ist, reicht der Platz in der Syro-R. Koch-Ausrüstung des VW-Transporters noch aus für zwei bequeme Sitzplätze und genügend Stehraum.

Viel Platz und viel Komfort bietet ein Reisemobil dieser Größenordnung. Es ist noch handlich genug, um im Verkehr überall gut mitzukommen. Der Aufbau und die Ausrüstung stammt von der Firma Hymer, als Basis dient ein Daimler-Benz-Fahrgestell. Beachtenswert ist die aerodynamisch gerundete Frontpartie des Fahrzeugs, die beachtlich Treibstoff sparen hilft. Der einzige Zugang zum Fahrzeug erfolgt, hier im Bild, allerdings nur über den Wohnraum. Eine Zusatztür im Fahrerhaus gibt es als Extra.

diese Menge (bei 2,8 t zul. Gesamtgewicht) kann man in Form von Lebensmitteln, Reservekanister, Konserven, Bettzeug und Kleinkram an Bord nehmen. Da wird die mögliche Nutzlast rasch kleiner, zumal wenn man noch daran denkt, ein Schlauchboot mit Außenborder, ein Vorzelt, Küchengeschirr und tausend andere Dinge einzuladen. Bei einem ebenfalls sehr weit verbreiteten Fahrzeugtyp, dem VW-Transporter (Bully) als Hochraum-Kastenwagen mit 2-Liter-Motor sieht die Sache überschlägig wie folgt aus:

Zulässiges Gesamtgewicht = 2360 kg. Leergewicht des nichtausgebauten Fahrzeugs mit normalem Hochdach und Fahrer etwa 1500 kg. Verbleiben für den Ausbau und Zuladung rund 860 kg.

Da das Fahrzeug innen kleiner ist als im vorangegangenen Beispiel, ist auch die Einrichtung leichter. Sie soll (je nach Hersteller unterschiedlich) einmal mit rund 350 kg angenommen werden.

Für Wasservorrat und Gasflaschen werden ebenfalls nur 75 kg angesetzt und die beiden Begleitpersonen bringen zusammen nochmals 150 kg auf die Waage.

Verbleibt eine echte Zulademöglichkeit von 285 kg. Das ist fast so viel,

»Orion« nennt sich die Baureihe dieser windschlüpfigen, aus unverrottbarem Polyester
gefertigten Wohnmobile der Firma Teutoburger Fahrzeug- und Gerätebau GmbH. Als
Basis dient meist ein Daimler-Benz-Fahrgestell, das wahlweise mit dem verbrauchsgün-
stigen 65 PS-Diesel oder dem leistungs- und verbrauchsstärkeren 85 PS Benzinmotor
ausgerüstet werden kann. Durch die leichte, aber vollisolierte und strömungsgünstige
Karosserie kommt man zu sehr guten Fahrleistungen.

wie im vorigen Rechenexempel und für das recht kompakte Fahrzeug
eine ganze Menge.
An diesen beiden Beispielen können Sie aber auch sehen, wie wichtig
für Sie die Wahl nicht nur des geeigneten Basisfahrzeugs, sondern
mindestens im gleichen Maße auch die Wahl der Einrichtung in Bezug
auf das Gewicht ist. Aber davon später mehr, bleiben wir zunächst bei
den Basisfahrzeugen.
Haben Sie vor, ein Boot oder einen Caravan am Haken hinter dem
Wohnmobil herzuzotteln, so ist für Sie die Frage der (gebremsten bzw.
ungebremsten) Anhängelast ein weiteres Auswahl-Kriterium. Nicht jedes Basisfahrzeug ist in der Lage, ein mittleres Schlachtschiff oder einen Super-Caravan problemlos und über lange Strecken am Haken zu
ziehen. Beim Gespannfahren ist es dann natürlich auch vorbei mit der
freien Geschwindigkeitswahl, es bleibt bei Tempo 80 auf Autobahnen.
Auch kann man nicht mehr jeden Parkplatz anlaufen, kann nicht mehr
problemlos in der Gegend übernachten und der Treibstoff-Verbrauch
steigt und steigt.
Apropos Treibstoff: Ein weiterer wichtiger Gesichtspunkt ist die Frage,

46

ob man einen Benzinmotor oder einen Dieselantrieb nimmt. Bei der gegenwärtigen Preissituation würde ich in jedem Falle dem Dieselmotor den Vorzug geben. Zugegeben, er ist relativ laut (solange er kalt ist), er ist nicht so temperamentvoll wie ein Benziner (außer beim Turbodiesel!) und er kostet auch bei der Anschaffung erheblich mehr. Dennoch, er geht mit dem Treibstoff relativ sehr sparsam um, er ist langlebig und robust und er findet überall in der Welt ausreichend Futter (sprich Dieseltreibstoff) zu noch annehmbaren Preisen. Schon bei Normalbenzin (bei deutschen Qualitätsansprüchen) und erst recht bei Super sieht das in abgelegenen Gegenden der Welt nicht so rosig aus.

Das einzige echte Argument, was an sich gegen den Diesel sprechen könnte, ist sein höheres Gewicht und die dadurch verminderte Nutzlast. Der Gewichtsunterschied beträgt z. B. beim VW LT 28 rund 100 kg, und das ist auch der Wert, um den sich echt unsere verbleibende Nutzlast verringert.

Aber weiter im Text: Da wir gerade beim Antrieb sind, sollten Sie die Möglichkeit prüfen, für das vorgesehene Fahrzeug ein Fünfgang-Getriebe zu bekommen oder zumindest ein wirtschaftliches Getriebe, bei dem der letzte Gang möglichst lang ausgelegt ist, also ein Spargang ist. Grade bei einem Wohnmobil, das ja nun direkt für weite Reisen geschaffen ist, kann sich so ein Spargang ganz schön positiv in der Urlaubskasse bemerkbar machen.

Beim Thema Antrieb sollte auch überlegt werden, ob ein (zuschaltbarer) Allrad-Antrieb nur ein Kostenfaktor oder ein echter Vorteil ist. Für alle, die mit ihrem Wohnmobil außerhalb asphaltierter oder zumindest geschotterter Wege unterwegs sein wollen, ist ein Allrad-Antrieb eine feine Sache. Zumal er in verschiedenen Fahrzeugen (gegen saftigen Aufpreis) angeboten wird, die sich für den Ausbau als Wohnmobil eignen. Für diejenigen unter Ihnen, für die solche Reisen früher oder später in Frage kommen, lohnt sich auch ein Gespräch mit dem Fahrzeug-Hersteller über weitere Sonderausstattungen wie Motorschutzgitter, Zusatzkühler, verstärkte Stoßdämpfer, Tropenausstattung usw., denn eine rechtzeitige Klärung solchen Zubehörs kann unter Umständen ganz schön Geld sparen helfen. Weil die spätere Nachrüstung meist teurer wird als die Ab-Werk-Montage. In diesem Zusammenhang mit Fernreisen kann sich der interessierte Käufer auch mit Basisfahrzeug-Angeboten beschäftigen, die etwas außerhalb der üblichen Modelle liegen, nämlich mit gut erhaltenen gebrauchten Bundeswehr-Fahrzeugen, Spezialfahrzeugen der Post, der Bahn und der Industrie, wo allradangetriebene geländegängige und mit großer Bodenfreiheit ausgestattete Fahrzeuge immer mal günstig zu haben sind. Angebote hierüber muß man meist der Tagespresse entnehmen, wo Versteigerungen usw. angezeigt werden.

Als Basis für dieses Fernreise-Wohnmobil diente ein Unimog S. Wenn es darum geht, im Gelände vorwärtszukommen, sind große Bodenfreiheit, Allradantrieb, verwindungssteife Bodengruppe und zusätzliche Ausrüstungen wie Motorwinde, Ölwannenschutz usw. wichtiger als eine stromlinienförmige Karosse. Der robuste, vollisolierte Wohnaufsatz stammt aus der Fa. Arnold-Fahrzeugbau.

Aber auch für die vielen Leute, die sich aus Kostengründen garnicht erst mit den Vorteilen eines Neufahrzeugs beschäftigen wollen, weil für sie ein solches Fahrzeug zu teuer ist, kommt ein gut erhaltenes Gebrauchtfahrzeug durchaus in Betracht. Aber hier wie da sind dieselben Gesichtspunkte für die Auswahl des Basisfahrzeugs bestimmend. Weitere Punkte, die Sie bei der Vorab-Klärung eines möglichen Basisfahrzeugs überdenken sollten, sind die Sitzanordnung und Sitzbequemlichkeit im Fahrerhaus, die Anordnung (und leichte Zugänglichkeit) des Motors und anderer wichtiger Fahrzeugteile, die Anordnung und gute Bedienbarkeit der Fahrzeugtüren, die Wendigkeit und Bodenfreiheit des Fahrzeugs und last not least der Wiederverkaufswert.

Zu diesen Punkten möchte ich noch etwas ausführlicher werden, weil sie oft von entscheidender Wichtigkeit für das spätere Wohlbefinden im Fahrzeug sein können.

Zunächst das Thema Sitze: Angeboten werden im Fahrerhaus meist neben dem Fahrersitz entweder ein Beifahrersitz oder eine Sitzbank. Hier ist die Frage zu entscheiden, ob man nicht die außer dem Beifahrer mitreisenden Personen (oft Kinder) besser und bequemer im Wohnteil des Fahrzeugs unterbringt (bei Wohnmobilen ist das auch während der Fahrt gestattet) und sich dafür den sehr wichtigen Durchgang vom Fahrerhaus zum Wohnteil (durch Wegfall des dritten Sitzes) erhält. Ein weiteres sehr wesentliches Problem ist der Fahrersitz selbst. Immerhin verbringt der Fahrer einen guten Teil seiner Zeit auf diesem Sitz und muß in dieser Zeit seine Aufmerksamkeit voll auf den Straßenverkehr konzentrieren. Deshalb ist ein bequemer, verstellbarer Sitz mit guter Sicht nach außen, mit guter Beinfreiheit und mit leicht erreichbaren bzw. ablesbaren Instrumenten davor unbedingt ein Argument für oder gegen ein bestimmtes Basisfahrzeug. Ich habe zum Beispiel Fahrzeuge kennengelernt, die einen optisch hervorragenden Eindruck machten, aber bei denen man, nach 10 Minuten am Lenkrad, Wadenkrämpfe bekam und nicht mehr stillsitzen konnte. Weil die Sitze falsch konstruiert waren, weil der Beinraum zu knapp bemessen war. Es hat auch andere Fahrzeuge gegeben, bei denen man die Sitze in die richtige Höhe und Lehnenstellung bringen konnte und in denen man auch nach Stunden noch keine Rückenschmerzen bekam. Eine Preisfrage?

Der an sich gar nicht so geräumige Toyota HiAce wird durch Aufsetzen eines großen Aufstelldaches zu einem geräumigen Wohnmobil. Der Vorteil eines solchen Dachs: Oben ist jede Menge Platz zum Schlafen (wenn es nicht gerade sehr kalt ist), und im eingeklappten Zustand paßt das Fahrzeug noch in die PKW-Garage. Diese Ausbau-Version nennt sich »Rio« und stammt von der Firma Bischofsberger.

Thema Motor-Anordnung: Für manchen ist das vielleicht eine Weltanschauung. Für mich nur eine Frage, ob man gut an den Motor herankommt, wenn man sich einmal unterwegs selbst helfen muß. Und eine Frage, ob der Motorblock bei der Planung der Wohneinrichtung oder bei dem wichtigen Durchgang zwischen Fahrerhaus und Wohnteil stört. Und eine Frage, ob der Motor durch seine Anordnung für ein stabiles Fahrverhalten, z. B. bei Seitenwind, in Kurven oder bei Eis und Schnee sorgt.

Thema Vorder- oder Hinterrad-Antrieb: Hier sollte man nicht zu kleinlich auf einer bestimmten Antriebsart beharren, wenn sonst alles am Fahrzeug zusagt. Die Unterschiede im Fahrbetrieb sind meines Erachtens nicht so gravierend. Zugegeben, ein Vorderrad-Antrieb hat für ein Wohnmobil insofern Vorteile, als unter dem Wagenboden keine Kardanwelle sitzt und der Wagenboden deshalb etwas mehr Platz für die Gestaltung des Wohnteils (Abwassertank, Gastank, Heizung usw.) läßt. Auch bezüglich Winter-Fahrverhalten, Kurvenfahrt und nicht zuletzt aus preislichen Erwägungen (weil Vorderrad-Antrieb preiswerter zu fertigen geht) bietet diese Antriebsart leichte Vorteile gegenüber konventioneller Bauweise mit vorn liegendem Motor und Hinterachsantrieb.

Türen sind unser nächstes Thema. Sie sind ein wichtiges Thema, denn unpraktisch angeordnete und ungünstig konstruierte Türen in der Fahrzeugkarosserie können einem das Wohnmobil-Leben ganz schön schwer machen. Beispielsweise im Fahrerhaus: Die bei den meisten Fahrzeugen vorhandenen Türen für Fahrer und Beifahrer können als Haupt-Eingangstüren benutzt werden. Dann dient das Fahrerhaus als Schmutzschleuse und Windfang, der Wohnteil bleibt sauber. Manche Reisemobilhersteller aber lassen bei ihren Sonderkarosserien die Türen im Fahrerhaus weg und zwingen alle Mitreisenden einschließlich Fahrer, wegen jeder Kleinigkeit durch den Wohnteil über eine recht schmale Tür ein- und auszusteigen. Türen im Fahrerhaus bekommt man, wenn überhaupt, nur gegen Aufpreis. Die bei vielen Kastenwagen anzutreffenden seitlichen Schiebetüren im Wohnbereich haben auch ihre Probleme. Sie sind zwar meist schön breit und hoch, weil sie zum Be- und Entladen gedacht waren. Aber haben Sie einmal versucht, so eine Tür nachts auf einem totenstillen Campingplatz leise zu schließen? Oder die Tür von Ihrer Beifahrerin auf- oder zumachen zu lassen? Ganz abgesehen davon, daß eine solche breite Schiebetür innen wertvolle Stellflächen kostet, daß man an der Innenseite nur schwer Gardinen am Fenster anmachen kann, daß sie sich schlecht isolieren läßt usw. usw.

Sowohl der »Joker« mit (hier eingeklapptem) Aufstelldach (oberes Bild) als auch das »Terra«-Wohnmobil mit Hubdach sind ausgesprochen wendige, garagentaugliche und auch als »PKW-Ersatz« geeignete Kompakt-Wohnmobile, die einer kleinen Familie zu unbeschwertem Urlaub verhelfen können.

Mercedes L406D/L408/L508D (Mikafa): Auch in einer serienmäßigen Karosserie läßt sich ein Urlaub genießen, wenn die Einrichtung gut durchdacht ist. Dieses »kleinste« Mikafa-Reisemobil bietet alles, auch für eine längere Reise, was man zu einem unbeschwerten Aufenthalt benötigt.

Deshalb bin ich der Ansicht, daß man nach Möglichkeit auf die seitliche Tür im Wohnteil verzichtet und die Fahrerhaustüren als Hauptzugang verwendet, sofern nicht ein Motorblock o.ä. den Durchgang von vorn nach hinten erschwert.

Die Hecktüren im Fahrzeug dagegen sind ein wahrer Segen für jeden Wohnmobilbesitzer. Sie dienen erstens als Notausstieg (dann müssen sie sich von innen öffnen bzw. entriegeln lassen), wenn es mal erforderlich sein sollte. Sie dienen zweitens als optimale Beladeöffnung für das Reisegepäck, besonders, wenn man im Wagenheck einen großen Staukasten hat für das Schlauchboot, den Außenborder, das nasse Badezeug oder das Klappfahrrad.

Nicht zuletzt lassen sich die Hecktüren, mit einem kleinen Vordach kombiniert, zu einer Art Freiluft-Veranda selbst bei Regenwetter gut ausnutzen. Oder, mit einem zusätzlichen Vorhang versehen, als Umkleidekabine am Strand usw.

Zuletzt noch kurz ein paar Bemerkungen zu Themen wie Bodenfreiheit, Wendigkeit, Karosserie-Abmessungen, Service und schließlich auch Wiederverkaufswert.

Grundsätzlich gilt: Hier im guten alten Europa kommen Sie fast mit jedem Wohnmobil fast überall hin, wenn auch manchmal mit einigen Problemen. Aber je weiter eine Reise gehen soll und je weiter Sie dabei

Durch den Frontantrieb bietet der Fiat 238 E (wie auch der 242 E) im Wohnteil mehr Platz als andere Transporter dieser Klasse. Wer auf das Hochdach verzichtet und ein Hubdach verwendet, wie hier z. B. beim »Cosmos« der Karosseriewerke Weinsberg, der kommt mit seinem Wohnmobil auch noch bequem in jede Garage oder ins Parkhaus. Praktisch sind auch die seitlichen Flügeltüren, die zusätzlichen Stauraum bieten und für ein Wohnmobil zweckmäßiger sind als eine Schiebetür.

von der hierzulande üblichen Zivilisation entfernt sind, desto kleiner sollte Ihr Wohnmobil sein und desto größer die Bodenfreiheit, die Wendigkeit, die Robustheit und Anspruchslosigkeit aller Teile.

Damit ist auch schon das Thema Service ein wenig angesprochen. Was nützt das schönste Wohnmobil, wenn Ihnen mitten in Afrika oder einem anderen fernen Land ein wichtiges Ersatzteil fehlt oder eine fachmännische Reparatur erforderlich wird. Dann ist der König, dessen Fahrzeug in der nächsten Dorfschmiede mit Hilfe von ein paar Ausschlachtteilen wieder in Fahrt gebracht werden kann! In diesem Zusammenhang müssen Sie, auch an Ihrem Wohnort, an den nächsten fälligen Wartungsdienst denken. Ist eine Kundendienstwerkstatt Ihrer Fahrzeugmarke in unmittelbarer Nähe oder müssen Sie erst 50 oder mehr Kilometer abspulen bis dahin? Und was, wenn das Fahrzeug mal nicht anspringt und der Monteur erst zu Ihnen hinkommen muß? Dann sind die Ersparnisse der Anschaffung unter Umständen rasch aufgebraucht.

Schließlich und letztlich müssen Sie auch den Wiederverkaufswert für ein Wohnmobil bereits bei der Anschaffung ein wenig im Auge haben. Ich weiß, Sie wollen das Fahrzeug einmal kaufen und dann die nächsten 10 Jahre damit fahren. Da interessiert der Wiederverkaufswert nicht sonderlich. Aber sind Sie auch sicher, daß Sie Ihre Meinung nicht

Der **Tabbert** »**Imperator 600**«, eine gelungene Sonderkarosserie auf dem Chassis des VW-Lasttransporters LT.

Selbst eine so geräumige Sonderkarosserie wie hier der Tabbert »Condor« läßt sich wirtschaftlich fahren, wenn als Basis ein bewährtes Mercedes-Fahrgestell (207 D/208) und ein sparsamer Diesel mit 65 PS verwendet werden. Die weitgehend strömungsgünstige Frontpartie unterstützt dieses Bemühen.

doch schon in ein oder zwei Jahren ändern? Vielleicht paßt Ihnen das Basisfahrzeug oder die Einrichtung doch nicht so optimal, wie Sie es bei der Besichtigung zuerst geglaubt hatten? Vielleicht ändert sich die Zahl der Mitreisenden in absehbarer Zeit und Sie brauchen ein größeres oder kleineres Fahrzeug? Oder die Treibstoffpreise explodieren noch weiter und Sie müssen sich etwas einschränken? Dann ist es gut, wenn man möglichen Kaufinteressenten ein Basisfahrzeug anbieten kann, das noch einen ordentlichen Wiederverkaufswert aufweist. Schließlich muß eine so hohe Investition von etwa 30.000 bis 60.000 DM oder mehr wohl gründlicher überlegt werden als der Kauf eines simplen PKW. Und bei dem rechnen Sie doch auch, oder nicht?

So, nun wollen wir uns einmal die „üblichen" Basisfahrzeuge ansehen, mitsamt ihren Hauptabmessungen und wichtigsten technischen Daten.

Mercedes L 408 (Mikafa): Was dem Kapitän auf dem Schiff seine Pinasse, ist dem Landyachtkäptn sein Kleinmotorrad am Heck des Wohnmobils. Und Brötchen sind damit morgens sicher schneller geholt als mit dem großen Bruder. Mikafa Typ 4400.

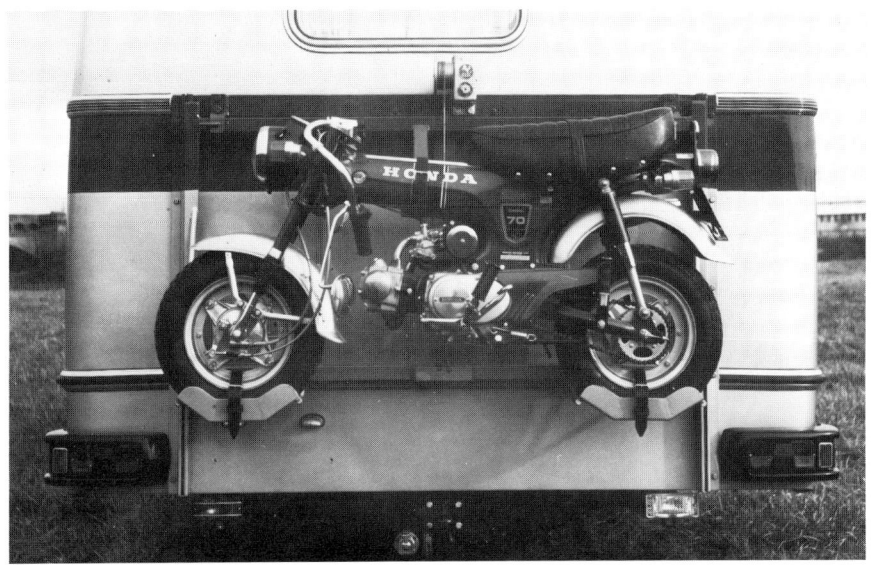

Hersteller: Daimler-Benz AG Stuttgart
Kastenwagen mit Normal- und Hochdach-Ausführung.

Modell/Typ:*	208	208 l.	L409	L409 l.	L508D el.	L508D b.
Laderaum-						
Abmessung:						
L (mm)	2820	3300	3080	4025	4970	4970
B (mm)	1680	1680	1855	1855	1855	2165
H (mm)	1550	1550	1600	1750	1750	1930
H (Hochdach)	1830	1830	1900	1900	1900	1930
Außenmaße:						
L (mm)	4755	5235	5040	5990	6955	6955
B (mm)	1975	1975	2100	2100	2140	2450
H (mm)	2240	2240	2560	2685	2685	2795
H (Hochdach)	2525	2525	2795	2795	2795	2795
Zulässiges						
Ges.-Gew. (kg)	(2550 bis 3500)		(4000 bis 6790 je nach Modell)			
Nutzlast (kg)	(830 bis 1815)		(1545 bis 3740 je nach Modell)			
Radstand (mm)	3050	3350	2950	3500	4100	4100

Anmerkungen:* Die von Daimler-Benz angebotene Modellpalette umfaßt eine große Anzahl Typen, die sich durch Motorisierung, Nutzlast usw. unterscheiden. Die hier angegebenen Modelle sind eine Auswahl, die den unterschiedlichen Laderaum- und Außenabmessungen entsprechen. Auch die zulässigen Gesamtgewichte usw. sind mit dem Händler zu differenzieren.

Die für den Wohnmobilbau gern verwendeten Modelle des „kleinen" Transporters (Baureihe 207D/307D/208/308) sind in zwei verschiedenen Radständen erhältlich und mit dem Benzinmotor 2,3 l (63 kW/85 PS) oder dem besonders verbrauchgünstigen Diesel mit 2,4 l Hubraum und 48 kW/65 PS. Damit sind maximale Geschwindigkeiten von etwa 106 bis 121 km/h erzielbar. Dabei fließen zwischen 13,6 und 14,4 l Normalbenzin bzw. etwa 11,0 bis 11,6 l Diesel je 100 km aus dem 70 Liter fassenden Tank. Die Steigfähigkeit beträgt im 1. Gang je nach Gesamtgewicht und Motor zwischen 24 und 35 %, der Wendekreis ist vom Radstand abhängig und liegt bei 10,9 bzw. 11,8 m.

Die größeren Kastenwagen der Baureihe L407D/ 409/508D/608D/613D können z.T. mit vier verschiedenen Motoren ausgerüstet werden. Entweder mit Diesel 2,2 l (44 kW/60 PS),

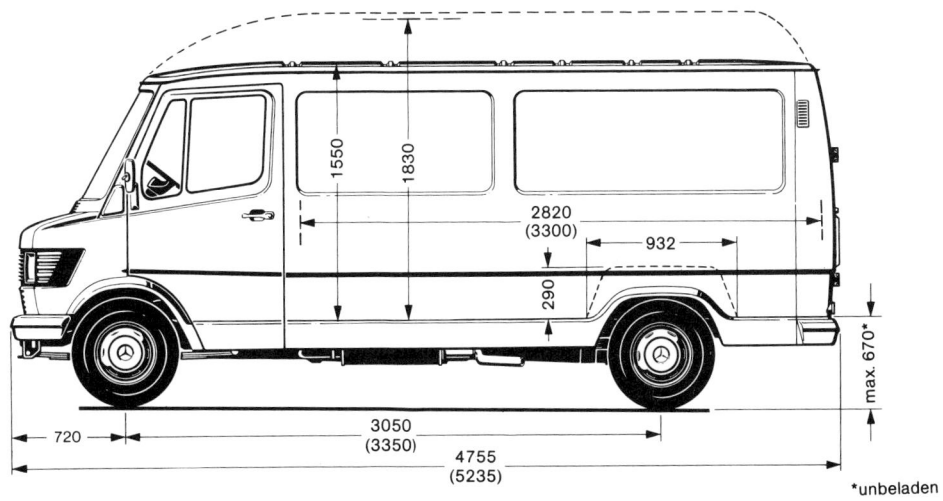

*unbeladen

Eines der – zu Recht, meine ich – beliebtesten Basisfahrzeuge für den Wohnmobilbau ist der Mercedes 207 D / 307 D / 208 / 308, besonders in der Ausführung mit Hochdach, langem Radstand und Dieselantrieb. Ein geräumiges, wendiges Fahrzeug mit gut zugänglichem Antriebsaggregat in solider Ausführung, leider nicht ganz billig.

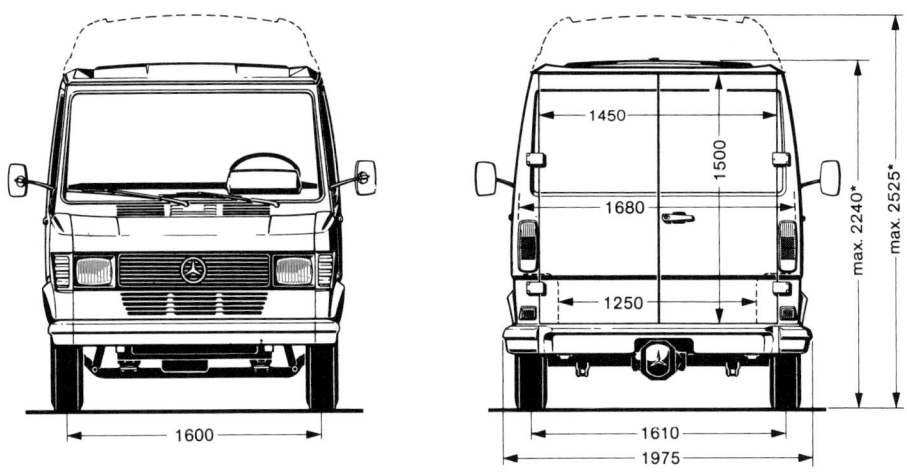

Diesel 2,4 l (48 kW/65 PS), Diesel 3,8 l (63 kW/85 PS) oder Benzinmotoren 2,3 l (66 kW/90 PS). Für den Typ 613 D gibt es dann noch einen Diesel mit 96 kW/130 PS.
Je nach Modell, Gesamtgewicht usw. sind Höchstgeschwindigkeiten bis zu 105 km/h erzielbar, die max. Steigfähigkeit liegt zwischen 23,3 und 41%. Der Tankinhalt beträgt 60 Liter, auf Wunsch auch 80 Liter.

Oben der Mercedes 207 D mit DB-Hochdach und ohne seitliche Schiebetür, von den Karosseriewerken Weinsberg als Modell »Orbis« ausgebaut. Unten das gleiche Basis-modell, diesmal mit Westfalia-Hochdach und seitlicher Schiebetür, von den Westfalia-Werken als »James Cook«-Wohnmobil eingerichtet. Der Weinsberg-Ausbau ist robust und preisgünstig, die Westfalia-Ausführung bietet dafür mehr Innenraum und auch mehr Chic.

Hersteller: Fiat Automobil AG Heilbronn
Kastenwagen mit Normal- und Hochdach-Ausführung.

Modell/Typ:	900E	238E	242E
Laderaum-Abmessung:			
L (mm)	2100	2800	3000
B (mm)	1300	1640	1660
H (mm)	1240	1295	1830
H (Hochdach)	1400	1790	1830
Außenmaße:			
L (mm)	3750	4600	4957
B (mm)	1520	1835	1988
H (mm)	1700	1980	2356
H (Hochdach)	1860	2270	2356
Zulässiges Ges.-Gewicht (kg)	1540	2300	2800/3500
Nutzlast (kg)	615	980	1115/1815
Radstand (mm)	2020	2400	3200

Anmerkung: Beim Typ 242 E gibt es keine gesonderte Hochdach-Ausführung, in der Normalausführung hat das Fahrzeug innen bereits Stehhöhe. Der 242 E ist normal mit 3,5 t zul. Ges. Gewicht erhältlich und wird auf Wunsch auf 2,8 t abgelastet. Beim 242 E mit Dieselmotor reduziert sich die Nutzlast um rund 80 kg.
Der kleine 900 E erreicht mit seinem 0,9 l-Benzinmotor (26 kW/35 PS) eine Höchstgeschwindigkeit von 100 km/h. Er verbraucht dabei im Schnitt 8,9 bis 11,4 l Normalbenzin, der Tank faßt 32 Liter. Maximale Steigfähigkeit 24%.
Der Typ 238 E kann entweder mit einem 1,5 l-Normalbenzinmotor (35 kW/47 PS) oder einem 1,5 l-Superbenzin-Motor (38 kW/52 PS) ausgestattet werden. Je nach Motor werden max. 107 bzw. 113 km/h erzielt, der Tank faßt 41 Liter.
Der geräumige 242 E kann entweder mit dem 2,0 l-Normalbenzin-Motor (51 kW/70 PS) oder mit dem 2,5 l-Diesel gleicher Leistung ausgerüstet werden. Die Höchstgeschwindigkeit beträgt etwa 108 km/h und der Benzinverbrauch liegt bei rund 13,5 l, während sich der Diesel mit cirka 11,6 l zufrieden gibt.

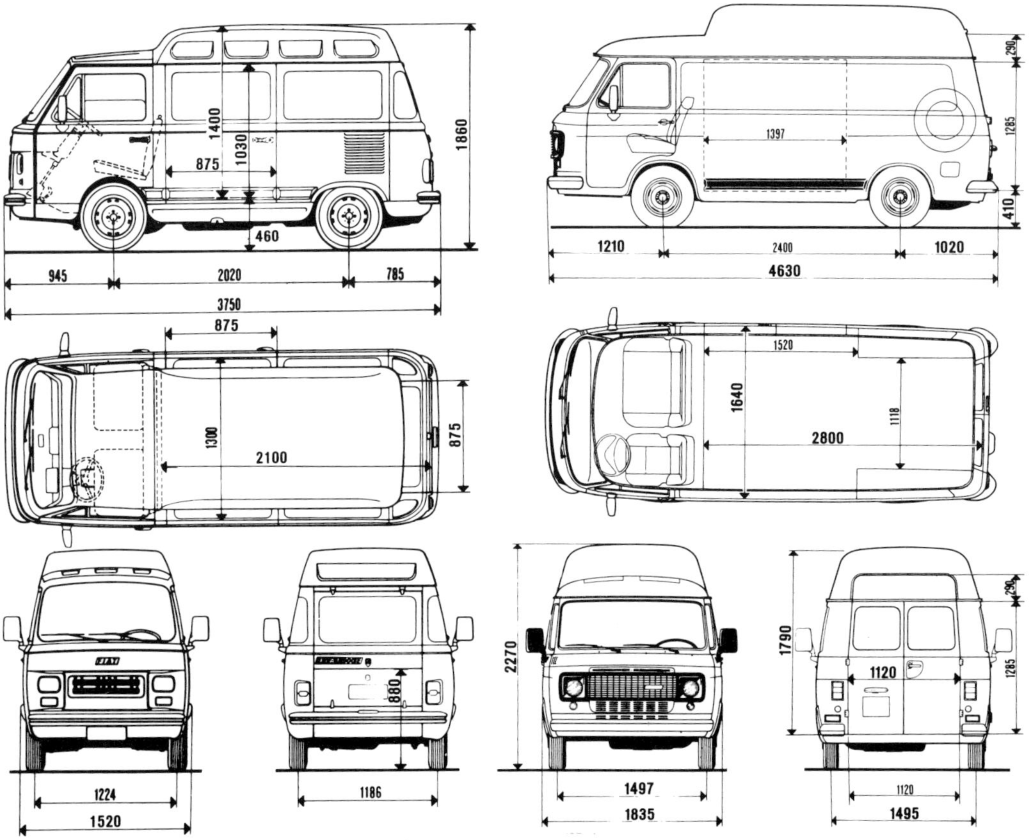

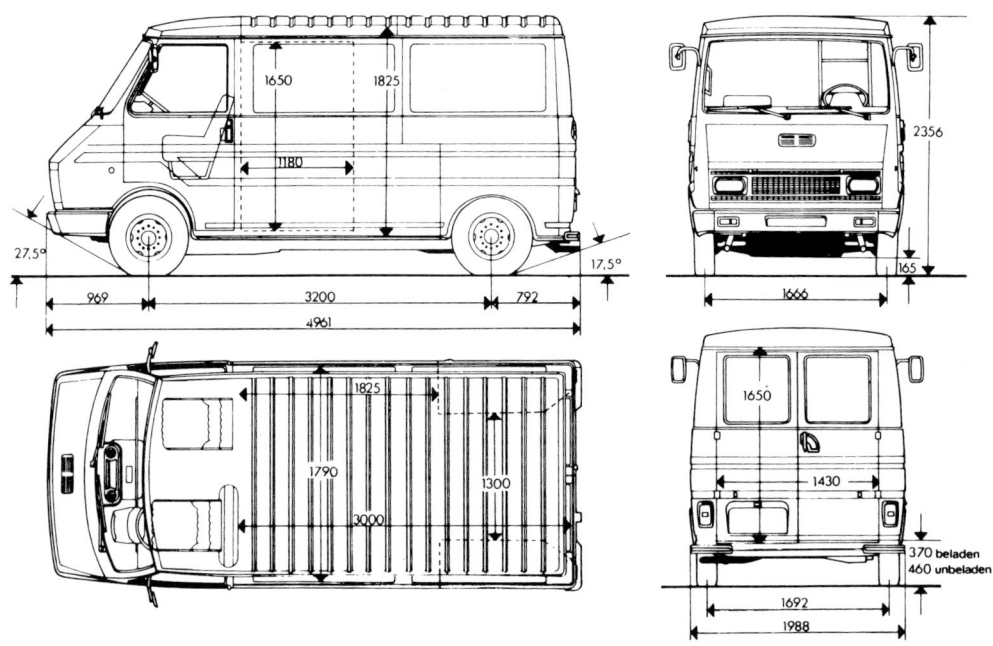

Oben links der Fiat 900 E Hochraum-Kastenwagen. Rechts oben ist der Fiat 238 E Hochraum-Kastenwagen abgebildet, der mit 1790 mm im Wohnteil volle Stehhöhe bietet. Unten der noch geräumigere Fiat 242 E, der in der normalen Kastenwagenausführung eine Stehhöhe von 1825 mm aufweist.

Hersteller: Ford–Werke AG Köln
Kastenwagen mit Normal- und Hochdach-Ausführung.

Modell/Typ:	FT80	FT100	FT120	FT100L	FT130	FT160	FT190
Laderaum-							
Abmessung:							
L (mm)	2510	2510	2510	3270	3270	3270	3270
B (mm)	1855	1855	1855	1855	1855	1855	1855
H (mm)	1360	1360	1360	1510	1510	1510	1510
H (Hochdach)	1720	1720	1720	1860	1860	1860	1860
Außenmaße:							
L (mm)	4552	4552	4552	5302	5302	5302	5302
B (mm)	1980	1980	1980	1980	2060	2060	2060
H (mm)	1958	1984	2039	2177	2151	2171	2177
H (Hochdach)	2318	2344	2399	2527	2501	2521	2527
Zulässiges							
Ges.-Gew. (kg)	2100	2360	2575	2450	2800	3100	3500
Nutzlast (kg)	750	1000	1173	1000	1258	1558	1909
Radstand (mm)	2692	2692	2692	2997	2997	2997	2997

Anmerkung: Die angegebenen Maße bei Hochdach-Ausführung sind ca-Maße. Die zulässigen Gesamtgewichte und die Nutzlasten können sich durch Hochdach-Ausführung, Sonderausstattung und den Einsatz von Dieselmotoren ändern. Näheres sagt Ihnen Ihr Händler. Die Ford-Kastenwagen werden wahlweise mit einem 1,6 l-Benzinmotor (48 kW/65 PS), einem 2,0 l-Benzinmotor (57 kW/78 PS) oder einem Dieselmotor mit 2,4 l Hubraum und 46 kW/62 PS angeboten. Beim Benziner liegen die mittleren Verbrauchswerte etwa zwischen 12,4 und 14,55 l /100 km, der Diesel dagegen begnügt sich im Mittel mit etwa 10,2 bis 10,7 l/100 km. Diese Werte können natürlich durch persönlichen Fahrstil, Beladung des Fahrzeugs, Dachgepäckträger usw. beeinflußt werden.
Der Kraftstofftank aller Modelle faßt 68 Liter. Die erzielbaren Höchstgeschwindigkeiten liegen beim 1,6 l-Motor bei etwa 120 km/h, beim 2,0 l-Motor bei etwa 128 km/h und beim Diesel beträgt die Höchstgeschwindigkeit rund 112 km/h. Der Wendekreis liegt mit 11,2 m (FT 80 bis FT 120) bzw. 12,3 m (FT 100 L bist FT 190) im mittleren Bereich, die max. Steigfähigkeit der Fahrzeuge im 1. Gang beträgt je nach Modell und Motor zwischen 21 und 37 %.

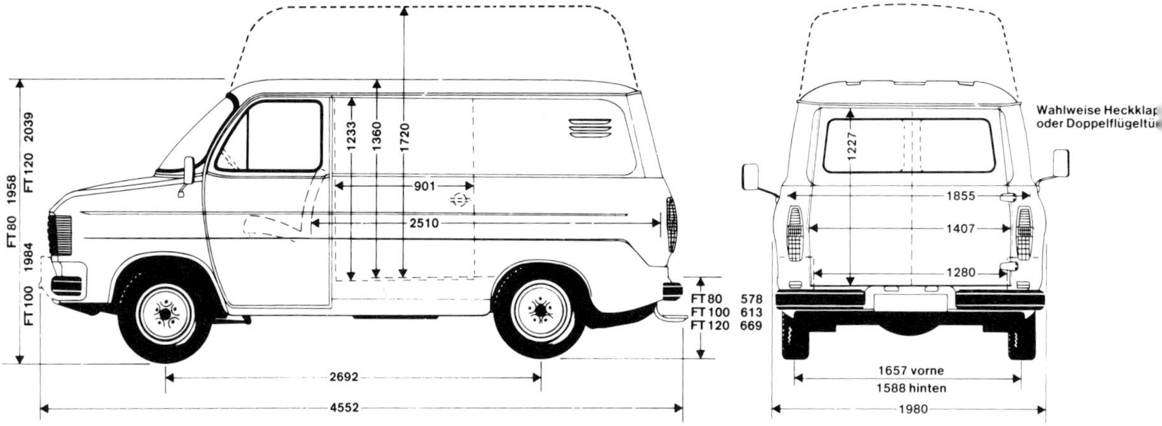

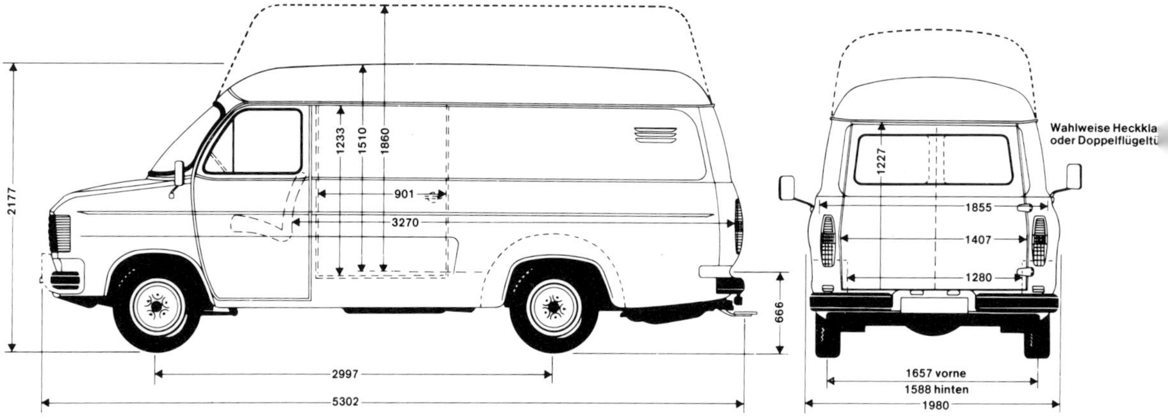

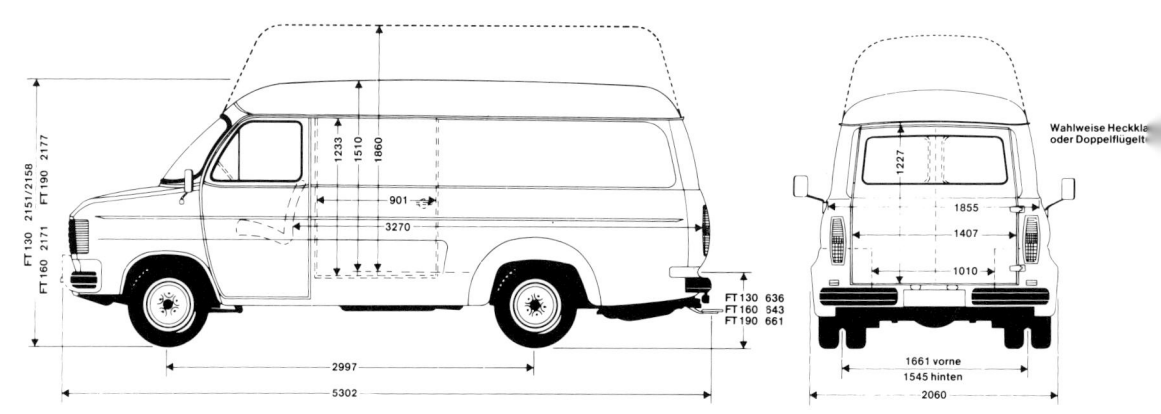

Oben: Die Abmessungen der Ford-Transit-Modelle FT 80 / FT 100 / FT 120

FT 80 1958
FT 120 2039
FT 100 1984

1233 1360 1720
901
2510

FT 80 578
FT 100 613
FT 120 669

2692
4552

Wahlweise Heckklap oder Doppelflügeltü

1227
1855
1407
1280

1657 vorne
1588 hinten
1980

Mitte: Die Maße des FT 100 L

2177

1233 1510 1860
901
3270

666

2997
5302

Wahlweise Heckkla oder Doppelflügeltü

1227
1855
1407
1280

1657 vorne
1588 hinten
1980

Ganz oben die Abmessungen der Ford-Transit-Modelle FT 80 / FT 100 / FT 120, mittig die Maße des FT 100 L und unten die Hauptabmessungen der Modelle FT 130 / FT 160 / FT 190. Den FT 100 und den FT 160 gibt es auch in Allrad-Ausführung durch die Firma Rau in Kirchheim/Teck.

Unten: Die Hauptabmessungen der Modelle FT 130 / FT 160 / FT 190

FT 130 2151/2158
FT 190 2177
FT 160 2171

1233 1510 1860
901
3270

FT 130 636
FT 160 543
FT 190 661

2997
5302

Wahlweise Heckkla oder Doppelflügelt

1227
1855
1407
1010

1661 vorne
1545 hinten
2060

Hersteller: Mitsubishi: MMC Auto Deutschland GmbH Rüsselsheim
und Toyota: Toyota Deutschland GmbH Köln
Transporter mit Normaldach-Ausführung*

Modell/Typ:	Mitsubishi L 300	Toyota Hi-Ace
Laderaum-Abmessung:		
L (mm)	2300	2680
B (mm)	1505	1520
H (mm)	1210	1325
Außenmaße:		
L (mm)	4000	4340
B (mm)	1690	1690
H (mm)	1820	1915
Zulässiges Ges.-Gew. (kg)	2005	2400
Nutzlast (kg)	865	1000
Radstand (mm)	2200	2340

Anmerkungen: *Diese japanischen Transporter gibt es z. Zt. nur in Normaldach-Ausführung. Lediglich verschiedene Wohnmobil-Hersteller
statten die Fahrzeuge mit festen oder aufstellbaren Hochdächern für
ihr Programm aus, Eigenbauer müssen sich ein Hubdach einbauen.
Der Mitsubishi-Transporter hat einen 1,6 l Normalbenzin-Motor (48
kW/65 PS) und erreicht eine Höchstgeschwindigkeit von 130 km/h.
Das wendige Fahrzeug (Wendekreis 10,1 m) braucht durchschnittlich
etwa 10 l Normal/100 km, der Tankinhalt beträgt 55 l. Die maximale
Steigfähigkeit beim Mitsubishi erreicht 41 %.
Auch der Toyota Hi-Ace hat einen 1,6-Liter-Motor (46 kW/66 PS), der
mit Normalbenzin zufrieden ist und eine Höchstgeschwindigkeit von
125 km/h ermöglicht. Der Spritverbrauch bewegt sich je nach Tempo
zwischen etwa 10,5 und 16,5 Liter/100 km bei einem Tankinhalt von
rund 58 l. Der Hi-Ace hat einen Wendekreis von 10,6 m.

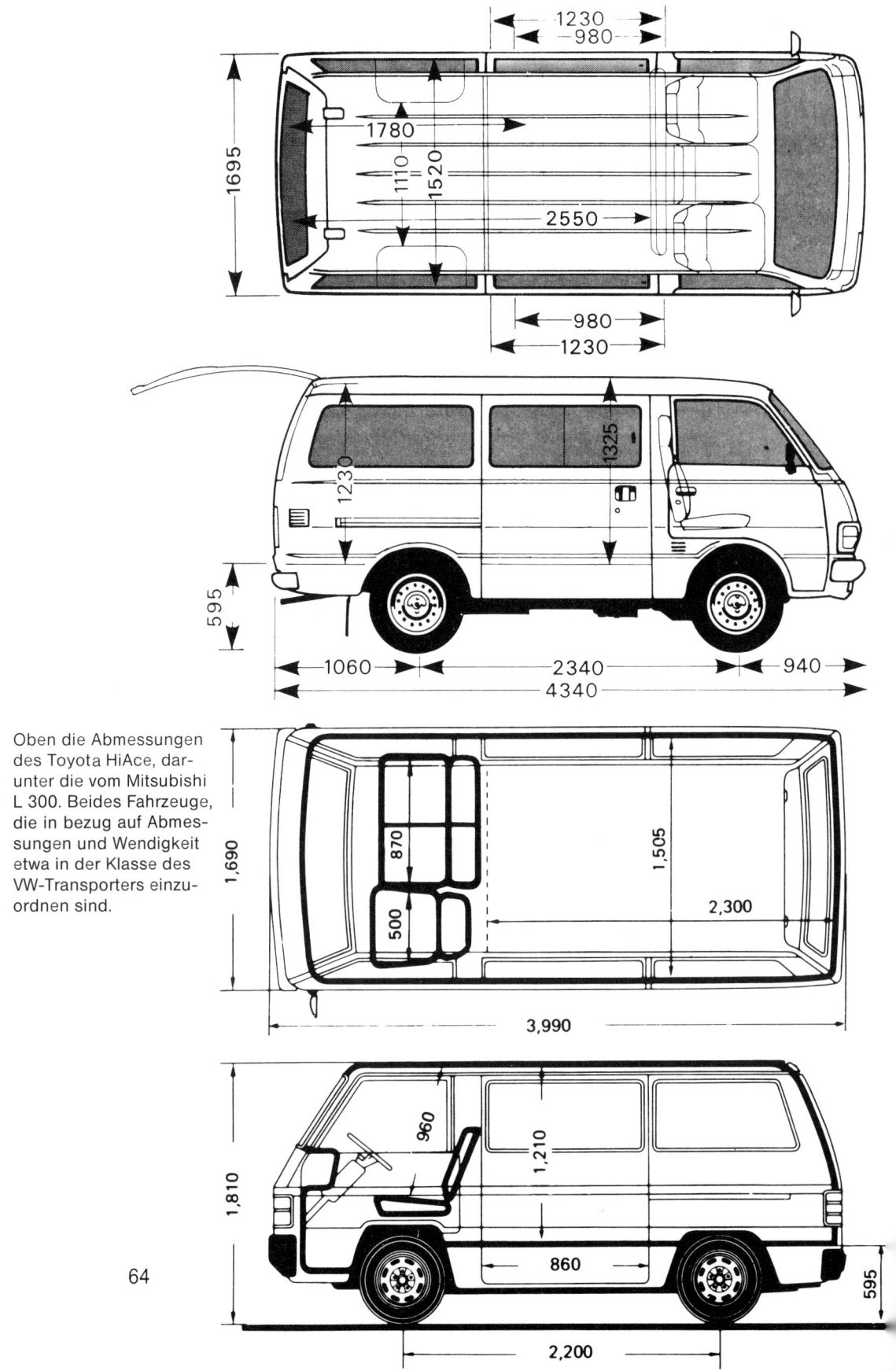

Oben die Abmessungen
des Toyota HiAce, dar-
unter die vom Mitsubishi
L 300. Beides Fahrzeuge,
die in bezug auf Abmes-
sungen und Wendigkeit
etwa in der Klasse des
VW-Transporters einzu-
ordnen sind.

64

Wem ein Aufstelldach zu »windig« ist und wer eine ausreichende Garage oder andere Unterstellmöglichkeit hat, kann den Toyota HiAce auch in einer vollisolierten, geräumigen Ausführung mit Sonderaufbau (Bischofsberger) bekommen.

Hersteller: Adam Opel AG Rüsselsheim
Kastenwagen mit Normal- oder Hochdach-Ausführung.

Modell/Typ: Bedford Blitz	F6	F7	G6	G7
Laderaum-Abmessung:				
L (mm)	2350	2350	2850	2850
B (mm)	1700	1700	1700	1700
H (mm)	1350	1350	1500	1500
H (Hochdach) bei allen Typen wahlweise 1700 oder 1850 mm				
Aussenmaße:				
L (mm)	4409	4409	4917	4917
B (mm)	1940	1940	1940	1940
H (mm)	1950	1950	2130	2130
H (Hochdach)				
bei 1700 mm:	2300			
bei 1700 mm:	2300	2300	2330	2330
bei 1850 mm:	2450	2450	2480	2480
Zulässiges Ges.-Gew. (kg)	2340	2540	2800	3500
Nutzlast (kg)*	885	1075	1220	1835
Radstand (mm)	2692	2692	3200	3200

Anmerkungen: *Bei Einsatz eines Dieselmotors verringert sich die Nutzlast um 65 bis 70 kg, auch die Hochdach-Ausführung vermindert die Nutzlast.
An Motoren stehen für alle Modelle entweder ein 2,3 Liter-Benzinmotor (58 kW/79 PS) oder ein 2,3 Liter-Diesel (46 kW/63 PS) zur Verfügung, das Modell F6 ist auch noch mit einem 1,8 Liter Benzinmotor (46 kW/67 PS) erhältlich. Der kleine Benzinmotor kommt mit rund 13 Liter Normal/100 km aus, der größere Bruder verkonsumiert im Schnitt 14,2 Liter Normal. Der sparsame Diesel braucht etwa 9,6 Liter/100 km. Mit Dieselmotor und dem kleinen Benziner sind Höchstgeschwindigkeiten von rund 115 km/h zu erreichen, der 2,3 Liter-Benzinmotor dagegen bringt etwa 128 km/h Spitze. Die Fahrzeuge haben alle jeweils einen Tank von 59 l Inhalt. Die maximale Steigfähigkeit der Modelle beträgt zwischen 25,5 und 32,9 %.
Die Bedford Blitz F6 und F7 haben einen Wendekreis von 11,2 m, die G6- und G7-Modelle benötigen auf Grund des längeren Radstandes dagegen 12,7 m.

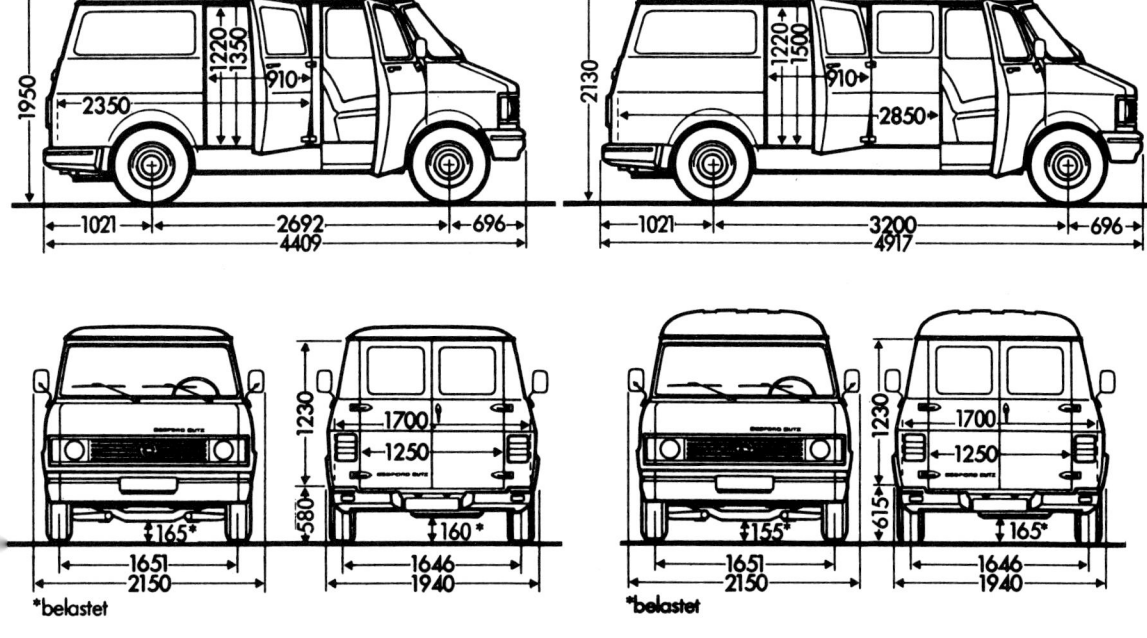

Die Opelmodelle Bedford-Blitz F6 und F7 (links) und die mit großem Radstand versehenen Typen G6 und G7 (rechts) sind bewährte, stabile Basiswagen für Wohnmobile, allerdings auf Grund ihrer Innenabmessungen keine Raumwunder.

Der Opel Bedford-Blitz ist ein langbewährtes Basisfahrzeug. Mit 5-Ganggetriebe, Dieselmotor und garagenfreundlichem Hubdach (»Castor« Fa. Ottenbacher) eine wirtschaftliche Lösung. Ebenfalls praktisch ist die seitliche Klapptür statt Schiebetüren.

Hersteller: Peugeot Deutschland GmbH Saarbrücken
Kastenwagen, Normal- u. Hochdachausf. mit zusätzl. Verlängerungen.

Modell/Typ:	Grundmodell J9	GM+500	GM+1000	GM+1500
Laderaum-Abmessung:				
L (mm)	2970	3470	3970	4470
B (mm)	1730	1730	1730	1730
H (mm)	1820	1820	1820	1820

H (Hochdach) ist nach Wunsch 300, 350, 400 oder 500 mm höher.

Aussenmaße:				
L (mm)	4730	5230	5730	6230
B (mm)	2030	2030	2030	2030
H (mm)	2330	2330	2330	2330

H (Hochdach) je nach Ausführung 300, 350, 400 oder 500 mm höher.

Zulässiges				
Ges.-Gew. (kg)	2790/3500	2790/3500	2790/3500	2790/3500
Nutzlast (kg) je nach Modell zwischen 875 und 1845 kg				
Radstand (mm)	2500	2500/3000	3500	3500/4000

Anmerkungen: Der Peugeot J9 ist nach dem Baukastenprinzip aufgebaut. Er kann auf Wunsch als 2,8- oder 3,5 t-Kastenwagen mit zusätzlichen Verlängerungen von 500 bzw. 1000 mm zwischen den Achsen bzw. hinter der Hinterachse und mit Normaldach (Stehhöhe 1,82 m) oder, in jeder Verlängerung, mit verschiedenen Hochdächern (300 mm, 350 mm, 400 mm oder 500 mm höher) geordert werden. Dadurch sind auch die Nutzlasten sehr unterschiedlich.
An Motoren stehen 2 Normalbenzin-Motore von 1,6 l (43 kW/58 PS) oder 2,0 l (55 kW/75 PS) oder aber die günstigen Dieselmotoren mit 2,1 l (41 kW/56 PS) oder 2,3 l (49 kW/66 PS) zur Auswahl. Bedingt durch die Vielfalt der möglichen Modelle kann als Anhaltswert für den Treibstoffverbrauch z.B. beim 3,5 t-Dieselmodell mit etwa 7,6 bis 14,9 l gerechnet werden. Die erreichbaren Höchstgeschwindigkeiten liegen bei 103 bis 115 km/h. Tankinhalt: 53 l. Bedingt durch den Vorderrad-Antrieb hat der Peugeot J9 einen Wendekreis von 14,2 m.

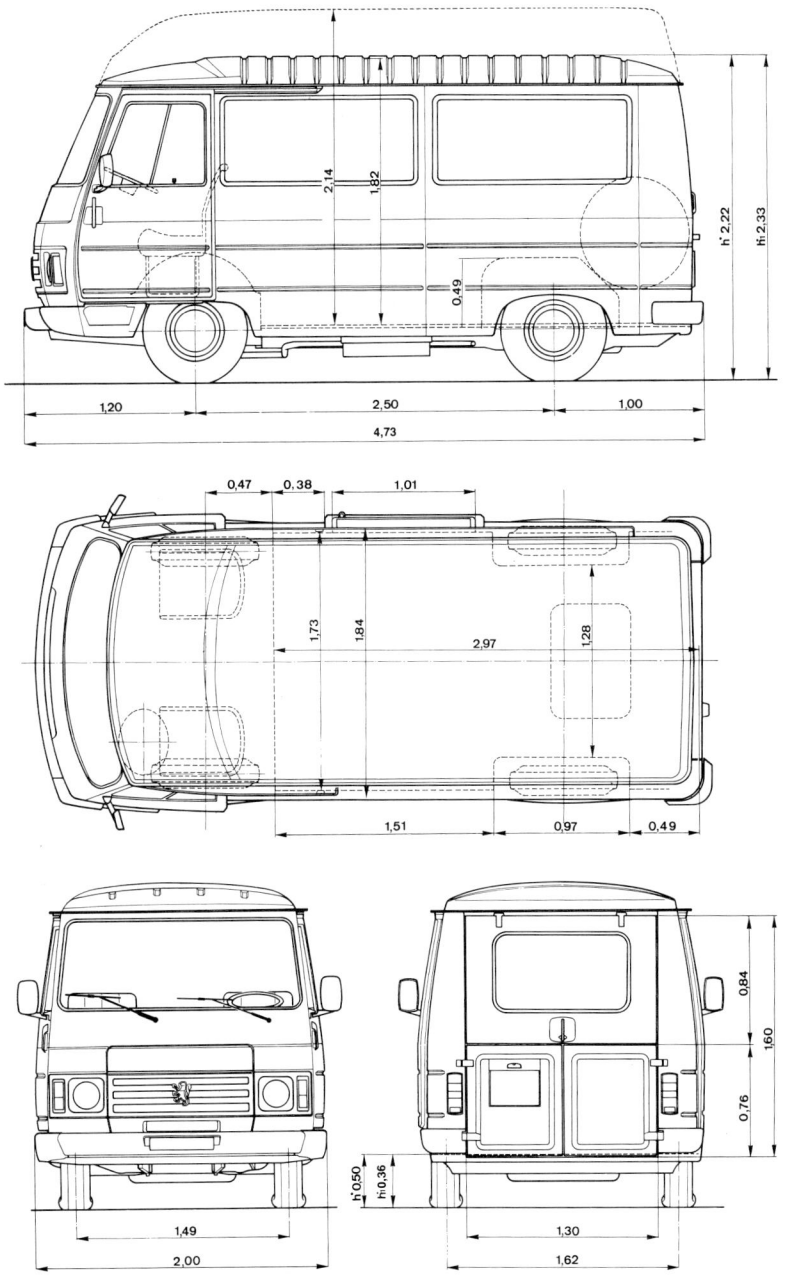

Der Peugeot J 9 als wesentlich verbesserter Nachfolger des legendären J 7 ist ein wahrer Verwandlungskünstler. Der Kastenwagen ist durch diverse Verlängerungsmöglichkeiten und 4 verschiedene Hochdach-Versionen zusätzlich zu der normalen Dachausführung in einer Unzahl von Modellen zu erhalten, ganz abgesehen von den 4 Motor-Varianten. Dadurch und durch relativ preiswerte Anschaffung eine besonders günstige Alternative zu anderen Basismodellen.

Der Peugot J 9, das Raumwunder aus Frankreich, im oberen Bild als Wohnmobil »Mundus« Version A der Fa. Weinsberg ohne seitliche Schiebetür. Unten der »Mundus« Version B mit Schiebetür, wodurch zwar der Zugang einfacher ist, aber innen Stellfläche verloren geht.

Hersteller: Volkswagenwerk AG Wolfsburg
Kastenwagen mit Normal- und Hochdach-Ausführung.

Modell/Typ:	Transporter	LT28	LT31	LT35	LT40	LT45
Laderaum-Abmessung:						
L (mm)	2780	3060	3060	3060	3500	3500
B (mm)	1590	1815	1815	1815	1815	1815
H (mm)	1465	1460	1460	1460	–	–
H (Hochdach)	1880	1870	1870	1870	1870	1870
Aussenmaße:						
L (mm)	4570	4840	4840	4840	5290	5290
B (mm)	1845	2020	2020	2080	2055	2055
H (mm)	1965	2150	2160	2200	–	–
H (Hochdach)	2365	2560	2570	2605	2640	2635
Zulässiges Ges.-Gew. (kg)	2360	2800	3200	3500	4000	4500
Nutzlast (kg)*	995	1170	1570	1760	2000	2500
Radstand (mm)	2460	2500	2500	2500	2950	2950

Anmerkungen: *Die Nutzlast in der Hochdachausführung verringert sich bei allen Modellen um rund 50 kg, die Motorisierung mit Diesel kostet nochmals rund 100 kg Nutzlast.
Die Motorenpalette bietet für den Transporter wahlweise den 1,6-Liter-Normalbenzinmotor (37 kW/50 PS), den 2,0-Liter-Normalbenziner mit 51 kW/70 PS und den Dieselmotor mit 1,6 l Hubraum und 37 kW/50 PS. Der normale Transporter kommt damit je nach Motor auf 110 bzw. 127 km/h, die Hochraumausführung auf 105 bzw. 115 km/h. Der Kraftstoffverbrauch liegt etwa zwischen 11 und 15 Liter/100 km, beim Diesel bei 10 l/100 km. Für die LT-Modelle kommt entweder ein 2,0-Liter-Normalbenzin-Motor (55 kW/75 PS) oder ein 2,4-Liter-Diesel (55 kW/75 PS) zum Einsatz, wobei für Wohnmobile besonders interessant die Zusatzausrüstung mit 5-Gang-Getriebe ist. Kraftstoff-Verbrauch etwa zwischen 12,9 und 19,9 l Normalbenzin bzw. 11,3 und 14,1 l Diesel. Der LT 28 kommt auf eine Höchstgeschwindigkeit von 120 km/h, in der Dieselversion sogar auf 125 km/h, während die Hochraum-Ausführung max. 115 km/h ermöglicht. Der Wendekreis liegt bei den LT-Modellen bei 11,9 m, beim Transporter bei nur 10,7 m. Der LT mit langem Radstand allerdings hat 13,1 m. Der Tank des Transporters faßt rund 60 Liter, während der LT-Tank etwa 70 Liter aufnehmen kann.
Max. Steigfähigkeit: Beim Transporter 26 bis 33 %, LT je nach Motor und Getriebe 31,8 bis 36,1 %.

Kastenwagen

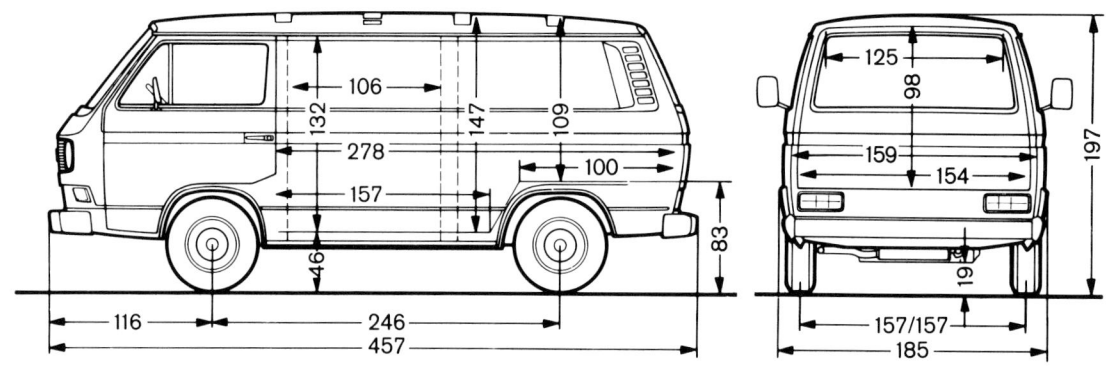

Hochraum-Kastenwagen

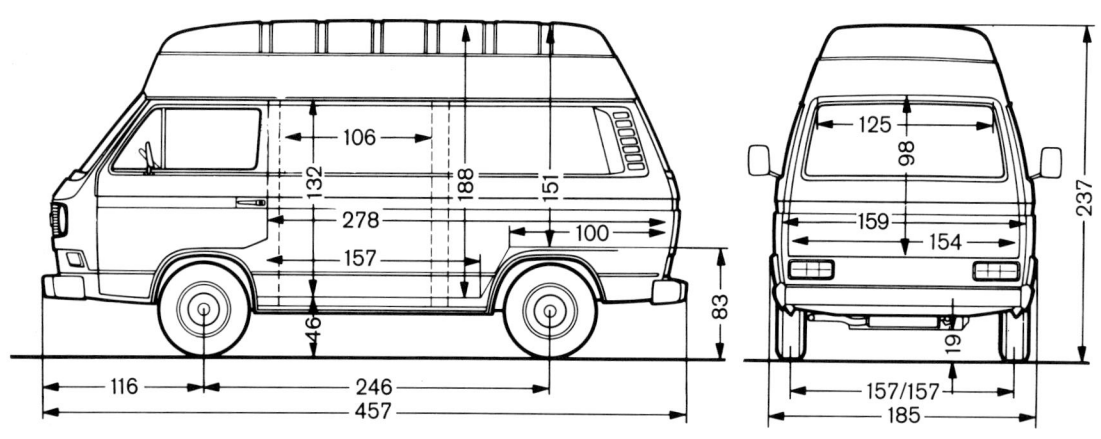

Oben der VW-Transporter in der normalen Kastenwagen-Ausführung, unten in der bei Selbstausbauern weitverbreiteten Hochdach-Version. Das wendige und robuste Fahrzeug ist in der Diesel-Ausführung besonders wirtschaftlich. Mit dem ebenfalls erhältlichen Allrad-Antrieb und in zweckmäßiger Tropen-Ausstattung ist diesem Basisfahrzeug kaum ein Weg zu steil oder eine Piste zu locker.

A= 215/216 cm
B= 69/70 cm

A= 256/257 cm   B= 69/70 cm

A= 264/264 cm   B= 79/79 cm

Ganz oben der LT 28 in Normaldach-Ausführung, bei dem zur Erzielung von Stehhöhe ein Hub- oder Aufstelldach zusätzlich montiert werden muß. In der Mitte der beliebte LT 28 in Hochdach-Version, der mit Dieselmotor eine sehr geräumige Wohnmobil-Basis abgibt, sofern man sich nicht am Motorblock mitten im Fahrerhaus stört. Unten der »lange« LT 40/45, der noch mehr Platz bietet, allerdings auf Grund seines zul. Gesamtgewichts den LKW-Beschränkungen unterliegt. Dafür ist der LT 40 als (4x4-Version) in Sonderausführung als geländegängige Allradversion erhältlich.

Der »Joker«, ein sehr beliebtes Wohnmobil der Westfalia-Werke, oben in der zweckmäßigen Version mit festem, isoliertem Sonder-Hochdach, unten in der Ausführung mit Aufstelldach. Letztere Version ist für niedrige Garagen besser, allerdings ist das Aufstelldach weder besonders winterfest, noch einbruchsicher.

Wohnmobile

SUCHET, SO WERDET IHR (VIELLEICHT) FINDEN . . . . .

Anders kann man wirklich nicht zu seinem optimalen Wohnmobil kommen. Man muß sich so umfassend wie irgend möglich informieren. Und das ist heutzutage oftmals Schwerarbeit. Weil jede Firma, ob Fahrzeug- oder Wohnmobilhersteller, andere Ansichten von Information hat. Sie glauben gar nicht, wie schwierig es oft ist, lächerliche Kleinigkeiten und Details über Basisfahrzeuge oder Wohnmobil-Ausbauten zu erfahren. Jeder Hersteller hat anders gestaltete Prospekte. Das fängt mit hektographierten, unleserlichen Zetteln an und hört bei Hochglanzdrucken auf. Aber das, was man grade wissen will, steht oft weder in der einen noch der anderen Ausführung. Noch viel schwieriger wird es für Sie, wenn Sie sachlich die Vor- und Nachteile einzelner Wohnmobile gegeneinander abwägen wollen. Da hilft nur Augen und Ohren aufhalten, fragen, telefonieren und sich laufend Notizen machen. Und dann zum Schluß entweder eine genaue Vergleichstabelle aufstellen oder aber alles in den Papierkorb werfen und das Fahrzeug kaufen, das einem gefällt. Aber letztere Entscheidung kann leicht ins Auge gehen. Deshalb doch lieber etwas mehr Sorgfalt bei der Vorentscheidung, denn es geht dabei um Ihr Geld und die Frage, wie gut oder schlecht es angelegt ist!
Nun, für das Basisfahrzeug haben Sie ja bereits ein paar erste Informationen im vorangegangenen Abschnitt erhalten. Weitere und genaue Daten bekommen Sie, wenn Sie lange und hartnäckig genug fragen, von dem nächstgelegenen Fahrzeughändler.
Aber wie sieht es nun mit dem Wohnmobil-Ausbau aus?
Das Angebot ist unübersehbar groß. Ein paar Firmen haben sich über Jahre hinweg behauptet und ihre Wohnmobile laufend verbessert und modernisiert. Andere Firmen, besonders kleine, sind in der Entwicklung stehen geblieben und bieten oft nur recht simpel ausgestattete Fahrzeuge an. Laufend ändert sich das Angebot, weil entweder die Fahrzeugindustrie die Basismodelle ändert oder aber weil Wohnmobilfirmen vom Markt verschwinden und andere auf dem Markt dafür erscheinen.
Deshalb kann man auch nicht pauschal sagen, das Fahrzeug A mit der Ausstattung Y ist für ein Ehepaar mit zwei Kindern das Optimale. Das wäre schön und wäre für mich auch viel einfacher, aber es geht halt

Der Innenraum des Westfalia-Wohnmobils »Skipper« ist großzügig und freundlich eingerichtet, allerdings sind die Polsterstoffe etwas schmutzempfindlich.

Eine preiswerte und dennoch brauchbare Lösung sind »pick up«Wohnmobile. In diesem Fall dient ein Peugeot 504 Pritschenwagen als Basisfahrzeug, der wochentags gewerblich genutzt werden kann und zum Wochenende oder in der Urlaubszeit mit der aufsetzbaren Wohnkabine zum Wohnmobil wird.

Das »Bimobil« der Firma Bilgram-Liebe GmbH ist ebenfalls ein »pick up«-Wohnmobilaufsatz. Als Basisfahrzeug dient hier der Peugeot 504, der entweder mit Benzinmotor oder Diesel erhältlich ist. So wirtschaftlich solche Fahrzeug-Kombinationen auch sind, so sind sie doch immer ein Kompromiß, bei dem die Umrüstzeiten, der fehlende Fahrerhausdurchgang, das veränderte Fahrverhalten usw. zu bedenken sind.

nicht. Einmal aus den Gründen ständigen Modellwechsels und zum zweiten aus rechtlichen bzw. Wettbewerbsgründen.

MIETEN ODER KAUFEN . . . .?

Der Wunsch des Menschen nach Besitz, nach etwas Eigenem, ist uralt und verständlich. Jeder möchte etwas haben, das nur ihm allein gehört, das er hegen und pflegen kann und das ihm niemand wegnehmen darf. Ob dieses Besitzstreben aber auch im Falle eines teuren Wohnmobils immer zweckmäßig ist, sollte zumindest überdacht werden. Machen Sie sich einmal, mit Ihren Zahlen natürlich, folgende Überschlagsrechnung:

Ein von Ihnen ins Auge gefaßtes Wohnmobil mittlerer Größe soll, angenommen, DM 40.000 kosten. Dann kommen noch ein paar Zubehörteile und Ausrüstungsstücke hinzu wie z.B. Schlafsäcke, Vorzelt, Campinggeschirr, Spültoilette, Kinderbett usw.

Dann kann man von einer Gesamtsumme von etwa DM 45.000,– ausgehen. Weiter angenommen, Ihr Sparbuch weist ein Guthaben von DM 15.000,– aus und sie wollen sich noch einen Notgroschen von DM 5.000,– lassen, so stehen Ihnen DM 10.000,– Eigenkapital zur Verfügung. Die restlichen DM 35.000,– müssen Sie sich besorgen. Am besten, weil einfach und relativ preiswert, bei Ihrer Bank.

Die Bank finanziert solche Fahrzeuge, die recht lange halten, großzügigerweise bis zu etwa 70 % des Anschaffungspreises. Das wären an sich nur DM 31.500,–, aber weil Sie als alter Kunde vertrauenswürdig sind und außerdem der Fahrzeugbrief als Sicherheit hinterlegt werden muß, gehen ausnahmsweise die DM 35.000,– als Kredit mit einer Laufzeit von 6 Jahren in Ordnung. Gefordert wird ein Zinssatz von 0,5 % pro Monat.

Also Kreditsumme x Laufzeit x Zinssatz = 35.000 x 72 (Monate) x 0,5 % ergibt DM 12.600,–. Zusammen mit der ja ebenfalls zurückzahlbaren Kreditsumme von DM 35.000,– ergibt das DM 47.600,–. Hierzu kommen meist noch etwa 1 bis 2 % Vermittlungs- oder Bearbeitungsgebühr, so daß man grob gerechnet auf eine Gesamtsumme von DM 48.240,– kommt.

Das ergibt eine monatliche Rate von DM 670,– bzw. eine Jahresrate von DM 8.040,–. Wenn Sie zu dieser Summe noch den Zinsverlust in Höhe von etwa DM 700,– hinzuzählen, den Sie durch die Plünderung Ihres Sparbuchs erleiden, so kostet sie Ihr eigenes Wohnmobil bereits DM 8.740,– pro Jahr. Mit Steuern und Versicherung bereits gute DM 10.000,–. Und nun überlegen Sie, was Sie dafür für einen Urlaub hätten machen können. Ganz abgesehen davon, daß in dieser – zugegeben sehr vereinfachten – Berechnung noch keine Kosten für Garage, Wartung, Reparaturen, Ersatzteile usw. enthalten sind. Andererseits bekommen Sie auch wieder ein paar Tausender auf die Hand, wenn Sie Ihr Fahrzeug nach 6 oder mehr Jahren noch verkaufen.

Natürlich nur, wenn Sie es in der ganzen Zeit gut gepflegt haben. Noch viel schlimmer aber ist es, wenn sich jemand in der Euphorie eines Messebesuchs, begeistert von der hübschen Einrichtung und beeindruckt von den „überzeugenden" Worten eines redegewandten Verkäufers, so ein Wohnmobil ohne gründliche Vorkenntnisse aufschwätzen läßt, um dann nach vierzehn Tagen Urlaub festzustellen, daß es wohl doch nicht die richtige Art des Reisens ist. Wenn man dann sein fast neues Wohnmobil zu einem Schleuderpreis loswird, zahlt man unter Umständen noch jahrelang an einer übereilten Entscheidung!

Deshalb mein Rat an alle, die noch nie mit einem Wohnmobil unterwegs waren: Das erste Mal sollte man sich ein solches Fahrzeug mieten! Und zwar möglichst dasselbe Modell, das einem persönlich am meisten zusagen würde, sowohl von dem Basisfahrzeug her als auch in der Inneneinrichtung.

Zugegeben, Mieten ist teuer. Sie zahlen gut und gerne zwischen 600 und 1500 DM pro Woche für ein Wohnmobil, je nach Größe und Ausstattung und Alter des Fahrzeugs.

Aber selbst, wenn Sie für drei Wochen im Mietwohnmobil beispielsweise DM 2500,– auf den Tisch des Vermieters legen müssen, so haben Sie dafür eine Menge Gegenwert erhalten. Erstens ein Wohnmobil neueren Datums mit kompletter Ausrüstung. Zweitens keinerlei Risiko betreffs Fehlentscheidung. Drittens schließlich einen ganzen Haufen Erfahrung. Letzteres werte ich sogar am höchsten, weil man die Erfahrung mit einem solchen Wohnmobil beim Kauf eines eigenen Fahrzeugs gar nicht hoch genug einschätzen kann! Und viertens haben Sie bei einem Mietfahrzeug keine Probleme mit der Frage, wo Sie das Fahrzeug in der Zwischenzeit abstellen können. Auch Wartung und Pflege ist Sache des Vermieters. Und noch etwas erscheint mir wichtig: Wenn Sie nächstes Jahr ein wendigeres oder ein kleineres oder größeres, ein schöneres oder komfortableres Wohnmobil fahren möchten oder auch garkeins, dann können Sie sich frei entscheiden. Mit einem eigenen Wohnmobil ist man an die vorhandene Ausführung gebunden. Und man muß notgedrungen damit in Urlaub fahren, schon damit es sich wenigstens halbwegs rentiert. Wenn Sie sich aber weder von diesen Zeilen noch von den hohen Anschaffungs- und Unterhaltskosten eines Wohnmobils abschrecken lassen, so kommen wir zu dem Thema „Kaufen".

Über Fragen der Rentabilität soll dabei nicht mehr gesprochen werden, das können Sie selbst viel besser mit Ihren Zahlen belegen. Jetzt geht

Mercedes 406D (Arnold): Die Arnold-Reisemobile fallen durch klare Linienführung und die praktische »Stalltür« ins Auge. Vollisolation ohne Kältebrücken ist ein weiteres Typen-Merkmal dieser geräumigen Reisemobile.

Bei »pick up«-Wohnmobilen ein Vorteil: Wochentags hat man ein zweckmäßiges Basisfahrzeug für den gewerblichen Einsatz und ein kleines Wochenend- oder Gästehaus. Montiert man beides in kurzer Zeit zusammen, entsteht ein brauchbares Wohnmobil für die Urlaubsreise oder den Messebesuch, den Wochenendtrip usw.

In größeren Wohnmobilen ist Platz, um auch einen Backofen für Gasbetrieb zusammen mit dem dreiflammigen Gaskocher unterzubringen. Kühlschrank und Vorräte in Schubladen sind daneben untergebracht.

Mercedes 0302/10 (Mikafa): Dieses größte Mikafa-Reisemobil (Typ 7500) mit seinen fast 10 Meter Gesamtlänge läßt sowohl an Platz als auch an Komfort kaum noch einen Wunsch offen.

es nur noch darum, möglichst preiswert an ein eigenes Wohnmobil zu kommen.

Die preiswerteste Art ist zweifellos, wenn man einmal vom Mieten absieht, und wenn man handwerklich etwas geschickt ist, das Selbermachen.

Aber davon später mehr im Kapitel „Eigenbau von A bis Z". Für besonders interessierte Wohnmobil-Bastler gibt es sogar eine noch ausführlichere Informationsquelle, nämlich mein im gleichen Verlag erschienenes Buch „Campingbusse selbermachen". Aber es haben ja nicht alle Leute Talent zum Heimwerken oder auch genug Zeit für so ein Hobby. Und denen bleibt dann nur noch die andere Lösung, nämlich der Kauf eines Wohnmobils.

WOHNMOBIL-KAUF: NEU ODER GEBRAUCHT?

Natürlich gibt es wie immer im Leben zwei Möglichkeiten. Man kann ein Fahrzeug neu kaufen oder man kann von einer mehr oder weniger günstigen Gelegenheit Gebrauch machen.

Es gibt nämlich einen stetig wachsenden Markt für gebrauchte Wohnmobile. Diese Lösung, ein Zweithand-Fahrzeug zu erwerben, ist zumindest finanziell durchaus erwägenswert.

Allerdings sollte man sich gründlich informieren, warum so ein Wohnmobil, was mal 30 000 oder 50 000 Mark gekostet hat, mit einmal nur noch die Hälfte oder weniger kosten soll.

Da gibt es verschiedene Möglichkeiten. Vielleicht hat der Vorbesitzer sich finanziell übernommen? Das wäre, zumindest für Sie, oft günstig. Weil das Fahrzeug zumeist noch gut erhalten ist und der Vorbesitzer es schnell loswerden will.

Eine andere, weniger gute Möglichkeit für Sie wäre, daß das Wohnmobil im Unterhalt zu teuer ist, also zuviel Treibstoff schluckt, zu hohe Versicherungsprämien oder sehr hohe KFZ-Steuern erfordert oder auch, daß es reparaturanfällig ist. Denken Sie in diesem Zusammenhang einmal daran, wie schnell manche Basisfahrzeuge (auch heutzutage noch) an verborgenen Karosserie- oder Chassisteilen vor sich hinrosten, auch wenn der Lack noch prima aussieht!

Und auch der hohe Treibstoffverbrauch kann für Sie ein Grund sein, vom Kauf Abstand zu nehmen. Selbst wenn im Prospekt des Fahrzeugherstellers etwas von 9,7 Liter/100 km bei 90 km/h steht, so muß das noch keineswegs auf das ausgebaute, mit Hochdach versehene und voll beladene Wohnmobil zutreffen. Noch dazu, wenn das Fahrzeug schon einige zigtausend Kilometer auf dem Buckel hat und in der Zeit womöglich schlecht gewartet wurde.

Mercedes L 408 (Mikafa): Dieses echte Reisemobil von Mikafa (Typ 440) besitzt eine verwindungssteife Vierkantstahlkonstruktion als Skelett und eine Außenhaut aus Aluminium. Diese Bauweise ermöglicht, bei gleichem Chassis wie der Typ 4000 eine breitere und längere Karosserie aufzubauen. Details: Doppelfenster ausstellbar, TV-Antenne, Außenstaukästen unter Flur.

In der Phantomzeichnung sieht man die großzügige Ausstattung des Mikafa-Reisemobils 5700 mit Sitzgruppe, Küche, Sanitärzelle mit Dusche und WC, Schrankraum und gesondertem Schlafraum.

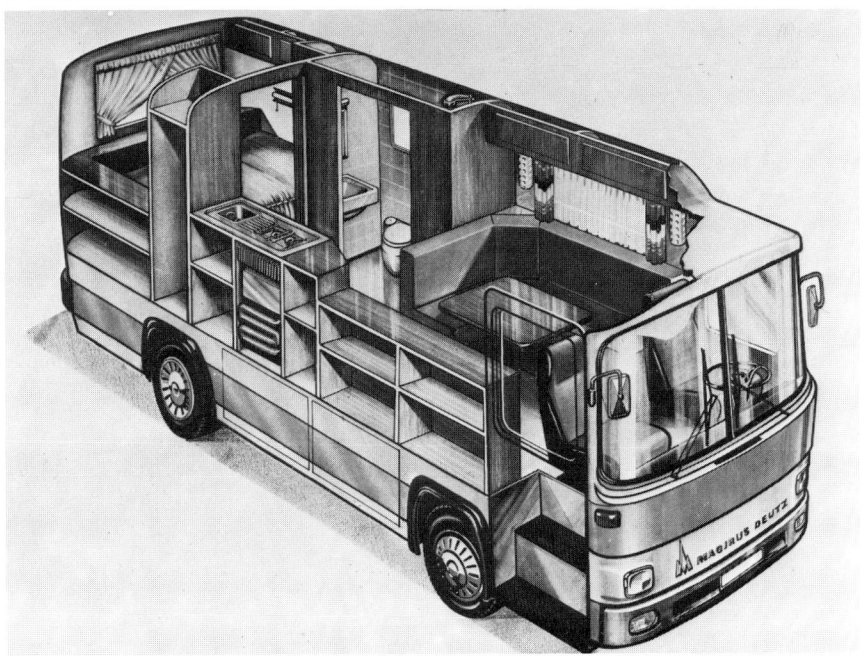

Auf dem Chassis vom VW-LT bietet der Weinsberg-Aufbau nicht nur ein harmonisches Bild, sondern zeigt auch, wie durch eine geschickt gebaute Sonderkarosserie viel Platz gewonnen wird.

Eine weitere Möglichkeit, warum ein Wohnmobil günstig angeboten wird, könnte zum Beispiel darin bestehen, daß der Erstbesitzer sich nicht das „passende" Fahrzeug gekauft hat oder den Spaß an der Wohnmobil-Fahrerei überschätzte. Wenn das Fahrzeug Ihnen paßt, könnten Sie hier unter Umständen rasch zu einem guten Wohnmobil kommen, weil das Fahrzeug meist durch den Vorbesitzer bereits kompletter ausgestattet wurde als bei einem ab-Werk-Neufahrzeug. In jedem Fall aber würde mich als Käufer interessieren, warum dieser Vorbesitzer das Wohnmobil anbietet. Denn vielleicht sind die Erfahrungen, die er damit gemacht hat, auch für mich zutreffend und ich war bloß noch nicht darauf gekommen? Aber wie dem auch sei, eines gilt immer: Augen auf beim Fahrzeugkauf! Achten Sie, unabhängig von der sowieso zu prüfenden Wirtschaftlichkeit eines solchen Kaufs, vor allem auf zwei Dinge: Erstens nehmen Sie sich, wenn Sie kein Fachmann sind, unbedingt einen KFZ-Meister oder KFZ-Schlosser der Marke mit, die das Basisfahrzeug herstellt. Notfalls können Sie sich auch eine Probefahrt mit dem Objekt erbitten und fahren bei der entsprechenden Werkstatt oder bei einem KFZ-Sachverständigen zur Prüfung vor.
Zweitens, und das können Sie meist allein oder mit der besseren Hälfte

84

zusammen, prüfen Sie die Inneneinrichtung und die Technik des Wohnmobils genauestens!

Lassen Sie sich den KFZ-Brief zeigen und entnehmen Sie daraus, ob das Fahrzeug erstens als „Sonder-Kraftfahrzeug Wohnwagen" eingetragen ist und zweitens die Zuladung noch für das ausreicht, was sie zuladen wollen (Trinkwasser, Treibstoffreserve, Campingzubehör, Lebensmittel, Mitreisende usw.). Aus dem Brief können Sie auch gleich ersehen, ob das Wohnmobil bereits mehrere Vorbesitzer hatte. Haben diese in relativ kurzer Zeit das Fahrzeug weiterverkauft, Hände weg! Irgendetwas ist meist faul an solchen Wagen.

Wer verkauft schon ein Fahrzeug so rasch wieder, wenn er damit zufrieden ist?

Der Innenraum des »James Cook«-Wohnmobils der Westfalia-Werke zeigt, wie großzügig eine Einrichtung gestaltet werden kann. Nachteilig ist der zu kleine Tisch im Verhältnis zum Sitzangebot, vorbildlich dagegen die entschärften Möbelkanten (verminderte Unfallgefahr) und die robuste Polsterung.

Inneneinrichtung in einem amerikanischen Wohnmobil der Firma GS Winnebago Wohnmobil KG in Freiburg. Vorbildlich unter anderem die abgerundeten Möbelkanten und die Verwendung schön gemaserter echter Holzoberfläche.

Ein geräumiges Motorhome aus dem COBRA-Programm, das in Deutschland vom Autohaus Strache vertrieben wird.

So, wenn in dieser Hinsicht alles geklärt ist, schauen Sie sich gründlich im Fahrzeug um, während der Experte für das Basisfahrzeug sich die äußeren Dinge und die Fahrzeugtechnik prüft.

Innen gilt natürlich der erste Blick der Anordnung der Möbel selbst. Eine Einrichtung, die unzweckmäßig angeordnet ist, kann noch so schön zurechtgemacht sein, sie wird immer Ärger bringen.

Schauen Sie sich also um: Können Sie mit der vorgesehenen Personenzahl bequem am Tisch Platz nehmen? Ist der Tisch dann so groß, daß auch die Teller und das Besteck noch Platz haben? Sitzen Sie dann auch alle einigermaßen bequem? Denken Sie daran, daß Sie und Ihre Familie unter Umständen einmal einen ganzen Regentag an diesem Tisch zubringen müssen oder daß eine kleine Feier fällig ist. Reicht der Platz? Na prima, weiter im Text. Wie sieht es mit der Bequemlichkeit aus? Sind die Polster dick genug, um auch nach ein paar Stunden noch ohne Gesäßschmerzen sitzen zu können? Stößt man sich an den Hängeschränken auch nicht den Kopf beim Setzen? Haben Sie beim Sitzen genug Beinfreiheit? Lehnen Sie sich bequem in die Polster. Was sagt die Rückenlehne, drückt sie oder ist sie womöglich zu niedrig? Alles ok?

Na, dann bauen Sie einmal die Betten. Meist geht das so, daß aus der Sitzgruppe ein Doppelbett gemacht wird. Der eine Hersteller kann das, der andere nicht. Es gibt Wohnmobile, bei denen man nach einem zehnminütigen Puzzlespiel mit den verschiedenen Polsterteilen endlich ein Bett zurechtbekommen hat und beim Hinlegen dann feststellt, daß es zu kurz ist und man mit dem Kopf und den Füßen an die Begrenzungswände stößt. Lassen Sie so ein Fahrzeug bloß stehen! Wenn ein Bett nicht wenigstens 10 Zentimeter länger ist als man selbst groß ist, wird man sich nie richtig wohlfühlen können. Spätestens nach einer Stunde im Bett haben Sie sonst kalte Füße, eine Beule am Kopf und Wadenkrämpfe. Es sei denn, Sie schlafen nur zusammengerollt.

So, nach diesem Bettenpuzzle die Frage, reichen denn die Schlafplätze für die Familie aus? Manche Wohnmobile haben neben der Sitz-Schlafgruppe im Wohnteil noch ein weiteres Einzel- oder Doppelbett im zweiten Stock. Entweder im Hochdach, im Aufstelldach oder im Alkoven über dem Fahrerhaus. Eine prima Sache, solange man sportlich ist und auch nachts im Dunkeln hoch oder runterklettern kann. Manche Alkoven sind aber so flach gebaut, daß man im Liegen nicht allzu viel Kopffreiheit hat und womöglich Platzangst bekommt oder zumindest eine Beule, wenn man sich unvermutet aufrichten will.

Manche Betten im Oberstock haben auch so dünne Polster, daß man nach einer Stunde spätestens genau weiß, wie hart der Untergrund ist oder wieviel Schraubenköpfe unter der Matratze das Bett halten. Angenommen, die Zahl der Sitz- und Schlafplätze ist ausreichend und auch

Ein Wohnmobil, in dem man sich länger als nur einen Nachmittag wohlfühlen will, kommt heutzutage ohne vernünftig eingerichteten Sanitärraum mit Handwaschbecken, Spültoilette, Toilettenschrank und möglichst Duscheinrichtung nicht mehr aus. Erst wenn man auch auf Reisen Komfort »wie zu Hause« hat, macht die Sache Spaß. Im Bild ein Sanitärraum des Tabbert »Condor 540«.

bequem genug. Dann schauen Sie sich als nächstes mal die Küche und die Staumöglichkeiten an. Ist die Küche so, wie Sie sich das ungefähr vorgestellt haben? Natürlich kann man in einem Wohnmobil keine Traumküche erwarten, aber zumindest sollte ein zündgesicherter Zweiflammkocher vorhanden sein, eine brauchbare Küchenspüle, eine einsatzbereite praktische Wasserversorgung (bei der sowohl die Pumpe funktioniert als auch der Wasservorrat rasch und hygienisch aufgefüllt werden kann). Wenn auch noch ein kleiner Kühlschrank vorhanden ist, umso besser!

Stauräume bedürfen ebenfalls Ihrer Aufmerksamkeit. Es gibt nämlich „großzügig" gestaltete Wohnmobile, die scheinbar viel Platz haben (zumindest im Wohnraum). Bei denen ist aber unter Umständen der Platz durch Einsparungen am Stauraum gewonnen worden. Dann hat man große Schwierigkeiten, ein paar Konserven, Geschirr, Töpfe, Pfannen, Kleidung, Schuhe und was man sonst noch alles im Urlaub braucht, in den paar nuppligen Fächern unterzubringen. Von sperrigen Dingen wie Schlauchboot, Außenborder, Campingliegen usw. ganz zu schweigen. Selbst an den Abmessungen des Kleiderschranks wird oft gespart. Entweder passen nur ein paar Klamotten hinein, oder die Schrankhöhe ist so knapp, daß die Kleidung unten aufstößt. Oder die Heizung ist so installiert, daß die Kleidung „gegrillt" wird. Aber das ist schon wieder ein anderes Thema.

Nach der Klärung der Platzfragen sollten Sie sich nun ein wenig mit dem Zustand der Einrichtung befassen. Abgewetzte Polsterstoffe und schmuddlige Gardinen sagen zwar etwas über die Vorbenutzer aus, aber sind nicht weiter schlimm. Solche Dinge sind rasch und ohne große Probleme auszuwechseln. Auch verschlissene Teppichfliesen sind schnell ausgetauscht. Wichtiger sind die beständigen Dinge wie beispielsweise die Möbel. Wackeln einzelne Möbelteile? Sind Furniere beschädigt oder abgelöst? Haben die Holzoberflächen tiefe Kratzer? Lösen sich Spanplattenteile langsam auf? Wie sieht es unter den Teppichfliesen aus, gibt es da feuchte Stellen, Rost oder gar Schimmel? Wie sind die Wandverkleidungen beschaffen, gibt es da Stockflecke, feuchte Ecken, Auflösungserscheinungen? Riecht es in den Möbeln muffig? Das könnte auf mangelnde Isolierung, auf Nässe im Fahrzeug oder auch bloß auf schlechte Lüftung hindeuten! Wie sehen die Möbelscharniere aus, sind sie locker, sind sie ausgerissen? Wie schließen die Türen, wie funktionieren die Schubladen? Aber wenn bei einem älteren Wohnmobil einzelne Bereiche, z. B. die Wandbeläge, zu neu aussehen oder gar frisch angebracht sind, ist ebenfalls Vorsicht geboten! Vielleicht hat der Vorbesitzer hier etwas vertuschen wollen und die Wände darunter sind bereits verrottet? Dasselbe trifft auch auf neuen Teppichboden zu. Man muß dem Vorbesitzer deshalb nicht unbedingt

Ein vernünftiger Stauraum im Wohnmobil ist mehr wert als »Stilmöbel« bei der Einrichtung! Hier findet alles seinen Platz, was man schnell draußen zur Hand haben will, also das Schlauchboot, die Liegestühle oder wie hier im Bild beim Tabbert »Condor« ein Mokick, mit dem sich die Brötchen holen lassen, wenn alles noch schlummert.

Böses zutrauen, aber etwas Kontrolle kann er Ihnen nicht übelnehmen, schließlich kennen Sie den Vorbesitzer ja nicht so gut, oder?

Wenn inzwischen Ihr KFZ-Experte draußen fertig ist, schauen Sie sich mit ihm gemeinsam auch noch die Technik im Fahrzeug etwas an. Beispielsweise die Gasanlage, ist sie noch einwandfrei? Was macht die Elektro-Installation? Ist die Verkabelung einwandfrei, sind die Abzweigdosen bzw. Klemmen frei von Korrosion? Ist die Isolierung womöglich etwas brüchig?

Auch die Heizung im Wohnmobil verdient Beachtung, denn sie dient erheblich dem Wohlbefinden im Fahrzeug. Prüfen Sie, ob die Anlage einwandfrei (und möglichst leise) funktioniert, ob die Warmluftrohre unbeschädigt sind, ob die Anlage für Ihre Ansprüche ausreichend groß ist (Wintercamping?).

Zum Schluß des Rundgangs durch das Fahrzeug werfen Sie bitte noch einen kritischen Blick auf Fenster und Dachluken im Wohnteil. Sind die Fenster und Luken doppelverglast? Einzelverglasungen bilden solche Kältebrücken, daß Ihnen laufend innen im Fahrzeug das Kondenswasser herumläuft, sie sind nicht mehr zeitgemäß!

Schauen Sie sich auch die Verglasungen selbst an, ob sie mit dem wellenförmigen Prüfzeichen versehen sind. Andere sind nicht zugelassen! Weiter: Sind die Scheiben sehr verkratzt oder gar gerissen? Ersatzscheiben sind oft schwierig zu beschaffen. Sind die Beschläge und Rahmen noch einwandfrei? Auch hier kann es Probleme durch ausgeleierte Gelenke usw. geben, die sich nicht ohne weiteres reparieren lassen.

So, nun hoffe ich, daß Sie nach einer abschließenden ausführlichen (!) Probefahrt sich noch überzeugt haben, ob Teile klappern oder quietschen, ob sich die Karosserie verwindet oder ob sich andere Beanstandungen herausgestellt haben. Haben Sie sich eine Mängelliste gemacht? Fein, dann können Sie sicher dem Vorbesitzer an Hand der Liste den Preis noch etwas reduzieren.

Beim Kauf eines fabrikneuen Wohnmobils sollten Sie mit der gleichen Gründlichkeit vorgehen, auch wenn solche Dinge wie ausgerissene Scharniere oder defekte Installationen wahrscheinlich selten sind oder zumindest durch die Garantie abgedeckt werden.

Aber vor Pfusch oder vor falsch verstandener Sparsamkeit seitens mancher Hersteller ist man nie sicher. Da werden billige Spanplatten zu Möbeln verwendet, die nicht nur schwer sind, sondern auch sich bei Feuchtigkeit zersetzen. Da werden Polsterstoffe und Gardinen verwendet, die aus leichtentzündlichen Textilien bestehen. Da wird an der Polsterstärke gespart, daß einem nach 10 Minuten die Rückseite schmerzt. Da werden Möbelgriffe eingesetzt, an denen man sich verletzen kann, an denen man hängenbleibt und die Sachen zerreißt. Da werden Schrankverschlüsse verwendet, bei denen die Türen von allein aufgehen, weil man mal bremsen muß.

Da sind an den Möbeln oder Geräten so scharfe Kanten, daß man bei einem Unfall schwere Verletzungen erleiden kann. Da werden Heizungen installiert, an denen man sich bei der Bedienung verbrennen kann oder die die Möbel so aufheizen, daß sie sich verziehen.

Da werden Polsterteile angeboten, die man nur nach langem Knobeln wie ein Puzzle zu einem Bett zusammenfummeln kann.

Da werden Betten angeboten, die allenfalls nach ihren Abmessungen für Halbwüchsige, aber nicht für Erwachsene reichen (Liegeprobe machen!). Da gibt es Wohnmobile für vier oder mehr Personen, aber der Frischwasservorrat von 12 oder 15 Liter reicht grade für eine Person! Da gibt es Wasserhähne, die muß man während der Benutzung mit einer Hand bedienen und sich mit der anderen waschen.

Da gibt es noch tausend Dinge, die unausgegoren, mangelhaft oder schlecht durchdacht sind. Natürlich gibt es auch ein paar gute Wohnmobile. Aber eines ist den meisten Wohnmobilen zu eigen, nämlich eine umfangreiche Liste an erforderlichem Zubehör, das man praktisch benötigt, um das Fahrzeug voll funktionsfähig zu machen. Dieses Zubehör – typisch für die deutsche Industrie – ist beim Wohnmobilhandel meist wesentlich teurer als in Zubehörgeschäften oder Kaufhäusern. Augen auf beim Wohnmobilkauf!

Ich will mit dieser Auflistung von Mängeln (die natürlich nicht immer so gehäuft auftreten) vor allem eines erreichen, nämlich daß Sie sich bei der Besichtigung eines Wohnmobils nicht von dem ersten Eindruck blenden lassen. Gehen Sie mit offenen Augen und kritischem Verstand heran an die Sache, denn es ist Ihr gutes Geld, für das Sie auch einen guten Gegenwert erwarten können. So ein Wohnmobil kauft man sich ja vielleicht nur alle 10 oder 15 Jahre, da muß es schon haltbar sein. Und vor allem, lassen Sie sich Zeit bei der Auswahl. Informieren Sie sich vor einem Messebesuch oder vor einem Gespräch mit einem Wohnmobilhändler ausführlich durch das Studium von Prospekten und Fachzeitschriften, machen Sie sich Notizen, was Sie kaufen wollen oder worauf Sie besonderen Wert legen und bleiben Sie bei diesen Vorbedingungen.

Und wenn Sie nichts finden, was Ihnen absolut zusagt oder auch was Ihrem Geldbeutel entspricht, so überlegen Sie doch einmal, ob Sie nicht Lust und Möglichkeiten haben, sich Ihr Traum-Mobil selbst auszubauen. Vielleicht mit Hilfe der Nachbarn oder Freunde, die später dann zum Dank auch mal einen Urlaub mit dem Eigenbau verbringen können. Oder, wenn sich in dieser Hinsicht keine Hilfe finden läßt, vielleicht durch käufliche Bausatz-Möbel, die auch ein weniger talentierter Heimwerker mit wenig Aufwand zu einem brauchbaren Wohnmobil-Umbau einsetzen kann.

Eigenbau von A bis Z

LOHNT SICH DER EIGENBAU?

Diese Frage kann man nicht pauschal mit ja oder nein beantworten. Dazu ist die Materie viel zu kompliziert. Hier sollte jeder mit sich selbst zu Rate gehen, denn schließlich weiß jeder selbst am Besten, welche Fähigkeiten und Möglichkeiten er hat.

Fest steht jedenfalls, mit ein paar Mark und viel gutem Willen allein ist es nicht getan. Und selbst eine mehr oder weniger perfekte Heimwerker-Ausrüstung ist noch lange keine Garantie für ein gelungenes Wohnmobil.

Zunächst jedoch ein klärendes Wort zum Thema Eigenbau: Wenn wir im Folgenden über Eigenbau eines Wohnmobils sprechen, so ist damit immer der Ausbau eines vorhandenen Fahrzeugs, also eines Kastenwagens, eines Kombiwagens oder eines Busfahrzeugs gemeint.

An die Konstruktion und den Bau einer Sonderkarosserie auf einer Fahrzeugbasis heranzugehen, übersteigt sowohl die finanziellen als auch die technischen Möglichkeiten der Meisten. Ganz abgesehen von den gesetzlichen Hürden.

Und selbst wer diese ganzen Schwierigkeiten nicht scheuen will und unbedingt eine Superspezial-Sonderkarosserie haben muß, ist immer noch billiger und besser dran, wenn er sich mit einer ausgefuchsten Karosseriewerkstatt in Verbindung setzt. Aber bei der Auswahl an Fahrzeugen, auch mit Sonderkarosserien, die auf dem Markt angeboten werden, dürfte meines Erachtens auch kaum ein Wunsch unerfüllbar sein.

Nachdem wir nun das Thema Sonderkarosserien beerdigt haben, zurück zu der Frage: Lohnt sich der Eigenbau?

Als alter Bastler und Tüftler möchte ich mit einem klaren »jain« antworten. Also ja und nein. Lohnen kann sich ein Eigenbau, wenn man Freude am Basteln hat, wenn man seine eigenen, individuellen Vorstellungen verwirklichen möchte (und das Geschick dazu hat!) und wenn man die Möglichkeiten zur Realisierung seiner Vorstellungen hat. Nicht lohnen wird sich der Eigenbau, wenn man rasch und billig zu einem Wohnmobil zu kommen glaubt. Billiger wird es auf keinen Fall, denn wenn man ein Wohnmobil bauen will, das den käuflichen Modellen ebenbürtig sein soll, steckt zumindest genau so viel Material drin. Und das muß man teurer kaufen als der kommerzielle Wohnmobilhersteller, der in großen Mengen kauft. Und die Erfahrung, die Planung und das Bauen selbst verschlingen mehr Zeit bei einem Einzelfahrzeug als bei einer Serie. Will man also unbedingt billiger bauen, bleibt nur der fromme Selbstbetrug. Indem man nämlich primitiver baut, und indem man seine eigene Arbeitszeit nicht rechnet.

Bestenfalls kommt man, wenn man zu sich selbst ehrlich ist, plus minus Null auf Beträge, für die man auch schon einen guten Bausatz oder gar ein fertiges Fahrzeug hätte erwerben können.

Aber wie gesagt, die Freude am Schaffen, die Verwirklichung eigener Ideen ist ja auch etwas wert. Manchmal sind auch bestimmte Wünsche für den Innenausbau gar nicht serienmäßig realisierbar, dann bleibt wirklich nur der Griff zu Hammer und Bohrmaschine.

Zusammenfassend möchte ich sagen: Der Eigenbau ist nicht einfach, er ist auch nicht billig, aber er ist möglich, wenn man nicht gerade zwei linke Hände hat. Und Spaß machts auch.

Das Fahrerhaus im VW-Lasttransporter LT. Die übersichtliche Instrumenten-Anordnung im geräumigen Fahrerhaus und die großen Glasflächen lassen auch lange Fahrten im neuen VW-Kastenwagen LT zu einem angenehmen Erlebnis werden. Die Motorabdeckung kann gut zu einer praktischen Abstellfläche verwandelt werden. Das Fahrerhaus ist für ein Notbett selbst bei mittelgroßen Passagieren noch ausreichend.

94

Wenn man sich schon bei dem Kauf eines fertigen Wohnmobils lieber vorher gründlich Gedanken machen sollte, als sich hinterher die Haare zu raufen, so trifft dieses Prinzip bei der Planung eines Eigenbaus noch viel mehr zu.

Ohne ein konkretes Programm geht es einfach nicht!

Bereits eine einzige nicht zu Ende gedachte Überlegung kann Ärger, Unkosten und Zeitverlust mit sich bringen oder im äußersten Falle sogar das ganze Projekt zum Scheitern bringen. Die einzelnen Arbeitsgänge bei einem Eigenbau sind viel zu sehr miteinander verknüpft, als daß man sie durch ungenaue Planungen leichtsinnig aufs Spiel setzen sollte.

Nehmen Sie sich daher bitte lieber gleich Papier und Bleistift zur Hand und notieren Sie sich all die Punkte, die mit dem Bau Ihres Wohnmobils zusammenhängen. Jede Frage, die auftaucht, sollte so bald als möglich geklärt werden.

Ausgangspunkt aller Überlegungen und Arbeiten ist ein geeignetes Fahrzeug. Falls noch kein Kastenwagen, Kombi oder Bus vorhanden oder in Aussicht ist, sind spätestens jetzt eine Reihe Fragen zu klären, um das optimale Fahrzeug zu finden.

1.) *Nutzungsart*

Unter diesem Stichwort haben wir bereits in dem Kapitel »Der Verwendungszweck entscheidet« eine ganze Liste abgeklärt, welche Aufgaben unser Wohnmobil hat. Nachdem Sie dort noch einmal nachgeschlagen haben, taucht auch das nächste Stichwort auf:

2.) *Platzbedarf*

Das betrifft die persönlichen Ansprüche wie Anzahl der Schlafplätze, Art der Inneneinrichtung usw. Näheres finden Sie auch in dem vorerwähnten Kapitel. Die Klärung dieser dort aufgeworfenen Fragen ist entscheidend für die Wahl des Fahrzeugtyps.

3.) *Fahrzeugtyp*

Das Angebot an Fahrzeugen der verschiedenen Hersteller ist sehr umfangreich, und wer die Wahl hat, hat die Qual. Aber das große Angebot hat auch sein Gutes, wir können nämlich das für unsere Zwecke optimale Fahrzeug herausfiltern.

Nachdem wir uns über Punkt 1 und 2 klar sind, betrachten wir das Angebot nach den Gesichtspunkten Verarbeitungsqualität, Service-Netz, Anschaffungskosten, Unterhaltskosten bzw. Wartungs- und

Zur Isolierung der Fahrzeugwände gegen Hitze, Kälte und
Geräusche werden die Flächen
zwischen den Verrippungen mit
Schaumstoff so ausgefacht, daß
möglichst keine Kältebrücken
bleiben. Für die Fenster-Aus-
schnitte schneidet man sich
passende Schablonen zu, die
beim Blechzuschnitt, bei der
Bemessung der Isolierung und
beim Zurechtschneiden der
Wandverkleidung verwendet
werden.

Reparaturfreundlichkeit, Straßenlage, technische Ausstattung, Zube-
hörangebot und Wiederverkaufswert.
Die Reihenfolge der Kriterien müssen wir allerdings selbst bestimmen,
je nachdem, was für uns am Wichtigsten ist.

4.) *Fahrzeugart*
In Frage kommen Kombiwagen, Kastenwagen und Busse.
Jede Gruppe hat für unseren Zweck Vor- und Nachteile. Ein Kombi
oder Bus zum Beispiel hat bereits Fenster und auch meist eine zumindest teilweise Innenverkleidung. Die Innenverkleidung läßt sich eventuell verwenden, wenn man eine entsprechende Isolierung darunter
anbringt. Die Fenster, meist Einscheibenglas, sind für Fahrten in warme
Gegenden oder im Sommer ausreichend, bei Winterurlaubsreisen
werden sie zu einem Übel. Nicht nur, daß das anfallende Kondenswasser unsere Einrichtung durchfeuchtet und nach rostfreudigen Blechteilen sucht, auch die teure Heizung arbeitet auf vollen Touren, um die
Wärmeverluste wieder halbwegs auszugleichen. Der Kastenwagen hat
dagegen den Vorteil, daß er mangels Fenstern und mangels Innenverkleidung etwas preiswerter in der Anschaffung ist. Allerdings muß man
sich dafür auf den Weg zur nächsten Fachwerkstatt machen und sich
Isolierfenster irgendeines (Wohnwagen-) Herstellers einsetzen lassen.

Auch die Innenverkleidung wird teurer, aber sie ist dafür dann wenigstens einheitlich und der Inneneinrichtung angepaßt.

5.) *Technik*
Wenn man einmal vom Vierradantrieb für Expeditionsfahrzeuge absehen will, sind für die Technik im Fahrzeug die Motorart (Diesel oder Benzin), die Motorstärke, die Wahl des Getriebes (Schalt- oder Automatikgetriebe), die Bereifung, die Bodenfreiheit, der Treibstoffbedarf, die erzielbare Reisegeschwindigkeit, die Nutzlast bzw. zul. Gesamtgewicht, Zuggewicht für Hängerbetrieb usw. interessant.

6.) *Chassis und Karosserie*
Bei einem auf lange Lebensdauer angelegten Wohnmobil sollte man auch darauf achten, ein Chassis mit robuster und rostgeschützter Unterseite zu bekommen. Auch die Frage, wo man Durchbrüche für Gasflaschenbelüftung, Abwasser usw. anbringt, sollte nicht ungeklärt bleiben. Betreffs der Karosserie sind unsere Wünsche: Verwindungssteifigkeit, Möglichkeit eines Dachausschnittes für ein Hub- oder Aufstelldach (falls man nicht gleich einem Hochdach den Vorzug gibt), praktische Anordnung von Türen und Fenstern, möglichst gerade Wände innen zur Erleichterung des Ausbaus, guter Rostschutz bzw. Hohlraumkonservierung der gesamten Karosserie, also auch in Türen, Verstrebungen usw.

7.) *Praktische Details*
Wenn man schon die Wahl hat, soll man versuchen, das Optimale zu erreichen. Eine Reihe Details können einem bei dem späteren Ausbau und erst recht bei der Benutzung das Leben erleichtern. Die Automobilfirmen bieten einem auf Wunsch eine Anzahl Sonderausstattungen an, die sich bei einem späteren Einbau nur umständlich oder zumindest teurer verwirklichen lassen.
Sprechen Sie daher rechtzeitig mit Ihrem Händler und sagen Sie ihm genau, was Sie mit Ihrem Fahrzeug machen wollen. So ist, um Ihnen ein Beispiel zu geben, für einen großen Dachausschnitt beim VW-Transporter ein bereits in der Fertigung anzubringendes Unterflurblech erforderlich. Auch andere Dinge wie Ölwannenschutz bei Fahrten in unwegsamem Gelände, verstärkte Stoßdämpfer, größere Lichtmaschine usw. sind, ab Werk geordert, die bessere Lösung. Und wer große Fahrten vorhat, wird vielleicht einen gefederten Spezialsitz im Fahrerhaus zu schätzen wissen, wenn ihm seine Bandscheibe etwas wert ist. An Schiebetüren, um ein anderes Detail anzuschneiden, kann man zum Beispiel schlecht Gardinen befestigen, und Stautaschen sind auch nicht anzubringen. Dafür nehmen Schiebetüren beim Parken und

Sind die Fenster eingebaut, die Kabel verlegt und die Isoliermatten in die Wandflächen eingelegt, dann werden die Innenwandverkleidungen aus 3 mm Sperrholz mit Blechschrauben an den Rippen befestigt.

in der Garage weniger Platz in Anspruch. Eine Hecktür kann man auch dann, beispielsweise für Transporte größerer Gegenstände, zum Lüften (mit Vordach) oder zum Beladen von außen benützen, wenn man eine Hecksitzgruppe oder Querbank einbauen will. Ein Hochdach ergibt von Anfang an vernünftige Stehhöhe im gesamten Fahrzeug und bietet die Möglichkeit, ringsum über der Sitzgruppe Staukästen oder Schlafplätze einzurichten. Darüber hinaus fällt ein Hochdach nicht so auf wie ein Aufstelldach in Schlafstellung, hat aber wiederum den Nachteil, etwas windempfindlicher zu sein als ein Aufstell- oder Hubdach in eingeklapptem Zustand. Und so gibt es noch eine ganze Reihe Details, die beachtenswert sind und die im Verlaufe unseres Eigenbauprogramms zur Sprache kommen. Deshalb immer Notizen machen.

8.) *Gebrauchte Fahrzeuge*
Vielen graust es sicher, wenn sie an die Kosten eines neuen Fahrzeuges mit allen möglichen Schikanen und Extras denken. Also wird früher oder später der Gedanke an ein gebrauchtes Fahrzeug auftauchen. Dazu möchte ich bemerken: Der Ausbau eines Wohnmobils ist weder billig noch eine Kleinigkeit. Das Fahrzeug soll auf langen Reisen und oft unter harten Bedingungen, lange Jahre klaglos und reibungslos sei-

nen Dienst erfüllen, und zwar so, daß Reisen für uns wirklich ein angenehmes Erlebnis wird und nicht ein Alptraum.

Diese Aufgaben fallen schon einem nagelneuen Fahrzeug oft recht schwer. Ein gebrauchtes Fahrzeug hat daher nur dann einen Sinn, wenn es technisch einwandfrei ist.

Ein solides Gebrauchtfahrzeug mit nicht zu hohem Kilometerstand und einwandfreiem Chassis kann den Umbau durchaus noch lohnen, ausgesprochenen Rostlauben oder Kilometerveteranen dagegen sollte man schnellstens den Rücken kehren, auch wenn sie noch so billig sind. Restaurierungsarbeiten an einem klassischen Rolls-Royce mögen ihre Berechtigung haben, an einem verschlissenen Transporter sind sie Zeit- und Geldverschwendung.

Eine Beule in einem sonst rostfreien Fahrzeug kann man ausspachteln und überlackieren, Reifen kann man wechseln, und ein paar kleine Schönheitsfehlerchen lassen sich immer beseitigen oder je nach Mentalität auch einfach übersehen. Aber ein Motor, der mehr Öl frißt als Benzin, ein heulendes Getriebe oder ausgeschlagene Radlager, womöglich ein fast durchgerosteter Rahmen, das sind Dinge, die erstens sehr ins Geld gehen und zweitens unter Umständen bei einer TÜV-Abnahme den Beamten veranlassen, uns den Weg zum nächsten Schrotthändler zu erklären. Und das ist bitter, weil ja inzwischen ein paar hundert Stunden Arbeit und auch ein paar tausend Mark investiert wurden.

Also bitte nicht am falschen Ende sparen! Lieber statt einer Edelstahlspüle zunächst mit einer Plastikschüssel und statt der Wasserspültoilette zunächst mit einem Gebüsch vorliebnehmen. Nachrüsten kann man immer, wenn die Basis solide ist. Und das Geld, das man von Anfang an mehr in ein Fahrzeug hineinsteckt, holt man später fast immer bei einem Verkauf auch wieder heraus beziehungsweise spart es durch Wegfall von Reparaturen oder Pannen. Das ist zwar nur ein schwacher Trost für den, der mit jeder Mark rechnen muß, aber es ist billiger, mir diese Erfahrung zu glauben, als sie selbst auszuprobieren.

ENTWURF UND PLANUNG

Sie brauchen wirklich nicht befürchten, daß ich in diesem Kapitel einen Innenarchitekten oder Wohnmobilkonstrukteur aus Ihnen machen will. Andererseits kann man nicht einfach ohne Plan darauf los basteln. Ohne ein paar grundsätzliche Überlegungen kann es teuer werden und, was vielleicht noch schlimmer ist, Ihnen die Freude am Wohnmobil nehmen.

Aber diese grundsätzlichen Überlegungen brauchen ja nicht trockene

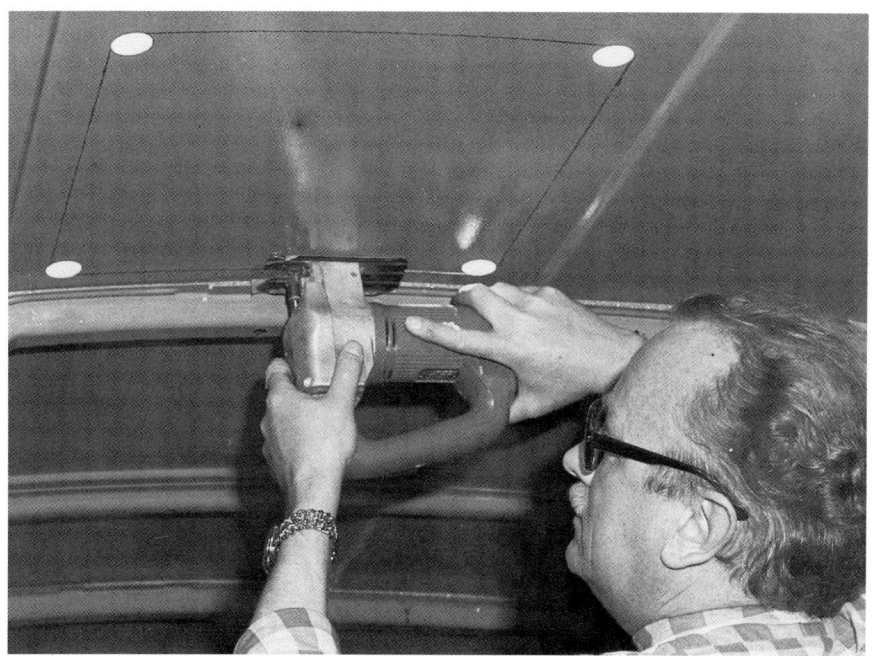

Oben: Dachluken-Ausschnitt von innen mit der Stichsäge (Metallsägeblatt) herstellen.
Zuerst Eckpunkte vorbohren. Schutzbrille tragen.
Unten: Bei Ausschnitten, die von außen gesägt werden müssen, unbedingt Außenflä-
chen gegen Zerkratzen durch Säge mit Klebeband abdecken. Ecken immer vorbohren!

Theorie sein, und auch den erhobenen Zeigefinger werde ich weitestgehend vermeiden. Alles Wichtige für die Planung Ihres Wohnmobils finden Sie unter den anschließend herausgestellten Stichworten in Form von Anregungen und Tips. Weitere und genauere Einzelheiten finden Sie dann in den speziellen Kapiteln weiter hinten. Nochmals meine Bitte: Papier und Bleistift und sofort notieren, was Ihnen für Ihr Fahrzeug wichtig erscheint. Diese Gedankenstützen machen sich bei dem Ausbau dann -zigfach bezahlt.

Wovon kann man also bei der Planung des Wohnmobils ausgehen? Ich nehme an, Sie haben sich schon Wohnmobile oder auch Wohnwagen auf Ausstellungen oder bei Bekannten angesehen. Sie werden auch Prospekte und Kataloge gewälzt haben. Auch die Hinweise, Bilder und Zeichnungen in diesem Buch waren Ihnen (hoffentlich) eine Unterstützung bei Ihren Bemühungen um Information. Was Sie mit Ihrem Wohnmobil voraussichtlich machen wollen und welche Ansprüche Sie generell an die Einrichtung stellen, wird Ihnen vermutlich ebenfalls schon einigermaßen klar sein? Ich gehe sogar davon aus, daß Sie bereits ein bestimmtes Fahrzeug oder einen bestimmten Typ im Auge haben. Auch Ihre finanziellen Möglichkeiten haben Sie vermutlich schon einmal über den breiten Daumen kalkuliert. Sie wissen also schon in Etwa, was das Fahrzeug kosten darf und was für Einrichtung und Zubehör zur Verfügung steht. Auf dieser Basis also beginnt die Planung, oder besser gesagt, der erste Entwurf.

Da ich leider nicht weiß, welches Fahrzeug und welche Einrichtung Ihnen vorschwebt, bin ich gezwungen, Einrichtungsvorschläge und Details so universell anwendbar wie möglich zu formulieren. Ich kann und darf Ihnen also nicht direkt sagen: Nehmen Sie für das Fahrzeug XY die Einrichtung Z mit dem Zubehör der Firma Sowieso. Erstens wäre das unfair gegenüber anderen Firmen und zweitens würde ich Ihnen vielleicht gerade eine Einrichtungsvariante empfehlen, die in Ihrem Fall völlig ungeeignet ist. Aber wenn Sie dieses Buch aufmerksam lesen und mit gesundem Menschenverstand Ihr spezielles Wohnmobil auswählen, kann kaum noch etwas schief gehen.

Eine Einschränkung: Wo sich Vorschläge oder Hinweise nur auf bestimmte Fahrzeuge oder Firmen beziehen und Namen genannt werden, ist dies nicht als Werbung oder Empfehlung zu verstehen, sondern als Information.

Die Inneneinrichtung unseres Wohnmobils muß, abgesehen von dem Fahrerhaus und seinen speziellen Aufgaben, bestimmte Grundbedürfnisse erfüllen. Wir wollen ja im Wohnmobil wohnen, also z. B. schlafen, sitzen, stehen, essen und trinken, kochen, abwaschen, Vorräte, Garderobe und Kleinkram verstauen, wir wollen uns waschen und pflegen können, wärmen, umziehen und was sonst noch alles zum Wohnen gehört. Und das soll auf den paar engen Quadratmetern stattfinden, die ein Fahrzeug bietet. Und für mehrere Personen, denn alleine reisen macht ja keinen Spaß. Jede Funktion dieses Wohnprogramms erfordert eine bestimmte Menge Platz, also muß der wenige vorhandene Platz so rationell wie möglich aufgeteilt werden. Wo es irgend geht, wird man Einrichtungsteile für mehrere Funktionen zu verwenden suchen. Und man wird die Einrichtung selbst so zweckmäßig wie irgend möglich gestalten.

Schlafen

Die wichtigste Möglichkeit im Wohnmobil. Bei kleineren Wohnmobilen, also den »Campingbussen«, ist die Hauptschlaffläche meist durch den Umbau der Sitztruhen gegeben. Größere Reisemobile sehen eigene Schlafräume, zumindest aber eine ständig einsatzbereite Liegefläche (z. B. über dem Fahrerhaus) vor.

Für unsere Pläne wird das meist Illusion bleiben, es sei denn, man baut einen richtigen Omnibus oder Möbelwagen um.

Bei der Dimensionierung der Schlafplätze pro Person wird man meist nicht die Abmessungen normaler Betten zu Grunde legen können. Aber unter eine Bettbreite von 70 cm pro Person sollte man nicht gehen, sonst wird das Schlafen zur Qual.

Und die Länge der Liegefläche sollte zumindest 10 cm mehr als die Größe der Person betragen, denn wer schläft schon gerne mit angewinkelten Beinen oder mit den Füßen an der häufig kühlen Außenwand?

Fahren mehr Personen mit, als in der umgebauten Dinette (so nennt man Sitzgelegenheiten, die sich zu Betten umbauen lassen) Platz finden, so muß man bei der Schaffung von Schlafplätzen in die erste Etage ausweichen. Also entweder im Aufstelldach (z. B. bei VW) ein bis zwei Einhängebetten einbauen, abklappbar an der Wand Notbetten anbringen oder aus zwei soliden Rohren und einem Stück stabiler Leinwand ein Notbett abends im Fahrzeug einhängen. Im Handel gibt es dafür praktische und preiswerte sogenannte Notbettlager, die einfach an die Möbel oder Wände geschraubt werden.

Für kurze Reisen mag auch einmal eine Hängematte zusätzlich im Wagen helfen, Kinder können meist in einem Hängebett im Fahrerhaus oder im Wagenheck über der Schlaffläche untergebracht werden. Reicht der Platz zum Schlafen gar nicht, zum Beispiel bei kinderreichen Familien, bietet sich ein Vorzelt oder auch ein gesondertes kleines Zelt an, allerdings ist man dann nicht mehr so mobil und meist auf Campingplätze angewiesen. Eine andere Möglichkeit bietet z. B. Fa. Syro in Ober-Ramstadt: Ein Doppelbett mit Zeltüberbau, das auf dem Dach

eines Transporters zu montieren geht und über eine Außenleiter »be-
stiegen« werden kann.

Und noch eine Möglichkeit bietet sich an: Wenn die Schlafplätze nicht
ausreichen, muß ein Teil der Mitreisenden auf ein Motel ausweichen.
Das hat den Vorteil, daß auch die im Wagen Schlafenden morgens ihre
Körperpflege im Motel vornehmen können beziehungsweise die sanitären und sonstigen Einrichtungen des Motels mitbenutzen können.

Sitzen

Die Anzahl der Sitzplätze im Wohnteil des Fahrzeugs ist schnell festgelegt, die Anordnung und die Abmessungen sollten aber genauer
durchdacht werden. Zweckmäßigerweise werden Sitzbänke als Truhen (Stauraum) mit aufgelegten Polstern ausgebildet. Man kann sie
längs oder quer zur Fahrtrichtung anordnen. Neuerdings geht man
mehr zur Queranordnung über, also so, daß die Mitfahrenden in Fahrtrichtung sitzen. Erstens ist das angenehmer, zweitens kann man dann,
weil mehr Platz dafür zur Verfügung steht, die Rückenlehnen schräger
ausbilden (man sitzt dann nicht mehr so steif, sondern bequemer) und
drittens sieht der TÜV es lieber, schon weil sich leichter Sicherheitsgurte und Abstützvorrichtungen anbringen lassen. Und um den TÜV
kommt man nicht drumherum, wenn man Sitzplätze im Wohnteil auch
während der Fahrt benutzen will.

Stauraum unter den Sitzen ist wichtig, gute Zugänglichkeit eine Grund-
voraussetzung, denn nichts ist schlimmer, als wenn man bei der Suche
nach einem paar neuer Strümpfe den halben Wagen umräumen muß.
Gut sind Klappen, Schubladen oder auch bloß Öffnungen vorn in den
Sitztruhen, so daß man ohne Anheben der Sitze an die Sachen herankommt. Aufklappen lassen müssen sich die Sitze trotzdem, denn man
hat ja mal größere Sachen zu verstauen oder will mal aufräumen.

Sitztruhen sollten sicher am Boden befestigt werden, sie sind so zu bemessen, daß ein bequemes Sitzen möglich ist. Sitzhöhe 45 cm ist ein
brauchbares Maß, Sitztiefe bis zur Rückenlehne 50 cm ergibt angenehmes Sitzen. Rückenlehnenhöhe je nach Möglichkeit (Umbau zu
Schlaffläche bedenken!); jedoch nicht zu niedrig wählen. Und auch
nicht zu steil stellen, nicht jeder ist es gewohnt, stundenlang in der Haltung eines Preußen-Generals zu sitzen. Im Kapitel »Möbel und Einrichtung« finden Sie verschiedene Vorschläge für zweckmäßige Sitz- und
Schlafplätze. Bitte bedenken Sie weiter dann auch die Zweckmäßigkeit
der Sitzanordnung am Tisch, denn schließlich wollen Sie ja auch
Essen und Trinken in Ihrer Sitzecke. Details wie Möbelstoffe, Rutschfe-
stigkeit, Polstermaterial usw. werden wir noch in den einzelnen Kapiteln besprechen.

Stauraum/Ablagen/Schränke

Außer den fast schon obligatorischen Stauräumen unter den Sitzen sollte man jedes freie Eckchen zusätzlich ausnutzen durch Einbau von Ablagen oder Staukästen. Tausend Kleinigkeiten sind letztlich unterzubringen, wenn man erst anfängt, sein Wohnmobil einzurichten. Zuvor muß man jedoch die Abmessungen der Hauptmöbel einplanen. Das sind im allgemeinen der Kleiderschrank, der Küchenschrank mit seinen Spezialeinrichtungen wie Spüle und Kocher sowie evtl. Kühlschrank usw., und der Vorratsschrank. Ist ausreichend Platz, sollte als nächstes auch noch ein Toilettenraum eingeplant werden, zumindest aber sollte in einem der Schränke Platz für eine Spül- oder Chemikaltoilette sein. Die Abmessungen der Schränke richten sich weitgehend nach den Fahrzeugdimensionen, und man wird oft nicht umhin können, seine Ansprüche an Schrankraum zu reduzieren. Die Garderobe im Urlaub ist sowieso etwas legerer als in der übrigen Jahreszeit, und auch in früher üblichen Koffern brachte man nicht alles unter, was an sich mitsollte. Ich will damit nicht sagen, daß man mit aller Gewalt an den Maßen der Kleiderschränke sparen sollte, die werden ohnehin schon klein genug. Aber es müssen andererseits ja auch nicht ein Dutzend Kleider und 6 Mäntel sein im Urlaub, oder?

Der Kleiderschrank soll so tief sein, daß Garderobe auf dem Kleiderhaken gut hineingeht. Also ca. 60 cm tief. Die Schrankhöhe muß so sein, daß die Sachen unten nicht aufstoßen. Hat man in der Höhe genug Platz, sollte man noch ein Ablagefach für Hüte usw. einplanen. Kleiderschränke brauchen oft im oberen Bereich mehr Platz als unten, weil z. B. oben kurze Jacken usw. hängen, während unten Kleider und Hosen mit weniger Raum auskommen. Eine gute Gelegenheit, diesen Platz eventuell für die Heizung auszunutzen. Die Abmessungen des Küchenschrankes sind von Spüle und Kocher, auch evtl. vom Kühl-

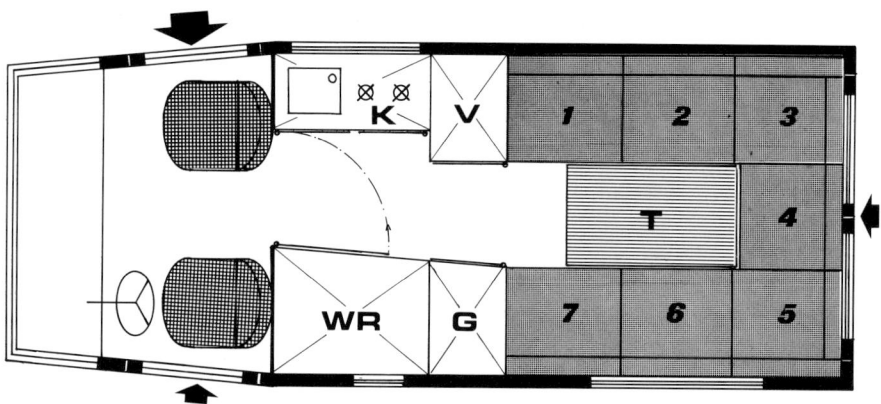

schrank abhängig. Auch die Gasflaschen (empfehlenswert 2 x 5 kg oder auch 1 x 11 kg) müssen untergebracht werden. Und der Trinkwasserbedarf. Und möglichst eine Besteckschublade. Das wird von Fall zu Fall nicht alles auf einmal in den Küchenblock gehen. Spüle, Kocher und Abstellfläche sollten möglichst dicht beieinander liegen, um die Arbeit zu erleichtern. Gas kann man durch Leitungen überall im Fahrzeug hinbringen, die Gasflaschen können also auch woanders stehen (Bodenbelüftung beachten, siehe Kapitel Gasversorgung). Auch Wasser kann gepumpt werden, die Tanks oder Kanister sind also auch nicht an eine bestimmte Stelle gebunden. Bloß gut zugänglich müssen sie sein, weil sie oft gefüllt oder auch gereinigt werden müssen. (Details siehe Kapitel Wasserversorgung). Empfehlenswert sind 2 oder mehr Einzelkanister für Wasser, sie lassen sich leichter befüllen und auch reinigen als ein fest eingebauter Tank (Abwassertank bzw. Abwasserleitung s. Kap. Wasserversorgung).

Vorratsschränke wird man schließlich da unterbringen, wo noch Platz im Wagen ist. Das können ungenutzte Winkel zwischen anderen Möbeln oder auch beispielsweise eine Sitzkiste sein. Auch Hängeschränke sind eine gute Lösung.

Zu guter Letzt Thema Toilettenraum oder Toiletten-Abstellmöglichkeit: Wenn irgendwie Platz ist, sollte man zumindest eine Chemikal- oder Spültoilette unterbringen. Hat man keinen Platz für einen Extra-Waschraum, in dem auch die Toilette Aufstellung findet, so kann man versuchen, in einem der Schränke oder unter den Sitzen einen Abstellplatz zu finden. Geruchsbelästigungen braucht man nicht zu befürchten, wenn man sich an die Wartungsregeln hält. Außerdem muß ja eine solche Toilette nicht laufend benutzt werden, sondern dient nur nachts oder in dringenden Fällen ihrem Zweck.

Ein gesonderter Waschraum, auch mit Dusche und Handwaschbek-

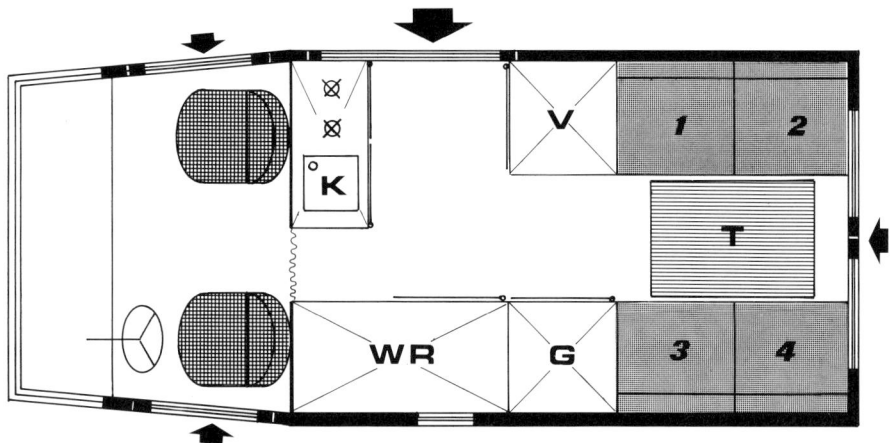

ken sowie Abstellmöglichkeit für ein WC, ist natürlich der Idealfall. Allerdings sollte man sich auch darüber klar sein, daß jeder Tropfen Wasser, den man verbraucht, erst einmal in die Behälter hinein muß. Auf einem Campingplatz ist das selten ein Problem, aber in abgelegenen Gegenden kann man schon nervös werden, wenn der Wasservorrat zu Ende geht und kein Wasserhahn zu sehen ist.

Das Thema Ablagen hat bei der Planung unserer Einrichtung an sich noch nichts zu suchen, denn diese Frage löst sich meist von alleine, wenn die Hauptmöbel erst einmal montiert sind.

Stehhöhe

Falls kein Hochdach gewählt wurde (es sieht nicht immer schön aus, es ist auch seitenwindempfindlicher und man kommt selten damit in Parkhäuser, aber es bringt unheimlich viel zusätzlichen Platz!), muß ein Hubdach, ein Aufstelldach oder Faltdach eingebaut werden. Fa. Syro z. B. liefert hierfür Bauanleitungen und Teile, auch andere Firmen wie Westfalia, Reimo, Joch usw. liefern entsprechende Dächer bzw. bauen sie auf Wunsch ein.

Ohne zumindest in einem Teil des Wagens volle Stehhöhe zu haben, kann man allenfalls mal Sonntagnachmittag ins Grüne fahren. Ein Urlaub in einem Fahrzeug, das man nur gebückt benutzen kann, ist undiskutabel. Zumindest sollte man sich den späteren, nachträglichen Einbau ermöglichen.

Technik

Zu den Themen Wasserversorgung, Gasversorgung, Heizung-Kühlung und Lüftung wird in den einzelnen Kapiteln noch ausführlich berichtet. Zur Planung in dem jetzigen Stadium muß nur daran gedacht werden, Platz für Gasflaschen (z. B. 5 kg-Propanflasche ca. 25 cm $\emptyset$ und 50 cm hoch), Platz für Wasserkanister (z. B. 12-Liter-Kanister 20/40/40 cm) und Platz für die Heizung (je nach Modell) einzuplanen.

Auch kleinere Dinge wie Handwaschbecken, Gaskocher, Kühlschrank, 2. Batterie, Reserverad usw. verlangen ihren Platz und wollen rechtzeitig eingeplant werden. Auch die Gleichzeitigkeit mancher Arbeitsabläufe will durchdacht werden, wenn man eine gut funktionierende Einrichtung haben will. So muß man beispielsweise beim Kochen auch an das Wasser herankommen, der Kühlschrank darf nicht durch den Tisch oder einen Hocker so verstellt sein, daß man ihn nur schwer erreichen kann. Und wer das Hängebett so anbringt, daß die Kleiderschranktür oder die Toilette nachts nicht mehr zu betätigen sind, hat eben nicht gut geplant.

Tische/Arbeitsflächen

Zur Sitzgruppe gehört ein Tisch. Er muß so stabil sein, daß er nicht wakkelt, wenn die Suppe auf dem Tisch steht. Er muß höhenverstellbar sein, denn von einem niedrigen Couchtisch ißt es sich nicht gut. Er sollte auch transportabel sein, damit man ihn bei schönem Wetter draußen benutzen kann. Vielleicht soll er auch als Mittelteil für den Bettunterbau dienen. Oder als Einhängebett für das Kind. Eine Menge Überlegungen um so etwas Simples wie einen Tisch.

Auch die Arbeitsflächen wollen eingeplant werden. Wo soll man beim Kochen das Essen zubereiten, wo einen heißen Topf abstellen? Praktisch sind geteilte Abdeckplatten für Spüle und Kocher, wie sie beispielsweise die Küchenkombinationen von Weinsberg haben. Man kann auch mit Hilfe von käuflichen Tischaufnahmeleisten überall eine Tischplatte einhängbar machen, zum Beispiel in Küchennähe zum Kochen und später außen am Wagen zum Abwasch, wenn das Wetter schön ist.

Allgemeines

Für die ersten Überlegungen, wie Ihr Wagen eingerichtet werden soll, mögen diese Hinweise ausreichen. Wie schon erwähnt, finden Sie in den Fachkapiteln weitere Tips, Angaben und Hinweise. Falls Sie etwas zeichnerisch begabt sind, zeichnen Sie sich jetzt einmal den Grundriß Ihres Fahreugs im Maßstab 1:10 auf ein Stück Papier (1:10 bedeutet, daß 1 cm auf Ihrem Papier 10 cm in der Natur entspricht. Also ein Kleiderschrank z. B. von 50 x 60 cm ergibt ein gezeichnetes Rechteck von 5 x 6 cm auf Ihrem Grundriß). Schneiden Sie dann die erforderlichen Möbel und Einrichtungen im gleichen Maßstab aus Papier aus und schieben Sie die Teile so lange auf dem Grundriß des Fahrzeugs hin und her, bis Sie eine annehmbare Lösung gefunden haben. Eine Hilfe dafür sind sicher die abgebildeten Grundrisse fertiger Wohnmobile in diesem Buch. Vielleicht findet sich sogar ein Grundriß dabei, der Ihren Vorstellungen entspricht und der sich in Ihrem Fahrzeug realisieren läßt. Wenn Sie so einen Grundriß für sich privat nachempfinden, wird kein Mensch was dagegen haben. Sollte Ihnen jedoch der Grundriß eines Wohnwagens, also eines Camping-Anhängers, gefallen, so schauen Sie sich kritisch die Betten-Anordnung an! Querbetten, also Schlafflächen, auf denen man quer zur Fahrtrichtung schläft, lassen sich meist nur in größeren Fahrzeugen realisieren, weil die Transporter nicht breit genug sind. Und auch die Türanordnung muß berücksichtigt werden, wenn Sie Ihre Einrichtung planen. Denken Sie bitte auch an den wichtigen Durchgang zum Fahrerhaus, selbst wenn er so schmal ist, daß Sie grade noch durchkommen.

Man kann in diesem Durchgang auch eine Sitzkiste oder das WC abstellen, muß dann aber jedesmal drüberklettern.

Eine gute Planungshilfe ist es, wenn man schon einige wichtige Einrichtungsgegenstände besitzt oder zumindest genau weiß, welche Teile in welchen Maßen man verwenden will. So gibt es außer den bereits erwähnten Bausätzen, z. B. von Westfalia oder Syro, Grawo, Teca, Joch usw. auch bei Zubehörhändlern komplette Küchenblöcke einschließlich Spüle, Kocher usw. zu kaufen. Allerdings sollte man vor dem Kauf prüfen, ob man diese Teile in den Abmessungen auch ins Fahrzeug bekommt.

Die Innenabmessungen Ihres Fahrzeuges können Sie dem Auto-Prospekt entnehmen, wenn nicht, sagt Ihnen der Händler gern Genaueres oder läßt Sie mal in einem solchen Fahrzeug herumkriechen, damit Sie ein Raumgefühl bekommen.

Ist das Zeichnen nicht gerade Ihre starke Seite, besorgen Sie sich die erforderlichen Innenmaße des Fahrzeugs und tragen Sie diese mit Kreide einfach auf dem Fußboden (bitte nicht auf dem echten Perserteppich) auf, und zwar in natürlicher Größe, also im Maßstab 1:1. Jetzt können Sie ebenfalls in natürlicher Größe die Möbel aus Zeitungs- oder Packpapier ausschneiden und auf dem Fußboden so lange hin und her schieben bis alles so klappt, wie es später sein soll. Das hat außerdem den Vorteil, daß man schon mal – gedanklich – in seinem Wohnmobil herumlaufen kann.

Wollen Sie den Boden nicht bemalen oder haben Sie keine genügend große Fläche frei, können Sie die »Zeichnung« auch mit Klebeband, z. B. Tesakrepp, einfach auf den Boden kleben. Das hinterläßt später auch (normalerweise) keine Spuren und ist sogar haltbarer als eine Kreidezeichnung.

Aber bitte tun Sie mit den Gefallen und zeichnen Sie noch nicht alles bis ins kleinste Detail genau auf. Wenn erst Ihr Fahrzeug vor der Tür steht und Sie jedes Maß dort kontrollieren können, ist das was Anderes. Aber jedes Fahrzeug hat so viel verschieden geformte und gebogene Flächen, daß ein genaues Arbeiten ohne ständige Nachprüfung der Maße am Original einfach sinnlos ist.

Und noch ein paar gutgemeinte Hinweise oder Tips zu Ihrer Generalplanung: Scheuen Sie sich nicht, aus den Erfahrungen anderer zu lernen. Schauen Sie sich die abgebildeten Grundrisse mit kritischen Augen an und prüfen Sie, warum das wohl gerade so und nicht anders gemacht wurde. Was an den Grundrissen für Ihre Verhältnisse gut erscheint, sollten Sie übernehmen, denn es ist zumindest schon einmal erprobt worden. Denken Sie bei der Planung von Türen und Fenstern im Fahrzeug (sofern da noch etwas gemacht werden kann) an die Wintertauglichkeit. Planen Sie also keine Riesen-Panoramafenster ein,

Besonders wichtig ist bei allen Arbeiten an der Karosserie die Herstellung eines einwandfreien Korrosionsschutzes. Nach dem Entgraten des Ausschnitts wird der Sägebereich mit Bleimennige o.ä. grundiert und anschließend entweder lackiert oder auch mit Plastikklebeband bzw. Dichtband geschützt. Vorsicht beim Fenstereinbau: Nicht den Rostschutz beschädigen, den man gerade mühevoll aufgetragen hat!

die Ihnen später die Wärme wegschlucken. Das Gleiche trifft für überdimensionierte Dachluken zu, außer, wenn diese zumindest Isolierscheiben haben. Denken Sie an Stauraum für die Betten bzw. Schlafsäcke, an das Schlauchboot, das naß und sandig vom Strand kommt und irgendwo verstaut werden will. Planen Sie lieber jetzt ein wenig länger, denn Papier ist nicht so teuer wie ein vermurkstes Wohnmobil. Und je rationeller und pflegeleichter (!) Sie jetzt Ihr Fahrzeug planen, desto mehr Freizeit und Urlaub haben Sie später.
Und noch etwas Wichtiges: Alle Änderungen, die die äußere Form Ihres Wagens betreffen, also zum Beispiel Hubdach (oder andere Dächer), andere als die serienmäßigen Originalfenster, Reserveradhalterungen, Dachleitern usw. bedürfen der Zulassung durch den TÜV (Technischer Überwachungsverein) und einer Änderung der Wagenpapiere, soweit dies der TÜV für richtig erachtet. Es ist deshalb besser, sich vorher mit einem der TÜV-Ingenieure über geplante Änderungen zu unterhalten als hinterher teure Umbauten nicht genehmigt zu kriegen.

Alles, was nicht in die Fahrzeugpapiere eingetragen wurde, und seien es nur »Kleinigkeiten« wie eine Reserveradhalterung oder eine Anhängekupplung, können die Betriebserlaubnis des Fahrzeugs zum Erlöschen bringen. Und das bedeutet für Sie, abgesehen von einer möglichen Bestrafung oder gar der Zwangsstillegung des Wagens, daß Sie Ihren Versicherungsschutz automatisch verlieren! Das kann bei einem möglichen Unfall mehr als unangenehm werden. Deshalb besser vorher mit den Leuten vom TÜV reden, erstens sind das nur sehr selten kleinliche Paragraphenreiter, und zweitens wollen Sie ja nur Sie selbst und andere vor Schaden bewahren.

Wollen Sie Genaueres wissen über das mögliche Erlöschen der Betriebserlaubnis durch vorgenommene Änderungen, so gibt es beispielsweise im Verlag WAS IST WIE (Gerd Reichel, 8022 Grünwald, Dr.-Max-Straße 35) eine Broschüre zu diesem Thema und für ganz Wissensdurstige eine umfangreiche Loseblattsammlung, die laufend auf dem neuesten Stand gehalten wird.

Aber auch schon das Studium der StVZO (Straßenverkehrs-Zulassungsordnung) und ihre logische Anwendung kann Ihnen manchen Hinweis geben.

Wenn diese ganzen Hürden genommen wurden und Ihre Planung im Konzept steht, sollten Sie sich noch einmal die Mühe machen, Ihre Maßangaben und Unterlagen mit den Zeichnungen und Fotos in diesem Buch oder in Prospekten zu vergleichen. Finden Sie wirklich keinen Punkt, der jetzt noch zu ändern wäre, so ist Ihre Planung vermutlich wirklich so, wie Sie sich das vorgestellt haben, glatt gelaufen.

Jetzt geht es darum, die Entwürfe aus dem Stadium des Projektes in die Tat umzusetzen.

Dazu ist als erstes erforderlich, das Fahrzeug zu haben. Selbst ein gleiches Modell, bei dem Sie vielleicht die Abmessungen abnehmen wollen, kann gegenüber Ihrem Wagen anders sein. Mir sagte einmal ein kommerzieller Wohnmobilbauer, daß noch nicht einmal die Dachrundung eines Fahrzeugs und die Verstrebungen untereinander so gleich sind, daß er mit fertigen Schablonen arbeiten könne. Schon aus Rationalisierungsgründen fließen laufend Änderungen in die Produktion der Fahrzeuge ein, und was heute noch paßte, ist morgen bei dem nächsten Fahrzeug vielleicht schon wieder ganz anders.

VON A WIE AUFMASS BIS Z WIE ZEICHNUNG

Der Einrichtungsentwurf ist fertig, das Fahrzeug steht vor der Haustür, aber bevor Sie sich nun an die Ausarbeitung genauer Zeichnungen und Konstruktionen machen, sind wieder erst einige Überlegungen fällig.

Zum ersten Thema: Die Montage und der Innenausbau unseres Wohnmobils muß in einer bestimmten, logisch aufgebauten Reihenfolge ablaufen. Man kann schließlich nicht erst die Möbel montieren und dann den Fußboden, und auch die Verlegung bestimmter Leitungen innerhalb der Verkleidung sollte erledigt sein, bevor man mit der Einrichtung beginnt. Es git also eine ganze Menge zu denken. Die Reihenfolge, in der die Sach-Kapitel aufgebaut sind, bietet für den normalen Ablauf eine gute Basis. Allerdings kann es von Fall zu Fall, bei Sonderausstattungen zum Beispiel, eine andere Reihenfolge einzelner Abläufe ergeben.

Ein zweites Thema: Aus welchen Materialien soll die Inneneinrichtung bestehen? Für den Ausbau von Seitenwänden, Dach und Fußboden haben sich im Laufe der Zeit eine Reihe Werkstoffe als besonders geeignet herauskristallisiert, für die Möbel jedoch gibt es, abgesehen von geschmacklichen Überlegungen, eine ganze Anzahl verschiedener Bauweisen.

Verwenden Sie als Einrichtung einen Bausatz oder z. B. einen serienmäßigen Küchenblock, wird es für Sie keine Überlegungen geben, die restlichen Möbel werden in ähnlicher Bauweise und aus demselben Material gefertigt.

Fangen Sie jedoch von Grund auf neu an, sollten Sie Folgendes bedenken:

1.) Die Einrichtung soll so solide und verwindungssteif wie möglich sein, sie soll ja viele Jahre unter den harten Bedingungen im Fahrzeug bestehen. Sie soll auch pflegeleicht, anspruchslos sein und noch dazu nett und wohnlich wirken.

2.) Die Einrichtung soll so leicht wie möglich sein, denn jedes Kilo mehr Möbel bedeutet unnützen Ballast, den Sie über tausende von Kilometern mit sich herumschleppen müssen. Eine schwere Einrichtung verschlechtert das Anzugsvermögen der bei Transportern sowieso nicht kraftstrotzenden Motoren, auch der Schwerpunkt und damit das Fahrverhalten werden durch zu massive Einrichtung (aber auch durch ungünstige Stauraumnutzung!) nachteilig beeinflußt. Seien Sie also ein »Gewichts-Geizkragen«.

3.) Die Einrichtung soll unfallsicher, soweit das möglich ist, konstruiert sein. Jede scharfe Ecke kann bei einem Unfall für die Mitreisenden zu einer Gefahr werden. Aber selbst wenn man nicht gleich das Schlimmste annimmt, auch blaue Flecken und zerrissene Sachen sind ärgerlich, nur weil man bei der Arbeit gepfuscht oder nicht genug gedacht hat.

Und mit etwas Überlegung, Kantenschutzprofilen aus Kunststoff oder Polstermatten kann man da schon eine Menge Kummer verhindern.

4.) Die Einrichtung soll preiswert sein. Die meisten Eigenbauer basteln ihre Einrichtung nicht aus Freude am Heimwerken, sondern weil sie überzeugt sind, für weniger Geld eine bessere Inneneinrichtungs-

Sorgfältiges Maß-
nehmen am Fahrzeug
ist die Voraussetzung
für einen gelungenen
Ausbau! Und die Sorg-
falt, die man bei dem
Aufmaß und den Zeich-
nungen aufgewandt
hat, zahlt sich durch
schnelleres und ein-
facheres Arbeiten
später mehr als aus.

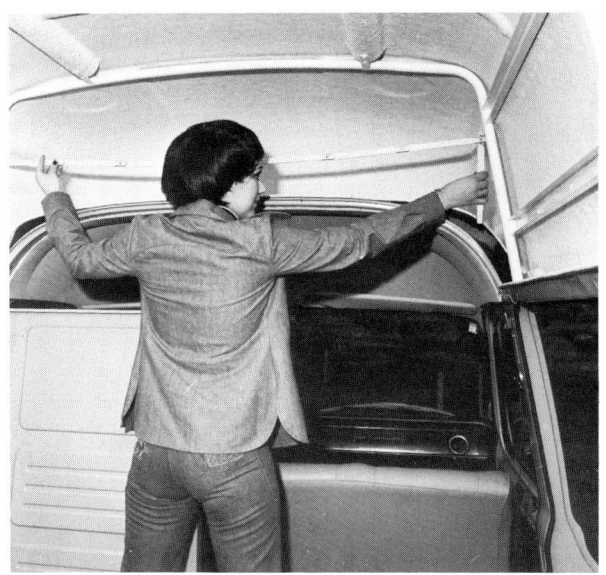

lösung zu schaffen. Natürlich kann man mit teuren Materialien manches besser oder zweckmäßiger bauen, aber schließlich halte ich es
für wichtiger, in einem Wohnmobil mit einer praktischen Einrichtung
ein Stück von der Welt zu sehen, als in einem ausstellungsreifen Stil-
salon nur in Filzlatschen herumschleichen zu dürfen.
Zusammengefaßt: Der zeitliche Ablauf der Arbeiten ergibt sich aus der
Reihenfolge und den Hinweisen der folgenden Sach-Kapitel. Die in
Frage kommenden Materialien für den Innenausbau werden in den
gleichen Kapiteln behandelt, stellen aber keine Vorschrift, sondern nur
Anregungen dar.
Worauf es bei der Einrichtung ankommt, habe ich auch gesagt. Fragen,
die sich aus speziellen Themen zur Einrichtung ergeben, habe ich so-
weit als möglich in den Sach-Kapiteln oder bereits an anderer Stelle im
Buch behandelt.
Wenden wir uns daher nun dem Aufmaß und schließlich der Zeichnung
unserer Inneneinrichtung zu.

Aufmaß:
Haben wir fertige Baupläne gekauft, werden wir zunächst die angege-
benen Maße mit den Innenmaßen unseres Fahrzeuges vergleichen.
Differenzen ändern wir sofort mit Rotstift an Hand der tatsächlichen
Fahrzeugmaße.
Bausatzmöbel oder Einzelteile stellen wir zunächst einmal lose in das
Fahrzeug an die Stelle, wo wir sie eingeplant haben. Auch unsere aus
Papier im Maßstab 1:1 ausgeschnittenen Einrichtungsteile legen wir

112

der Kontrolle halber im Fahrzeug aus. Auf diese Weise haben wir eine gute Möglichkeit, grobe Fehler in der Möbelanordnung noch zu verhindern.

Auf Millimeterpapier zeichnen wir jetzt mit Bleistift in drei Ansichten (Grundriß, Längs-Schnitt und Quer-Schnitt) den Fahrzeug-Innenraum im Maßstab 1:10 auf.

Dabei nehmen wir nicht auf jede Krümmung genau Rücksicht, es genügt, wenn wir die Maße am Fußboden, in halber Höhe und unter dem Dach messen und in die Zeichnung eintragen.

Wir zeichnen uns auch zweckmäßigerweise gleich ein, wo zum Beispiel an den Seitenwänden Verstrebungen sind, an denen wir später die Verkleidung der Wände oder auch Möbelteile festmachen können. Auch für Durchbrüche im Fußboden machen wir uns gleich Notizen, denn wir brauchen zum Beispiel für Gas eine Dauerlüftung in Bodennähe von ca. 100 cm^2, auch der Kühlschrank muß eine Frischluftzufuhr von unten oder zumindest in Bodennähe haben, wenn er mit Gas betrieben wird. Die Heizung erfordert ebenfalls Aufmerksamkeit, und die Abwasserleitung zu einem Abwassertank oder direkt ins Freie geht auch durch den Wagenboden. Eventuell will man auch eine ständige Wagenbelüftung im Fußboden einbauen (Gut auch beim Saubermachen!) und muß deshalb prüfen, an welchen Stellen der Wagenboden durchbrochen werden kann, ohne auf Verstrebungen zu stoßen oder die Stabilität des Wagenbodens zu gefährden.

Außerdem muß man bei der späteren Anbringung dieser ganzen Durchbrüche darauf achten, daß sie entweder so liegen, daß beim Fahren kein Schmutz von unten eindringen kann (auch Ungeziefer!), oder daß man sie mit einem nach hinten offenen Schutzkasten unterhalb des Wagenbodens versieht.

Beim Aufmessen unseres Fahrzeugs schauen wir uns auch gleich an, wie wir die Isolierung und Verkleidung des Wagendaches vornehmen können und wo eventuell ein Hub- oder anderes Dach eingebaut werden muß.

Außer den Eintragungen der Maße empfiehlt es sich, auch gleich Notizen zu machen, welche Mengen an Isoliermaterial oder Verkleidungsplatten beispielsweise gebraucht werden.

Mit diesen ganzen Maßangaben, unseren Vorstellungen über die zu verwendenden Materialien (siehe Sach-Kapitel) und den schon vorhandenen Einzelteilen ziehen wir uns in eine ungestörte Ecke zurück und zeichnen die Möbel und Einrichtungsteile im gleichen Maßstab in die drei Ansichten ein.

Ist das erledigt, werden auch gleich noch die Leitungen für Gas, Wasser, Abwasser und Strom (220 und 12 Volt) eingetragen an den Stellen, wo sie verlegt werden sollen.

Auch Kabel für Sprechanlage, Stereolautsprecher oder Antennenkabel sollten eingezeichnet werden, ehe sie womöglich vergessen werden.

Diese Aufmaß-Skizzen, versehen mit einer Menge Maße und Angaben, dienen als Basis für den weiteren Ausbau und als Gedächtnisstütze bei unseren Materialeinkäufen.

Schablonen:

Mit Hilfe von Packpapier und Zeitungsbogen schneiden Sie sich nun Schablonen vom Fußboden zurecht. Auch die Wandverkleidungen lassen sich mit Hilfe genau zurechtgeschnittener Schablonen viel besser fertigen, ebenso natürlich die Dachverkleidung. Wo Packpapier nicht stabil genug ist, kann eine Schablone aus stabilem Karton oder eine 1 cm dicke Styroporplatte Wunder wirken.

Die Schablonen für die Anpassung der Möbel an die gekrümmten Wagenwände schneiden Sie aber bitte erst zurecht, wenn die Wand- und Deckenverkleidungen angebracht sind, sonst ergeben sich Maßdifferenzen, die zu Einbau- und Passerschwierigkeiten führen. Bevor die Schablonen endgültig zugeschnitten sind, bitte noch einmal am Wagen direkt probieren, wenn man es nicht sogar vorzieht, die Schablonen an Ort und Stelle zurechtzupassen.

Bei der Anpassung der Schablonen zeichnen wir auch gleich noch den Verlauf der Verstrebungen ein, an denen wir die Möbel und Verkleidungen befestigen wollen.

Auch Durchbrüche usw. zeichnen wir auf den Schablonen an, das erleichtert später, auch wenn schon die Verkleidungen montiert sind, das Wiederfinden verdeckt liegender Teile.

Zeichnungen:

Für die Verkleidungen von Dach, Wänden und Fußboden wird man im allgemeinen keine Zeichnungen anfertigen müssen, es genügt, die Schablonen auf die Teile zu legen und nachzuzeichnen. Anders sieht es mit Möbeln und Einrichtungsteilen aus.

Hier handelt es sich ja um räumliche Gegenstände und nicht nur um Flächen. Also zeichnen wir, der Einfachheit halber auch im Maßstab 1:10, jedes einzelne Möbelstück in drei Ansichten auf. Daß wir dabei so genau wie möglich zeichnen, versteht sich von selbst. Schließlich wollen wir ja nach den Zeichnungsangaben die Einzelteile der Möbel zurechtschneiden.

Bei diesen Zeichnungen ist Millimeterpapier eine große Hilfe, denn jedes kleine Karo entspricht 1 cm in natürlicher Größe, so daß man noch nicht einmal viel knobeln muß.

Bitte denken Sie beim Zeichnen daran, von innen nach außen zu kon-

struieren, also erst die Maße der einzubauenden Teile wie Spüle, Kocher, Gasflaschen, Kühlschrank, Toilette usw. einzutragen und dann
die Möbelwände drumherum zu zeichnen. Vergessen Sie auch nicht,
die Materialstärken der Möbelwände mit einzuzeichnen. Und gleich
immer alles vermaßen!

Anhaltspunkte für die Bemessung der Möbel bietet Ihre Wohnung. So
ist zum Beispiel eine gute Arbeitshöhe für die Küche 85 bis 90 cm, folg-
lich auch für die Campingküche Ihres Wohnmobils. Auch die Maße für
Töpfe und Geschirr, Sitzhöhen und Sitztiefen, alles kann man entweder
in der Wohnungseinrichtung oder in Abbildungen anderer Wohnmobile abmessen. Natürlich sollte man gelegentlich kontrollieren, ob die
Möbel dann auch noch in das Fahrzeug hineingehen, ob alle Funktionen ohne gegenseitige Behinderung möglich sind und ob man zu guter
Letzt auch noch Platz genug zum Bewegen im Wohnmobil behält.

Hat man schließlich alle Möbel aufgezeichnet, und sind sämtliche Zwi-
schenböden, Verstrebungen und dergleichen ebenfalls eingetragen,
kann man sich eine Liste aller benötigten Teile mit den erforderlichen
Maßen aufstellen. Bei Möbeln, die an die Fahrzeugwände anschließen,
sollte man die Karosseriekrümmung und den Platz für die Wand- und
Deckenverkleidung berücksichtigen. Auch daß der Fußboden durch
Isoliermaterial und Gehbelag etwas höher kommt, wird gern übersehen.

In den Möbelzeichnungen ebenfalls nicht Durchbrüche und Öffnungen vergessen, zum Beispiel für Wasserleitung, Heizungsabgas usw.
Auch über die Befestigungsmöglichkeiten der Möbel sollte man sich
klar werden. Schließlich müssen die Teile ja auch bei einer Notbremsung oder bei der ständigen Rüttelei während der Fahrt fest mit dem
Fahrzeug verankert bleiben. Andererseits will man vielleicht die Einrichtung bei einer Doppelnutzung schnell mal demontieren können.

Ist dies alles geklärt, kann man sich die Teile beschaffen. Inzwischen
wenden wir uns dem Fahrzeug selbst zu und beginnen mit dem Grundausbau beziehungsweise den Vorbereitungen dafür.

ARBEITSPLATZ UND WERKZEUG

Der Idealfall, eine geräumige Garage mit Licht und Heizung, die Platz
genug für das Fahrzeug und eine gut ausgestattete Heimwerkeraus-
rüstung hat, wird nicht allzu oft anzutreffen sein. Also muß hier wiederum improvisiert werden.

Die Möbelteile kann man sich, wenn man keine andere Möglichkeit hat,
vom Tischler oder einem befreundeten Heimwerker zurechtschneiden
lassen. Der Zusammenbau der ja normalerweise nicht allzu großen

Möbelteile läßt sich auch noch in der Wohnung durchführen, zumal, wenn man eine leichte Bauweise gewählt hat.

Und der Grundausbau des Fahrzeugs sowie die Montage der Einrichtung wird sowieso im Wagen selbst ausgeführt, so daß es egal ist, wo der Wagen steht. Notfalls kann man, wenn der Wagen zugelassen ist, die Arbeiten auf der Straße ausführen. Das ist zwar weder für Sie noch die Anlieger eine angenehme Sache, aber es dauert ja nicht ewig.

Problematischer wird es schon, Strom z. B. für die Bohrmaschine heranzuholen. Aber mit einem langen Kabel und freundlichen Nachbarn läßt sich vielleicht auch dieses Problem lösen. Vielleicht ist auch in der Nähe eine hilfsbereite Tankstelle oder Hobbywerkstatt, auch ihre Auto-Fachwerkstatt hat notfalls ein Plätzchen frei für wichtige Arbeiten, zumal die Werkstätten heuer sowieso nicht voll ausgelastet sind.

Was das Werkzeug betrifft, so dürfte sich bei jemand, der sich an eine so schwierige Arbeit wie den Wohnmobilausbau wagt, auch einiges Werkzeug finden. Schon mit verhältnismäßig geringen Mitteln läßt sich viel schaffen. Wichtigstes Utensil ist in jedem Fall eine (elektrische) Bohrmaschine, die schon recht preiswert zu haben ist. Bohrmaschinen, ein Satz Bohrer (HSS) und ein Stichsägevorsatz sind zusammen meist billiger, als die Arbeiten von einem Fachhandwerker ausführen zu lassen.

Dafür muß man dann eben etwas Freizeit opfern und sich selbst ans Werk machen. Weiteres Werkzeug wie Schraubenzieher, Hobel, Feile, Raspel, Schraubzwingen, Drahtbürste und evtl. Lötkolben findet sich meist in der Handwerkskiste sowieso an.

Auch Kleinkram wie Pinsel, Holzleim, Sandpapier usw. dürften kein Hindernis bei der Beschaffung darstellen.

VORBEREITUNGEN AM FAHRZEUG

Bei einem Neu-Fahrzeug gibt es keine größeren Vorbereitungsarbeiten zu bedenken. Es wurde ja so geliefert, wie benötigt. Bei Gebrauchtwagen dagegen beginnt der Ausbau zunächst damit, all die Dinge auszubauen, die nicht für das Wohnmobil verwendet werden sollen, also zum Beispiel bei einem Bus der Ausbau der vorhandenen Sitze und der Befestigungen dafür.

Auch Verkleidungen werden rundum abmontiert, Teppiche oder Gummimatten herausgenommen, und eine sehr gründliche Reinigung des gesamten Fahrzeugs läßt sich ebenfalls nicht umgehen.

Dabei nicht nur innen mal mit der Müllschippe durchgehen, sondern auch den Wagenunterboden gründlich mit heißem Seifenwasser abschrubben oder eine Dampfreinigung vornehmen lassen.

116

Auch der Motor hat sicher eine Reinigung verdient, und mit einem käuflichen Motor-Reinigungsmittel und anschließendem Abspritzen mit dem Wasserschlauch sieht die ganze Geschichte hinterher schon viel freundlicher aus.

Jetzt ist es Zeit, den Wagen auf Roststellen, Beulen, Löcher und andere Schäden zu untersuchen. Durchgerostete Stellen an der Karosserie werden mit Drahtbürste o. ä. so weit blank gearbeitet, daß wirklich nur noch einwandfreie Blechoberfläche zu sehen ist. Mit Sandpapier wird die Zone rund um das zu reparierende Teil bis aufs Blech gereinigt. Mit einer Kunstharz-Spachtelmasse, ein oder zwei Lagen Glasseidenmatte und Polyesterharz ist der Schaden schnell behoben. Hierfür gibt es im Handel fertige Reparaturpackungen mit genauer Anleitung. Tragende Teile der Fahrzeugkonstruktion dürfen allerdings nicht derart »repariert« werden. Erstens merkt das der TÜV, zweitens bricht Ihnen das Fahrzeug später doch in einem ungünstigen Moment zusammen und schließlich gefährden Sie so Menschenleben, Ihres und das anderer Leute.

Also Finger weg von Reparaturen an wichtigen Fahrzeugteilen! Das macht der Fachmann besser, und außerdem haftet er dann auch dafür. Aber zurück zu unserer Reparaturstelle: Nach dem Härten des Polyesterharzes wird noch einmal gespachtelt, mit feinem Sandpapier mehrmals geschliffen, notfalls nochmal feingespachtelt, wieder geschliffen und schließlich mit Haftgrund und Decklack lackiert.

Beulen im Blechkleid unseres Wagens sind ebenfalls keine Zierde. Sie wegzubekommen, ist jedoch einfacher als bei Löchern in der Karosserie. Größere Beulen wird man versuchen zurückzudrücken bzw. auszubeulen. Der Rest wird dann mit Spachtelmasse ausgeglichen, nachdem mit Sandpapier der Lack angeschliffen wurde. Nach dem Spachteln heißt es dann schleifen, schleifen, schleifen. Wenn die Oberfläche absolut eben der Umgebung angepaßt ist, kommt Haftgrund drauf und anschließend der Lack. Allerdings würde ich die Schlußlackierung so lange zurückstellen, bis der Innenausbau des Wagens abgeschlossen ist. Wenn man nicht sehr vorsichtig ist, gibt es doch leicht mal einen Kratzer im Lack. Bei der Mühe, die wir uns mit der Einrichtung des Wohnmobils machen, wäre es jammerschade, zur Jungfernfahrt mit Schrammen im Lack zu starten.

Später, wenn es dann »auf großer Fahrt« mal eine Schramme gibt, muß man sich halt mit dem Unvermeidlichen abfinden. Viele Wohnmobile, denen man auf seinen Fahrten begegnet, scheinen die Roststellen und Beulen sogar als eine Art Ehrenzeichen zu empfinden. Ich habe jedoch die Feststellung gemacht, daß bei den meisten außen vernachlässigten Fahrzeugen auch die Inneneinrichtung derart verschlampt war, daß ich nicht ohne ein paar Kilo Ungezieferverdilgungsmittel da hineingestiegen wäre, wenn überhaupt. Abgesehen davon, ein gepflegtes Fahrzeug, innen wie außen, wird auch bei Zollkontrollen, Verkehrsüberwachungen usw. viel weniger belästigt, offenbar machen Kleider immer noch Leute.

Nach der Beseitigung der äußerlichen Schäden am Fahrzeug wäre es meiner Meinung nach jetzt der richtige Zeitpunkt, den Wagen auf seinen technischen Zustand überprüfen zu lassen. Motor, Bremsen, Lenkung, Bereifung, Beleuchtung usw. sollten nun auf Herz und Nieren getestet werden. Allerdings von einer Fachwerkstatt und nicht einem ominösen Hinterhofbetrieb. Erstens haben Sie so die Gewähr, daß nur einwandfreies Material bei einem Austausch verschlissener Teile verwendet wird und zweitens haften die Leute für die Qualität ihrer Arbeit. Auch Dinge, die den TÜV bei seiner kommenden Überprüfung des Wagens nicht so interessieren, wie zum Beispiel die Batterie, die Instrumente, die Sitze usw. werden jetzt zweckmäßigerweise ebenfalls unter die Lupe genommen. Wenn man schon eine Fachwerkstatt aufsucht, kann man den Meister bei solcher Gelegenheit schnell mal um einen guten Rat bitten.

Auch die Frage, wie man in seinem Fahrzeug ausreichende Stehhöhe schafft, sollte mit der Fachwerkstatt besprochen werden. Ein Hubdach, Aufstelldach, Faltdach und was es noch an Dächern gibt, kann man allenfalls selbst einbauen. Aber wie groß der Dachausschnitt im Fahrzeug zulässig ist, ob Versteifungsprofile eingeschweißt werden müssen und wo, ob man zusätzlich noch einen Dachgepäckträger montieren kann, all diese Fragen kann nur die Fachwerkstatt Ihnen beantworten. Oder auch eine Karosseriewerkstatt.

Für den Selbsteinbau derartiger Dächer gibt es eine ganze Reihe von Firmen, die Ihnen sowohl die verschiedenen Dachkonstruktionen als auch die Einbauanleitungen dafür liefern. Die aber auch auf Wunsch die Dächer gleich einbauen. Allerdings sollte man vorher die Termin- und Kostenfrage klären. Ein echter Heimwerker braucht sich aber keinesfalls davor zu scheuen, derartige Dachkonstruktionen, mit Ausnahme komplizierter Aufstelldächer vielleicht, selbst einzubauen. Das Schwierigste bei der ganzen Arbeit ist die exakte Herstellung des Dachausschnittes, einmal weil genau und ohne allzu viele Ausrutscher Blech (mit der Stichsäge und Metallsägeblättern) geschnitten werden muß, und zweitens ist es nicht so einfach, über Kopf oder von oben am Dach zu arbeiten. Die Montage des Verstärkungsrahmens, die erforderlichen Rostschutzmaßnahmen am Blechrand und die Montage des Dachteils selbst sind dagegen von jedem besseren Sonntagsbastler durchzuführen. Wie gesagt, wichtig ist vor der Bestellung des Hub- oder sonstigen Daches die Klärung, wie groß und wie beschaffen ein solches Dach sein darf.

Ist ein Hubdach o. ä. nicht erforderlich, weil wir beispielsweise ein festes Hochdach aus Polyestermaterial auf dem Fahrzeug haben, wird vielleicht der Einbau eines Dachlüfters oder seitlicher Lüftungsklappen in Frage kommen. Auf jeden Fall ist eine ständige, regelbare Lüftung im Fahrzeug wichtig, wenn man Schwitzwasser, muffigen Geruch und Schimmelflecke vermeiden will. Der Einbau solcher Lüftungseinrichtungen ist einfacher, weil sich eine glasfaserarmierte Polyesterhaube leichter bearbeiten läßt. Allerdings ist sie bruchempfindlicher und beim Sägen (mit Spezialsägeblatt) verbraucht man mehr Sägeblätter, weil die eingebetteten Glasfasern die Säge schnell stumpf werden lassen.

Soll, wie bei einem Blechdach, in einem Kunststoffdach ein Ausschnitt angebracht werden, bohrt man in den vier Ecken Löcher in einer Größe, daß das Stichsägeblatt gut durchpaßt beziehungsweise so groß, wie die Radien in den Ecken gebraucht werden. Die Vorbohrungen dienen nicht nur dem Ansetzen der Stichsäge, sie verhindern bei Kunststoffteilen auch das Ausreißen der Ecken.

Dachhauben, Lüftungsklappen, Schiebelüfter, Kiemenbleche und andere Lüftungsmöglichkeiten sind im Zubehörhandel zu erhalten. Die Befestigung an Blech oder Kunststoff kann mittels Holzschrauben erfolgen. Blechschrauben (selbstschneidende) allein genügen bei den heutigen Wandstärken der Karosseriebleche (0,6 mm) selten, sie können sich lockern. Holzschrauben werden durch das Blech oder den Kunststoff durchgesteckt und in eine von innen gegengesetzte Verstärkungsplatte (z. B. Tischlerplatte 16 mm) geschraubt.

Wichtig ist die Verwendung rostfreier Schrauben, also in verchromter, verkadmeter oder Messing-Ausführung.

Durch unsere Planungszeichnungen wissen wir auch, wo weitere Durchbrüche benötigt werden. Zum Beispiel der Abluftanschluß für den Kühlschrank, die Öffnung, wo die Außensteckdose montiert werden soll, und auch die Öffnungen im Wagenboden für Gasflaschenlüftung, Abwasserschlauch, Kühlschranklüftung, Heizung.

Diese Durchbrüche können ebenfalls jetzt geschaffen werden. Auch ist zu überlegen, ob beispielsweise Kiemenbleche in den Türen unten (als Dauerlüftung) montiert werden sollen, ob man für einen fest eingebauten Frischwassertank einen Füllstutzen montieren muß, ob der Gasflaschenkasten von außen zugänglich gemacht werden kann usw.

Auch die Frage, wo das Reserverad bleiben soll, bedarf der Klärung. Selbst wenn es etwas Platz kostet, ist es meiner Ansicht nach im Wagen immer noch am Besten aufgehoben. Bei einer Anbringung an der Wagenaußenseite ist eine vorherige Abklärung mit dem TÜV dringend anzuraten! Bei großer Platznot kann man vielleicht auch auf ein Faltrad (z.B. VW/Westfalia) zurückgreifen.

Bei Verwendung eines Kastenwagens wird auch zu klären sein, ob und wo Fenster eingebaut werden können. Ebenfalls sollte man sich vergewissern (TÜV oder Hersteller), ob gegen die Verwendung von Doppelfenstern (auch Ausstellfenstern) Einwände erhoben werden.

Die kleine Mühe, diese Frage vorher zu klären, kann uns viele Jahre den Ärger mit Schwitzwasser, schlechter Isolation und auch ungenügender Belüftbarkeit ersparen.

Der Einbau von ein oder zwei Ausstellfenstern erspart unter Umständen die Arbeit mit mehreren Lüftungsschiebern, Kiemenblechen und anderen Hilfsbelüftungen.

Sind die finanziellen Mittel allerdings sehr knapp, bleibt bei Verwendung eines Kastenwagens nur der Gang zur nächsten Autoverwertung auf der Suche nach ausgeschlachteten Bus-Fenstern und die Belüftung des Wagens mit preiswerten Kiemenblechen. In jedem Falle sollte man aber mit der Anzahl und Größe der Fenster zurückhaltend bleiben, denn jede zusätzliche Öffnung in der Karosserie bringt unweigerlich Isolationsverluste mit sich und damit Schwitzwasser, Wärmeverluste usw., abgesehen von den Kosten für zusätzliche Gardinen und dergleichen.

Je mehr Fenster in einem Wohnmobil sind, desto mehr fühlt man sich auch beobachtet und gestört in seinem kleinen Reich. Zumal wenn man oft in Städten oder überhaupt auf der Straße übernachtet, fängt jeden Abend die Gymnastikübung an, alle Fenster zu verdunkeln.

Nachdem so viel Mühe darauf verwandt wurde, aus einem Gebrauchtfahrzeug die solide Basis für ein Wohnmobil zu schaffen, sollte man auch noch etwas für die Langlebigkeit des Wagens tun. Ich meine damit beispielsweise Dinge wie Dauerunterbodenschutz oder Hohlraumkonservierung.

Bei einem gut gereinigten Unterboden kann man sich durchaus der Mühe selbst unterziehen, einen Dauerschutz auf Bitumen- oder Aluminiumbasis aufzutragen. Wie das geht, steht auf jeder Packung. Nehmen Sie gleich eine etwas größere Packung. Sie können den Rest gut für einen Schutzanstrich des Wagenbodens innen verwenden. Doch darauf kommen wir noch zu sprechen. Schwieriger ist das Problem der Hohlraumkonservierung zu lösen. Die wichtigste Frage ist, lohnt sich eine solche Arbeit bei dem Fahrzeug noch? Ich meine, wenn man sich schon ein Fahrzeug beschafft, um es auszubauen, sollte auch die Karosserie noch so beschaffen sein, daß eine solche Konservierung lohnt. Das Aussprühen mit Konservierungsmittel sollte man einer Fachwerkstatt oder einer entsprechend eingerichteten Tankstelle überlassen, die mit Hochdruckgeräten das Mittel bis in die hinterste Ecke sprühen können. Sonst hat es nämlich seinen Sinn verfehlt. Anders ist das mit dem Ausschäumen von Hohlräumen in der Karosserie. Diese Arbeit kann man durchaus selber erledigen. Die Firmen liefern in verschiedenen Größen abgepackte Gebinde mit einem Ein- oder Zweikomponenten-Kunststoffschaum, der nach beiliegender Gebrauchsanweisung durch Bohrungen in die Hohlräume gespritzt wird und sich infolge seines Ausdehnungsbestrebens allen Winkeln und Ecken anpaßt.

So wird verhindert, daß Kondenswasserbildung in diesen Hohlräumen zustande kommt und zu neuen Roststellen führt. Die gebohrten Einfüll-öffnungen werden entweder mit Spachtelmasse oder einem Kunststoffdeckelchen verschlossen.

Das Ausschäumen hat für uns nicht nur den Vorteil, in gewissen Grenzen neue Rostbildung zu verhindern, es bietet mehr.

Erstens wird die Isolierwirkung in der Karosserie dadurch auch an Stellen, die sonst nicht zugänglich sind, erhöht. Zweitens wird die Karosserie geräuschärmer, weil die Schaumstruktur entdröhnend wirkt. Drittens wird durch die relativ feste Zellstruktur des Schaumes (in gewissen Grenzen) die Verformbarkeit des Bleches verändert. Bei einem Unfall wirken ausgeschäumte Blechteile stoßverzehrend, außerdem können sie sich nicht so deformieren, wie das sonst der Fall wäre. Also kommen die Reparaturkosten unter Umständen ebenfalls niedriger. Leider kann man nicht die gesamten Karosseriewände ausschäumen, weil bei größeren Flächen doch recht erhebliche Druckkräfte auftreten können (zumindest ist es sehr umständlich für einen normalen Heimwerker und seine Ausstattung) und bei diesen Flächen ist die Sache auch nicht mehr sehr billig.

Empfehlenswert ist, sich bei Lieferfirmen ausgiebig zu informieren. Beispielsweise hat die Firma Voss – Chemie in Uetersen eine Broschüre mit dem Titel »Jetzt schäume ich das Auto aus« herausgebracht, die den Anschaffungspreis lohnt. Dort erhält man auf Anforderung auch genaue Arbeitsanleitungen für eine ganze Reihe Fahrzeugmodelle mit entsprechenden Zeichnungen für die Füll- und Entlüftungsbohrungen an der Karosserie.

Wenn das Fahrzeug jetzt so weit vorbereitet ist, können wir mit dem eigentlichen Ausbau beginnen.

GRUNDAUSBAU UND ISOLATION

Sind größere Installationen für Gas, Wasser, Heizung, Strom usw. vorgesehen, ist nun der Augenblick da, diese vorzunehmen. Einzelheiten für die Ausführung finden Sie in den Kapiteln Bordelektrik, Heizung-Kühlung-Lüftung, Gasversorgung, Wasserversorgung und auch bei der Besprechung der Möbel, soweit diese von Installationen betroffen sind. Bei der Leitungsführung allgemein, egal ob für Wasser, Gas oder

Innenraum des VW-Kastenwagen LT: Der klar gegliederte Innenraum läßt sich leicht zu einem praktischen Wohnmobil umbauen. Die Felder zwischen den einzelnen Verstrebungen sind leicht zu isolieren, die Wände selbst sind relativ grade. Die Helligkeit der Heckfenster genügt für eine Sitzgruppe, in der Schiebetür sollte aber noch ein (Ausstell-)Fenster oder Jalousiefenster montiert werden.

Strom, achten Sie bitte auf Folgendes: Bohrungen und Durchbrüche in Ihrem Fahrzeug dürfen keine tragenden Konstruktionsteile beeinträchtigen oder schwächen. Sämtliche Bohrungen sollten entgratet werden, möglichst sogar mit Gummibuchsen o.ä. versehen werden, um Scheuerstellen an den Leitungen zu vermeiden. Die Leitungen sollten immer so verlegt sein, daß man bei Reparaturen herankommt, ohne den halben Wagen demontieren zu müssen. Denken Sie auch an die Rüttelei und Verwindungsarbeit innerhalb der Karosserie: Leitungen sollen weder klappern noch scheuern können! Abzweigstellen innerhalb des Leitungsnetzes sollten in jedem Fall entweder leicht zugänglich sein (lieber mal ein Stück mehr Leitung einbauen) oder so verarbeitet sein, daß Sie garantiert innerhalb der nächsten 10 Jahre nicht mehr dran brauchen. Und für den Fall der Fälle machen Sie sich entweder nach der Verlegung der Leitungen ein Foto von der Leitungsführung oder zumindest eine Zeichnung. Damit Sie notfalls die Fehlstelle schneller finden. Auch ein Schaltplan kann im Zweifelsfall sehr nützlich sein, schon wenn Sie daran denken, später einmal die Anlage zu erweitern.

Und bitte tun Sie mir den Gefallen: Wenn Sie Gasleitungen schon selbst verlegen (was nicht einfach ist), so legen Sie bitte keine Verschraubungen (Ermeto o.ä.) hinter die Verkleidung oder an schlecht zugängliche Stellen. Sie müssen garantiert öfter daran arbeiten oder zumindest Dichtigkeitsprüfungen vornehmen können. Auch Schalter bzw. Absperrhähne sollten so angebracht werden, daß die häufige Bedienung nicht zu Gymnastikübungen ausartet. Das mag in alten Jeans noch Spaß machen, im Sonntagsstaat oder wenn man es eilig hat, stört es dann doch sehr. Die Leitungen sollten so lang belassen werden, daß später die Möbel und die Verkleidung gut montiert werden können und man die Anschlüsse noch bequem vornehmen kann.

Bei der Verlegung von Leitungen aller Art ist die Befestigung an den Wänden problematisch. Man kann ja nicht einfach einen Nagel einschlagen oder eine Schelle anschrauben. Gasleitungen sind in der Beziehung noch am einfachsten zu verlegen, weil sie relativ steif sind. An Durchbrüchen oder auf glatten langen Strecken kann man sie einfach mit etwas Spachtelmasse (Kunstharz-Spachtelmasse wie wir sie zum Ausspachteln von Beulen im Fahrzeug verwendet haben) fixieren. Auch Alleskleber und Zweikomponentenkleber sind gut verwendbar. An den Wänden so fixierte Leitungen brauchen ja nur so lange zu haften, bis die Isolation und Verkleidung angebracht sind. Dann übernehmen diese die Festlegung der Leitungen. Gasleitungen kann man auch im Fußboden verlegen, wenn man in die Bodenplatte (Holzplatte) entsprechende Schlitze fräst. Wasserleitungen werden zweckmäßig überhaupt nicht hinter der Wand- oder Deckenverkleidung verlegt, sondern innerhalb der Möbel. Schon damit man bei Undichtigkeiten leicht herankommt, und außerdem kann man sie besser auswechseln, wenn sich im Laufe der Zeit Ablagerungen zeigen.

Am häufigsten wird die Verlegung elektrischer Leitungen im Fahrzeug sein. Besonders behutsam sollte man bei der Verlegung von Netzleitungen (220 Volt) sein, wenn man nicht sogar besser diese Arbeit einem Fachmann überläßt. Jeder Fehler kann hier zu einer tödlichen Gefahr werden! Unbedingt beachtet werden muß die Verwendung geeigneten Kabels (z.B. 3 x 1,5 mm^2 NSHöu), die absolut scheuersichere Durchführung durch Blechteile und die richtige Anklemmung der einzelnen farblich markierten Leitungen. Auch bei 12-Volt-Leitungen kann eine unachtsame Verlegung oder die Verwendung zu schwacher oder schlecht isolierter Leitungen zu Kurzschlüssen oder gar zu einem Brand im Wagen führen. Elektrische Leitungen werden mit Selbstklebeband an der Wageninnenwand befestigt. Man kann sie auch, wenn sie gut isoliert sind, im Fußboden zwischen Dämmplatte und Bodenplatte verlegen, sollte aber darauf achten, daß im Bereich der Leitungsführung später keine Löcher mehr gebohrt werden oder Schrauben die Isolation verletzen können.

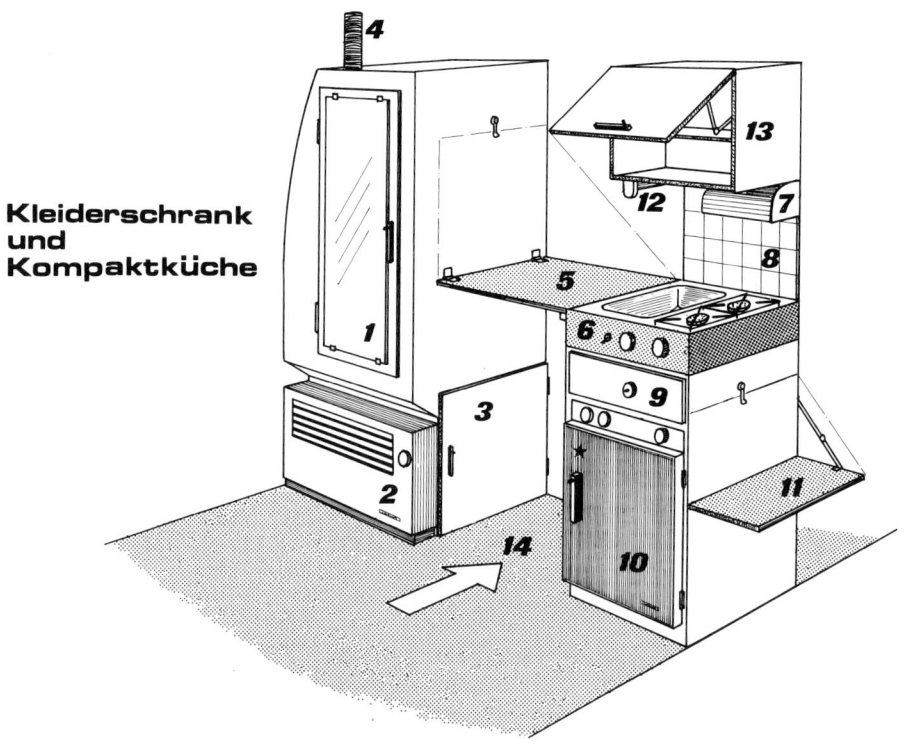

Kleiderschrank und Kompaktküche

Wird eine zweite Batterie im Wagen installiert, so muß der Masseanschluß verlegt werden und das Verbindungskabel zur 1. Batterie bzw.
zum Trennrelais installiert werden. Auch für die wichtige Dimensionierung dieses Kabels und die Verlegung des recht unhandlichen starken
Kabels sollte man im Zweifelsfalle einen Fachmann fragen.

Sind sämtliche Leitungen verlegt (auch für Radio, Sprechanlage,
Alarmanlage, Klimagerät, Beleuchtung, wie Leselampen oder Neonleuchte in der Küche, Steckdosen, Schalter, Thermostat usw.,), so beginnt die Anbringung der Isolation an Dach, Wänden und Boden. Ein
Wohnmobil wird nur so angenehm zu bewohnen sein, wie seine Isolation, seine Wärmedämmung, ist. Ich möchte es sogar noch krasser
sagen: Ein Wohnmobil ohne richtige Wärmedämmung eignet sich
allenfalls zum Transport der Möbel. Setzen Sie sich einmal stundenlang nachts oder bei Sonnenschein in Ihren PKW, dann wissen Sie eine
gute Wärmedämmung zu schätzen. Über Tag soll es im Fahrzeug nicht
wie in einem Brutkasten zugehen, und nachts muß man mit einem
leichten Schlafsack oder einer Decke und dem Pyjama schlafen können. Je sorgfältiger Sie die Isolation des Wagens vornehmen, desto
angenehmer wohnt es sich hinterher.

Unangenehm sind bei der Isolierung vor allem die Kältebrücken, die durch die Verrippung der Karosserie bedingt sind. Mit der Ausschäumung dieser Teile haben wir uns bereits befaßt.

Für die Isolierung von Dach und Wänden kann man Hartschaum, also zum Beispiel Polystyrol- oder Polyurethanschaum, verwenden. Gebräuchlich sind fertige Platten, wie Styropor, Poron o. ä. Auch Glas- oder Steinwollmatten finden Verwendung, ebenso Weichschaum.

Bei den Hartschaumplatten, die sich sehr leicht verarbeiten lassen, muß man die Temperaturbeständigkeit beachten: Mehr als 70 bis 80 Grad Wärme können zu Zerstörung der Zellstruktur führen, und solche Temperaturen erreicht man am Karosserieblech, zumal in südlichen Ländern, sehr schnell. Deshalb empfiehlt es sich, zwischen Karosserieblech und Hartschaumplatte eine Zwischenschicht aus Weichschaum (Moltopren, Schaumstoff) anzubringen. Der ist auch so elastisch, daß Rohrleitungen und Kabel nicht stören.

Glas- oder Steinwollmatten (Sillan o.ä.) sind temperaturunempfindlich in den Bereichen, die in einem Fahrzeug auftreten. Greift man zu diesen Materialien, sollte man kunstharzgebundene Sorten wählen, andere Sorten können sich durch die ständige Rüttelei beim Fahren verdichten, sacken zusammen und lassen Lücken in unserer Isolation entstehen.

Die Isolierstärke wird man an den Wänden, eventuell auch am Dach, so stark wählen, daß der Zwischenraum zwischen den Verrippungen der Karosserie ausgefüllt ist. Unter 20 mm Gesamtisolierstärke sollte man nicht kommen.

Für die Fußbodenisolierung kommt Bitumendämmplatte oder dichter Weichschaum (Moltopren, PVC-Weichpolyesterschaum o.ä.) in Betracht. Bei Holzfußboden des Fahrzeugs kann man notfalls auch auf die Isolierung verzichten und verlegt nur entsprechend dicke Teppichfliesen. Für die Isolation in Türen und Wandteilen, die bereits werksseitig mit Verkleidungen versehen sind, kann auch die Möglichkeit des Ausschäumens in Betracht gezogen werden.

Einbau der Isolierung

Für die Wände wird gerne eine Kombination von 10 mm Weichschaum (Schaumstoff aus dem Kaufhaus oder einem Polsterbedarfsgeschäft) und Hartschaumplatten (10 bis 20 mm dick) genommen. Hartschaumplatten erhält man in jeder Baustoffhandlung oder in Bastlerläden. Der Schaumstoff wird zwischen die Verrippungen gedrückt und haftet dort von selbst. Ist dies manchmal nicht möglich, kann man ihn mit doppelseitigem Klebeband oder sogar mit Fliesenkleber bzw. Zellulosespachtel (Moltofill o.ä.) anheften. Anschließend werden die Hartschaumplatten mit der Schere, einem Messer oder einem alten Sägeblatt ebenfalls zurechtgeschnitten und eingesetzt. Auch hier ist der Zuschnitt so zu bemessen, daß die Platten im Preßsitz zwischen vorhandenen Verstrebungen klemmenbleiben. Auch kleinste Lücken werden ausgestopft, und bei schlecht zugänglichen Ecken drückt man Schaumstoff mit einem Hölzchen hinein.

Das gewölbte Dach schafft mehr Probleme. Gut bewährt hat sich das Ankleben von zwei sich überlappenden Lagen aus 10 mm Hartschaum bzw. 10 mm Weichschaum und 10 mm Hartschaum. Geklebt wird (in Notfällen) mit Fliesenkleber oder Zellulosespachtel. Halten braucht diese Klebung ja nur so lange, bis die Verkleidung angebracht ist und die Haltefunktion übernehmen kann. Vor der Anbringung der Dachisolation sollte man sich über die Befestigung der Dachverkleidung klar sein! Ideal sind Sperrholzplatten (2 mm), die fugenlos von Oberkante Wand zu Oberkante Wand unter die Decke geklemmt werden können. Hat man nicht so große Platten zur Verfügung oder geht es konstruktiv nicht zu lösen, muß man in Dachmitte eine Befestigungsmöglichkeit vorsehen.

Das kann eine Holzleiste sein (ca. 50 mm breit und so dick wie die Isolierung), die unter dem Dach befestigt wird, oder eine Aluminiumprofil-Leiste. Will man die Leisten wegen eventueller Undichtigkeiten nicht mit Schrauben durch das Dach befestigen, kann man mit entsprechenden Klebern oder angelöteten Winkeln (Weichlot, Außenlack nicht verschmoren lassen!) Abhilfe schaffen. Bei Hochdächern aus glasfaserverstärktem Polyester kann man Holz- oder Metalleisten auch gut befestigen, indem man Glasfasermatten mit Polyester und Härter tränkt und von innen an die GFK-Schicht klebt. Hat das Harz abgebunden, sitzen die Leisten bombenfest. (Leisten während der Härtung abstützen!) Die Isolierung bzw. Bearbeitung des Fußbodens erfordert etwas Aufmerksamkeit. Vor allem bei einem Blechboden im Fahrzeug ist Verschiedenes zu bedenken. Die Isolierung soll wärmedämmend sein, weiter soll sie entdröhnend wirken und schließlich darf sich auch kein Kondenswasser und damit womöglich Rost bilden.

Gegen Rost gibt es eine bewährte Lösung: Rostige Stellen im Blech werden blankgescheuert und mit Mennige gestrichen. Notfalls tut es auch ein Haftgrund. Anschließend wird der gesamte Fahrzeug-Boden innen mit Unterbodenschutz oder Bitumenmasse dick eingepinselt. Und zwar fugenlos. Bloß die Durchbrüche sollte man nicht mit zuschmieren, weil man sie noch braucht. Ist dieser Schutzanstrich trocken, wird die Wärmedämmung aufgebracht. Verwendet man Bitumenfilzplatten (Baustoffhandel), braucht der Schutzanstrich noch nicht einmal trocken zu sein, man klebt dann den Bitumenfilzbelag gleich mittels Schutzanstrich fest. Die Stärke der Filzplatten sollte wenigstens 8 mm betragen. Styroporplatten kann ich nicht empfehlen für diesen

Zweck, erstens werden sie von dem Schutzanstrich angegriffen, zweitens zerkrümeln sie im Laufe der Jahre durch die ständige Belastung des Draufrumlaufens und drittens besteht die Gefahr, daß durch die Wärme des Auspuffrohres unter dem Wagenboden eine zu hohe Wärmebelastung des Materials auftritt. Ähnliche Bedenken bestehen auch bei Schaumstoff, soweit er zu großporig und weich ist. Auch hier sollte man die Verträglichkeit zum Schutzanstrich durch eine Zwischenlage aus Pappe oder Folie verbessern. Zu befestigen braucht man die Isolierung nicht, das besorgt der Fußbodenbelag bzw. der Zwischenboden.

Verkleidungsmaterial
Die eingebauten Isolierstoffe sind zwar wärmedämmend, aber sie haben eine empfindliche Oberfläche und sind auch nicht schön. Außerdem sind sie gegen Nässe empfindlich (Kondenswasser, Kochdunst, Wasserspritzer beim Waschen usw.).
Also muß der Innenraum unseres Wohnmobils verkleidet werden. Von einem guten Verkleidungsmaterial erwarten wir folgendes: Es soll haltbar und pflegeleicht sein, nicht zu schwer, gut zu bearbeiten und eine ansprechende Oberfläche haben. Bringt man auch noch das Problem Feuchtigkeitsschutz ins Spiel, schränkt das die Auswahl zu sehr ein, deshalb lassen wir das zunächst außer acht.
Für die Wände hat sich Sperrholz (3 mm) sehr gut bewährt, auch Hartfaserplatten (mit oder ohne Dekoroberfläche) sind akzeptabel, wenn auch etwas gewichtiger. Spanplatten sind zu schwer und auch bruchempfindlicher (je nach Type). PVC-Filz wird gern genommen, wo es direkt auf Blechteile geklebt werden kann.
Alubleche sind praktisch, aber kühl und in der Oberfläche nicht kratzfest genug, sie müßten mit Kunstleder, PVC-Filz oder Stoff überzogen werden. Außerdem ist Alu nicht so leicht zu verarbeiten wie beispielsweise Sperrholz. In Ausnahmefällen kann man auch eine Wandverkleidung aus Nut-Federbrettern anbringen, falls die Wände nicht zu gekrümmt sind.
Auch eine Verkleidung mit Kunststoffplatten (bruchfeste Sorte) ist zweckmäßig.
Das Dach kann ähnlich wie die Wände verkleidet werden, bei Sperrholz sollte man allerdings wegen der häufig starken Krümmungen des Daches auf 2 mm Dicke gehen, Hartfaserplatten sind ebenfalls nur in dünnen Sorten (und durchgefeuchtet) zu verarbeiten. Die Befestigung der nach Schablone zugeschnittenen Verkleidungsplatten erfolgt mit Blechschrauben an den Verstrebungen bzw. an den vorher montierten Hilfsleisten.
Auch in der Karosserie vorhandene Durchbrüche für die Installationen oder Belüftungseinrichtungen sollten jetzt in die Verkleidung geschnit-

ten werden, soweit dies nicht schon mit Hilfe der Schablonen geschehen ist.

Bei der Verwendung unansehnlichen Verkleidungsmaterials (z. B. Sperrholz mit verschmutzter Oberfläche, Hartfaserplatten ohne Dekor, Alublech usw.) wird man anschließend noch über die gesamte Innenfläche einen verschönernden Überzug aufbringen.

Entweder kann das ein Anstrich mit einer möglichst unempfindlichen Farbe (seidenmatt) sein, wobei man den Farbton natürlich den Möbeln und Bezugsstoffen harmonisch anpassen wird, oder man wählt (empfehlenswert) einen Kunststoff- oder Textilbelag.

Das kann Stepptex-Folie sein (eine mit Zellstoff hinterfütterte und abgesteppte Folie, die sich gut mit Tapetenkleister anbringen läßt) oder auch eine Selbstklebefolie wie dc-fix beispielsweise. Allerdings sollte man bei Selbstklebefolien beachten, daß man sie ohne Recken, also spannungsfrei, anklebt. Selbstklebefolien ziehen sich gerne wieder zusammen (Rückstellvermögen) und lösen sich dabei besonders von Krümmungen wieder etwas ab. Man kann auch PVC-Weichschaumbahnen ankleben (Spezialkleber verwenden), die außer einer schönen und wasserdichten Oberfläche wärmedämmend wirken und zusätzlich den Vorteil haben, kleine Oberflächenfehler und Unebenheiten der Isolierung zu überdecken. Auch textile Beläge haben sich bewährt, seien es selbstklebende Filzbahnen oder sogar Teppichboden. Allerdings lassen sich diese Beläge nicht so leicht reinigen. Wer sein Fahrzeug innen praktisch haben will und auf Schönheit wenig Wert legt, kann die Wanderverkleidung auch mit PVC-Filz bekleben. Ein schicker, schall- und wärmedämmender, gut klebbarer Wandbelag ist Acryl-Teddyfell.

Die »Verkleidung« des Fußbodens stellt andere Anforderungen an uns. Zunächst muß der Boden einmal so solide sein, daß er ohne Verformung zu begehen ist und die Möbel daran befestigt werden können. Außerdem soll er fußwarm sein, weil man ja auch mal ohne Schuhe drauf laufen will. Er soll aber auch pflegeleicht sein, schmutzunempfindlich, wasserfest und haltbar, und schließlich auch noch ansprechend aussehen.

Da das ein bißchen viel ist für ein Material, teilt man zweckmäßigerweise die Anforderungen etwas auf: Die Solidität für das Befestigen der Möbel und das Begehen übernimmt eine solide Platte aus mindestens 10 mm Bootssperrholz (wasserfest verleimtes Sperrholz), die auch noch etwas Wärmedämmung und Geräuschminderung mitliefert. Notfalls geht eine naßfeste Spanplatte, allerdings reißen da gerne die Schrauben aus. Dieser sogenannte Zwischenboden wird (in mehreren Teilen, weil er sonst vermutlich nicht durch die Tür paßt) nach Schablone eingepaßt und mit Schloß-Schrauben (M 8) durch den Wagenboden und die Dämmung hindurch befestigt. Die Muttern unter dem Wagenboden (Achtung beim Bohren, damit nichts beschädigt wird) werden mit Federringen gesichert und mit Unterbodenschutzmasse dick überpinselt. An Stellen, wo Durchbrüche im Wagenboden vorgesehen sind, wird der Rand zwischen der Holzplatte und dem Wagenboden mit Kunstharzspachtel abgedichtet, ein Dauerelastikdichtungsmittel erfüllt den gleichen Zweck. Lüftungsöffnungen im Wagenboden werden vorher noch mit einer Kunststoff-Fliegengaze überdeckt, damit später das Ungeziefer da bleibt, wo es hingehört: Draußen.

Jetzt haben wir einen soliden Zwischenboden, aber schön ist er nicht. Also bringen wir einen Fußbodenbelag auf. Das kann PVC-Filz sein (praktisch, wasserfest) oder ein Teppichboden, im Idealfall beides. Wenn die Brieftasche einen Teppichbelag zuläßt, würde ich zu selbsthaftenden oder selbstklebenden Teppichfliesen greifen. Die Verlegung ist einfach, und im Falle der Verschmutzung oder des Verschleißes ist eine Teppichfliese schnell einmal ausgewechselt. Deshalb kauft man auch vorsichtshalber 2 bis 3 Fliesen mehr und hebt sie gut auf. Teppichbelag erst nach Möbelmontage verlegen!! Der PVC-Filz wird mit einem hellen Kunstharzkleber aufgebracht. An Stoßstellen einzelner Bahnen läßt man beide Bahnen etwas überlappen und schneidet mit einem scharfen Messer beide Bahnen gleichzeitig. So paßt alles millimetergenau und es gibt keine Schmutzfugen.

An den Enden des Fußbodenbelags, zum Beispiel an der Tür nach draußen oder am Durchgang zum Fahrerhaus, werden Trittkanten oder Verstärkungen aus Aluminium oder PVC befestigt, damit der Belag nicht einreißt oder Schmutz sich festsetzen kann.

Sind bei der Wandverkleidung Kanten, an denen ebenfalls Schmutz eindringen kann, wie beispielsweise an den Übergängen zu Fenstern oder Türen, oder sind Stöße in der Verkleidung entstanden, so werden diese mit selbstklebenden Folienbändern, aufgeklebten Kordeln oder Holzleisten bzw. Alu- oder Kunststoffprofilen abgedeckt.

Und noch etwas sollte nicht übersehen werden: Bei allen Montagearbeiten verwenden Sie möglichst nichtrostende Schrauben, denn so viel Feuchtigkeit ist immer im Fahrzeug, daß die Schraubenköpfe oxydieren können.

Das Thema Feuchtigkeit im Fahrzeug habe ich bei der Wahl des Verkleidungsmaterials weiter oben bewußt zunächst ausgeklammert. Jetzt allerdings kommen wir um die Klärung dieses Problems nicht drum herum.

Was bei einem gut gebauten Haus unter dem Begriff Dampfsperre unentbehrlich ist, um die Isolierwirkung der Wände zu erhalten, sollte bei unserem fahrbaren Häuschen nicht fehlen. Haben Sie die Verkleidung bereits mit Kunststoff wie Selbstklebefolie o.ä. überzogen, wird sich eine besondere Dampfsperre im allgemeinen erübrigen. Auch bei einem guten Lackanstrich, der möglichst fugenlos sein sollte, kann man unter Umständen noch auf einen derartigen Schutz verzichten. In allen anderen Fällen sollte man zwischen Isoliermaterial und Verkleidung eine (überlappende) Dampfsperre aus Plastik- oder Aluminiumfolie einlegen. Gut geeignet ist Bitumenpappe, wie man sie in Baubedarfsgeschäften (in ungesandeter Ausführung) erhält. Mit einem gebrauchsfertigen Fliesenkleber oder Baukleber wird die Dampfsperre an den Wänden und dem Dach fixiert, bis dann durch die Verkleidung die ganze Geschichte einen Halt bekommt. Wichtig sind auch hier dichte Anschlußstellen zu den Rändern hin, also zu Fenstern, Türen, Dach und Fußboden. Besonders wichtig ist eine einwandfreie Feuchtigkeitssperre in dem Bereich der Waschbecken, weil doch mal Wasserspritzer an den Wänden herunterlaufen und sich dann in die Isolierung ziehen. Auch wenn der Einbau eines Waschraumes, womöglich mit Dusche, vorgesehen ist, sollte man sein Augenmerk auf wirklich erstklassige Dichtigkeit dieser Wände und des Bodens richten. Zusätzlich kann man an solchen Stellen natürlich noch die Fugen mit Silikonkautschuk abdichten, aber Vorsicht ist immer besser als ein Rostloch in der Karosserie oder eine nasse Isolierung.

Nach dem Einbau des Fußbodens werden die Durchbrüche von unten zweckmäßigerweise mit einem Spritzschutz aus Alu- oder Messingblech versehen, der einfach mit ein paar rostfreien Schrauben (Blechschrauben) gegen den Wagenunterboden geschraubt wird. So wird verhindert, daß Staub und Nässe bei der Fahrt in die Öffnungen des Wagenbodens gewirbelt werden. Mit dem Montieren der Kiemenbleche usw., sofern noch nicht geschehen, wird der Grundausbau beendet. Der Einbau von Trennwänden oder eines Toilettenraumes wird im Kapitel »Möbel und Einrichtung« behandelt.

BORD-ELEKTRIK

Daß Kabel für die verschiedenen elektrischen Zusatzeinrichtungen unseres Wohnmobils gebraucht werden und wo die Leitungen zweckmäßig verlegt werden, wurde beim Grundausbau schon besprochen. Unklar ist aber häufig, was für Kabel man nehmen muß, wie stark sie sein sollen, wie sie geschaltet werden und wo man sie anschließen kann. Sind auf diesem Gebiet keinerlei Kenntnisse vorhanden, ist es vermutlich besser, sich die erforderlichen Anschlüsse durch einen Fachmann installieren zu lassen, als durch Herumprobieren etwas zu beschädigen oder gar durch Leichtsinn das Fahrzeug und sich selbst zu gefährden.

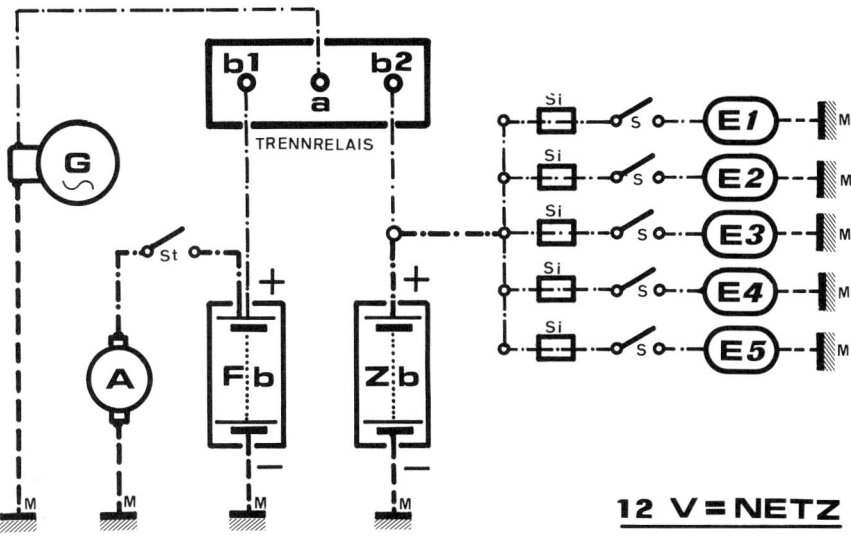

12 V = NETZ

Wer jedoch schon gelegentlich mit Elektrotechnik zu tun hatte, für den ist es nicht schwer, sich in der Auto-Elektrik zurechtzufinden. Dabei interessieren uns vor allem die Anschlußmöglichkeiten am Fahrzeug-Sicherungskasten.

Da Sicherungskästen merkwürdigerweise meist an Stellen sitzen, wo nur Artisten oder Schlangenmenschen hinkommen, empfiehlt sich zuvor ein Blick in den Schaltplan, der der Bedienungs-Anleitung beiliegt oder beim Autohändler erhältlich ist. In diesem Plan sind nämlich sehr schön die verschiedenen Farben angegeben, mit denen die Leitungen auch gekennzeichnet sind. Dadurch findet man sie im Fahrzeug leicht wieder. Auch die allgemein üblichen Klemmenbezifferungen sind eine gute Orientierungshilfe. Ist der Schaltplan ganz perfekt (das soll es geben!), dann sind noch die Querschnitte der Leitungen (z.B. 1,5 heißt Leitung mit einem Querschnitt von 1,5 mm^2) angegeben. Das dicke Kabel von der Batterie zum Anlasser hat beispielsweise 25 mm^2, weil der gesamte Anlaß-Strom durchfließen muß. Das Kabel von der Batterie zur Lichtmaschine hat 6 mm^2 (damit wird die Batterie geladen), ebenso die Leitung vom Anlasser zum Sicherungskasten. Alle übrigen Leitungen sind zwischen 0,5 mm^2 und 4 mm^2 stark, je nach Aufgabe.

Im Deckel des Sicherungskastens ist (meist) eine Angabe, welche Klemmen bzw. Sicherungen für welche Verbraucher sind. Nun kann man allerdings nicht einfach wahllos seine zusätzlichen Leitungen hinter irgendeine der Sicherungen mit anschließen, da sonst die Siche-

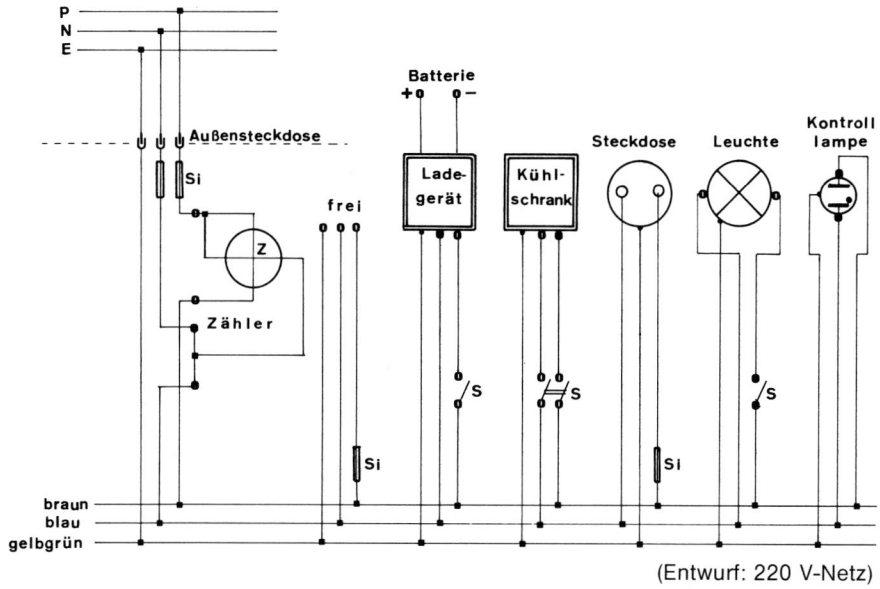

(Entwurf: 220 V-Netz)

rung überlastet wäre und auslöst. Hat man also keine freie Anschluß-klemme mehr im Sicherungskasten gefunden (normalerweise ist eine Klemme immer für Zusatzanschlüsse noch frei, man muß sich dann nur informieren, wie stark das Zuleitungskabel bis dahin ist), so bleibt einem nur übrig, die Hauptleitung zum Sicherungskasten anzuzapfen. Aber bitte nicht einfach durchschneiden und mit einer Klemme oder ähnlichem wieder zusammenpfuschen! Man verwendet dafür Steck-verteiler oder Abzweig-Steckverbinder, die es in jedem Autoladen zu kaufen gibt. Ausgesprochen praktisch sind auch Kabelverbinder, von denen man dann zu den Zusatzverbrauchern abgehen kann. Am Richtigsten aber ist es, wenn man an Stelle der sonst sowieso erforderli-chen fliegenden Sicherungen (Kabelverbinder mit eingesetzter Siche-rung für jede Leitung) sich neben dem Sicherungskasten einen zwei-ten Sicherungskasten anbringt. Dann hat man alles übersichtlich zu-sammen. Lassen Sie sich einmal vom Zubehörhandel oder Ihrem Au-tofachmann zeigen, was es für praktische Sachen gibt, die bei der Installation eine Menge Zeit sparen und sicherer sind als irgendwelche Improvisationen. Die Anschaffungen zahlen sich aus, denn unterwegs dauernd nach Wackelkontakten zu suchen oder nach Kurzschlüssen, ist auch kein Vergnügen.

Abgesichert werden muß jede Leitung zwischen Stromquelle (der Bat-terie) und Verbraucher. Die Sicherungsgröße (5, 8, 16 oder 25 Ampere) und die Leitungsdicke (0,5–1,0–1,5–2,5–4,0 und 6,0 mm^2) richten sich nach der Stromaufnahme (dem Anschlußwert) des anzuschließenden Teils. Diese Werte erfragt man am besten bei dem Verkäufer der Teile. Einen Anhalt, zum Beispiel für Leuchten, gibt auch die Absicherung einer gleichstarkten Lampe am Fahrzeug. Das Gleiche trifft für die Leitungsquerschnitte zu. Soweit Kleinverbraucher wie Leuchten, Ventilatoren, Sprechanlagen usw. anzuschließen sind, wird man mit einer Leitung (Lichtkabel FLK) von 1,5 mm^2 zu jedem Verbraucher auskommen, die Sicherung genügt mit 5 bzw. 8 A.

Größere Verbraucher wie Kühlschrank, Klimaanlage usw. müssen individuell geklärt werden. Die Sicherung zwischen Hauptkabel und zweitem Sicherungskasten sollte mit höchstens 16 A, in Ausnahmefällen mit 25 A abgesichert werden.

Plant man den Einbau einer ganzen Reihe von elektrischen Zusatzgeräten, besonders zum Beispiel solcher Stromfresser wie Kühlschrank oder Fernseher, so empfiehlt sich dringend der Einbau einer zweiten Batterie, wenn man nicht morgens beim Startversuch feststellen will, daß man die Kapazität der Wagenbatterie überschätzt hat.

Eine zweite Batterie kann viel besser die Versorgung von unseren gesamten Zusatzeinrichtungen übernehmen, weil man schlimmstenfalls nur diese Batterie leerbrauchen und mit der Wagenbatterie immer noch starten kann.

Man kann die zweite Batterie irgendwo an leicht zugänglicher Stelle im Wagen unterbringen und mit einer stabilen Halterung festmachen. (Achtung: Die Batterieflüssigkeit ist verdünnte Schwefelsäure, sie zerfrißt fast alles, auch die Haut. Notfalls sofort abwaschen und mit Soda o.ä. neutralisieren!) Die Minusklemme der Batterie (zumindest bei den meisten europäischen Fahrzeugen ist das so üblich: Minus an Masse) wird über ein geflochtenes »Masseband« aus Kupferlitze (ca. 25 mm^2) mit der Karosserie fest verbunden (auf guten Kontakt achten), die Plusklemme der Batterie erhält eine Ladeleitung zur Plusklemme oder dem Ladekabel der ersten Batterie. Bei dieser Schaltung kann es aber passieren, daß bei Unachtsamkeit im Stromverbrauch beide Batterien leer werden. Besser ist deshalb die Zwischenschaltung eines sogenannten Trennrelais (S. 131), das zwar das Laden beider Batterien ermöglicht, aber bei stehendem Motor die zweite Batterie von der ersten trennt.

Dem Trennrelais liegt die sehr einfach Anschlußskizze bei. Hat man eine zweite Batterie, wird man den Sicherungskasten der Zusatzteile natürlich in die Nähe der Batterie bringen. Ein Kabel mit 4 bis 6 mm^2 Querschnitt vom Pluspol der Batterie zu diesem Kasten führen. Vom Sicherungskasten aus geht es dann wie gewohnt weiter zu den einzelnen Verbrauchern.

Eine Besonderheit gegenüber der allgemeinen Auto-Elektrik sollte man aber noch erwähnen: Im Normalfall dient bei einem aus Stahlblech gebauten Auto die Karosserie als zweite Leitung, als Masse für den 6- oder 12 Volt-Gleichstromkreis (Vom Pluspol der Batterie zum Verbraucher und von dort über die leitende Karosserie zurück zum Minuspol der Batterie).

Bei unseren Einbauten aus Holz, Kunststoff usw. muß jedoch eine elektrische Verbindung zwischen der zweiten Klemme am Zusatzgerät und der leitenden Blechkarosserie durch ein gleich starkes Kabel hergestellt werden, um den Stromkreis zu schließen.

Soll ein elektrischer Verbraucher über einen Schalter oder (beispielsweise bei Alarmanlagen) über einen Türkontakt oder andere Steuereinrichtungen betätigt werden, so wird die Zuleitung (nach der Sicherung) erst zu diesem Schaltorgan und dann zum Verbraucher geführt. So wird erreicht, daß der Verbraucher immer an Masse liegt und ohne Betätigung des Schalters keine Spannung führt. In Ausnahmefällen kann man allerdings auch die Verbindung zu Masse mit einem Schalter versehen, besser ist jedoch die erste Lösung.

Nachdem wir uns nun ein wenig mit den Grundkenntnissen beschäftigt haben, sollten wir das Angebot an Zusatzgeräten, soweit sie elektrisch betrieben werden, prüfen:

Beleuchtung:

Als Zusatzleuchten im Zubehörhandel für 12 Volt (auch 6 Volt) und kombiniert für 12/220 Volt. Es gibt auch Kombinationen von 12 Volt/ Gas. Die Auswahl an Modellen ist sehr groß! Praktisch, weil niedriger Stromverbrauch mit guter Helligkeitsausbeute verbunden ist, sind die 12-Volt-Neonleuchten. Man verwendet sie hauptsächlich im Küchenbereich.

Bei schmaler Kasse oder auch aus praktischen Erwägungen kann man von Autozubehör-Handlungen oder Autoverwertungen auch Einbauleuchten (mit oder ohne Schalter) für PKW erwerben, die in die Verkleidung des Wohnmobils eingelassen werden.

Zweckmäßig ist auch eine Handlampe (12 Volt), die man sowohl bei Reparaturen überall am Fahrzeug als auch als Leselampe oder Außenleuchte benutzen kann. Es gibt sie auch mit Haftmagnet, da hält sie fast überall am Fahrzeug.

Wohnmobile, die häufig auf Campingplätzen parken, kann man auch mit 220 Volt-Leuchten ausstatten, da dort ja meist Netzanschluß möglich ist. (Auf Netzleitungsverlegung usw. kommen wir weiter unten noch zu sprechen).

Ein angenehmes Licht ist auch durch indirekte Beleuchtung zu erzielen, und man kann dabei die Blende so ausbilden, daß man sie als Ablage konstruiert. Schauen Sie sich einmal die Beleuchtungen in Wohnwagen an, es gibt da nette Lösungen. Vor den Pendelleuchten (auch wenn der Lampenschirm noch so süß ist!) sollte man sich allerdings meiner Ansicht nach hüten. Abgesehen von der Möglichkeit, laufend mit dem Kopf dagegen zu stoßen, behindern diese Schaukelinstrumente auch die Sicht nach hinten durch das Heckfenster während der Fahrt.

Weitere elektrische Geräte
In einem Wohnmobil muß man, im Gegensatz zu den, meist auf Campingplätze angewiesenen, Wohnwagen mit seinen Energievorräten haushalten. Bei Gas spielt das keine so große Rolle wie bei der Stromversorgung. Die Kapazität der Fahrzeugbatterie und der Zusatzbatterie ist begrenzt. Große Stromverbraucher wie Fernseher, Kühlschränke und Staubsauger erfordern daher vor der Anschaffung etwas Überlegung.
Am häufigsten im Wohnmobil wird der Kühlschrank anzutreffen sein. Das kann eine kleine Kühlbox mit 10 Liter Inhalt sein, aber auch genauso gut in großen Reisemobilen ein 180-Liter-Riese mit Tiefkühlfach. Bewährt haben sich mittlere Abmessungen von 30 bis 72 Liter. Wegen der problematischen Energiefrage empfiehlt sich eine Ausführung, die mit 12 Volt, 220 Volt und Gas betrieben werden kann. So kann man vor Fahrtbeginn mit 220 Volt vorkühlen, während der Fahrt und bei kurzen Pausen wird der Kühlschrank mit 12 Volt betrieben und bei längeren Aufenthalten oder nachts läuft er mit Gas.
Allgemein werden gern Absorberkühlschränke genommen, weil sie mit billigem Propangas oder 12 Volt aus der Bordbatterie auskommen. Für Fahrten in tropische Länder reicht jedoch die Kühlleistung nicht aus und man muß dann zu einem Kompressorkühlschrank übergehen.
Anschlußschwierigkeiten dürfte es nicht geben, den Geräten liegen Schaltpläne bei. Was den Gasanschluß betrifft, wird dies noch bei der Gasversorgung besprochen.
Weitere gern mitgenommene Geräte wie Staubsauger, Kleinfernseher, Kaffeemaschine, Kleinkompressor (für das Aufpumpen des Schlauchbootes usw.) wird man entweder in einer 12-Volt-Ausführung kaufen oder man muß im Fahrzeug (nicht billig, aber sehr empfehlenswert) einen Spannungswandler oder Bordgenerator einbauen, wie sie z.B. Fa. Sport-Berger anbietet. Diese wandeln 12 Volt Gleichstrom aus der Batterie in 220 Volt Wechselstrom (100 bis 800 Watt Dauerbetrieb) um. Außerdem kann man manche Geräte auch noch als Ladegerät benutzen, um zu Hause die Fahrzeugbatterien nachzuladen. Mit solchen Generatoren kann man Tonband, Radio, Kleinfernseher, Föhn, Rasierapparat (!) usw. wie an einem normalen Netzanschluß (max. Leistung beachten) betreiben. Allerdings ist das nun keine Quelle unendlich

großer Energie, sondern lediglich die Spannung unserer Batterien wird auf eine gebräuchlichere Spannung transformiert. Die Kapazität der Batterie ändert sich dabei nicht.

Will man mehr oder größere Geräte anschließen, bietet sich das Notstromaggregat an. Große komfortable Reisemobile haben so ein kleines Kraftwerk meist gleich mit eingebaut.

Relativ handliche Notstromaggregate für Benzin- oder Diesel-Betrieb (meist japanische Fabrikate) sind recht günstig im Versandhandel zu erhalten. Sie haben den Vorteil, daß man sie auch bei einem Stromausfall zu Hause benutzen kann, beispielsweise um die Tiefkühltruhe vorübergehend in Betrieb zu halten. Braucht man jedoch die 220 Volt nur, um seinen Elektrorasierer anzuschließen, lohnt sich der Aufwand kaum, da ist der Kauf eines zweiten, batteriebetriebenen Rasierers die billigere Methode. Wichtig ist in jedem Falle die Installation einer genügenden Anzahl von 12-Volt-Steckdosen (einzeln abgesichert), die als Einbautype leicht in Möbeln usw. installiert werden können. Da diese Steckdosen normalerweise in (leitenden) Blechteilen installiert werden und so den Masseanschluß haben, muß beim Einbau in nicht mit dem Chassis in leitender Verbindung stehenden Teilen eine Verbindung zum Chassis hergestellt werden. Das geschieht durch Anschließen einer entsprechenden Leitung, 1,5 mm^2 Kupferlitze ist im allgemeinen dafür ausreichend.

Der elektrische Anschluß für die Pumpen der Wasserversorgung ist ebenfalls einfach, Tauchpumpen (sie stehen unten im Kanister unter Wasser) haben ein zweipoliges wasserdichtes Kabel, andere Pumpen einen entsprechenden Anschluß oberhalb des Wasserspiegels. Wichtig ist die richtige Polung des Anschlusses, damit die Pumpe nicht falsch herum läuft oder kaputt geht. Auch die Ventilatoren für die Warmluftumwälzung der Heizanlage sind leicht anzuklemmen.

Wechselsprechanlagen zwischen Fahrerhaus und Wohnteil, Zweitlautsprecher für die Radio (oder gar Stereo)-Anlage und auch die (wichtige) Alarmanlage gegen Langfinger und ungebetene Gäste erfordern meist die Verlegung mehrerer, relativ dünner Leitungen (oft wird besserer »Klingeldraht« genügen).

Problematischer ist die Verlegung von Antennenkabeln für Radio- oder Fernseh-Empfang. Die erforderlichen abgeschirmten Spezialkabel gibt es im Rundfunk-Fachhandel. Die Antenne anzubringen, ist bei den großen Metallflächen des Fahrzeugs dahingehend zu entscheiden, daß man möglichst hoch über die Karosserie hinausragen sollte. Aber nicht bei der Fahrt, da man plötzlich ohne Antenne dastehen könnte. Praktisch sind für diese Zwecke einziehbare Antennen, wie sie beispielsweise von der Fa. Shapeg GmbH in Geretsried bei München angeboten werden. Bei nicht so hohen Ansprüchen an die Empfangsqualität kann man sich auch mit einem selbstgebauten Provisorium (Dipol an Besenstiel-Methode) helfen. Radioantennen kann man auch im Auto-Zubehörhandel (oder einer Fahrzeugverwertung) kaufen und außen am Fahrzeug montieren, wobei man allerdings bei der Anbringung auf mögliche Gefährdung anderer durch hervorstehende Teile achten muß. Bastler finden sicher auch Spaß am Einbau elektrisch betriebener Motorantennen, der Handel bietet in dieser Hinsicht viel. Ein weiteres Zubehöraggregat in komfortablen Wohnmobilen sind Klimaanlagen. So liefert zum Beispiel die Coleman-Company Inc. in Hamburg air-conditioning-Anlagen speziell für Caravans und Wohnmobile. Allerdings sollte man bedenken, daß so ein 55 kg schwerer Apparat auf dem Wagendach auch ganz schön das Fahrverhalten kleinerer Fahrzeuge beeinflussen kann, abgesehen von dem Problem, wie man dann noch in die Garage kommen soll.

Fein ist so eine Sache natürlich bei größeren Fahrzeugen.

Vielleicht fragen Sie auch Ihren Fahrzeughändler, ob für Ihr Wagenmodell firmenseits schon eine Klimaanlage erhältlich ist, die dann auch leichter zu installieren ist.

Das 220-Volt-Netz in unserem Fahrzeug ist insofern besonders sorgsam zu verlegen, als ein Fehler zu einer Lebensgefahr werden kann. Ich möchte in diesem Zusammenhang auf die einschlägigen VDE-Bestimmungen hinweisen und jedem klarmachen, daß eine unsachgemäße Installation jeder selbst zu verantworten hat. Wenn man hier schon selber etwas installieren will, muß man die entsprechenden Vorschriften beachten, nur einwandfreies und geeignetes Material verwenden und besonders vorsichtig und genau arbeiten. Benötigt wird eine Außenanschluß-Steckdose, um über ein Verlängerungskabel von einer Stromquelle Netzstrom in das Fahrzeug zu bekommen. Innensteckdosen (Schuko-Dosen) werden nach Vorschrift dort installiert, wo kein Wasser hinkommen kann (Spritzer, Kochdunst!). Leuchten usw. sind selbstverständlich mit Erdungsanschluß zu installieren, also ist jede Leitung zumindest dreipolig (Phase, Null, Erde) zu verlegen. Gut bewährt hat sich bei normalen Anschlußwerten die Verwendung sogenannter NSHöu-Gummischlauchleitung, je nach Anzahl der erforderlichen Leitungen in der Ausführung 3 x 1,5 oder 5 x 1,5 mm². (Mindestquerschnitt!)

Hat man häufig Gelegenheit, seinen Energiebedarf aus einem genügend starken 220-Volt-Netz zu decken, beispielsweise auf einem Campingplatz, kann man auch an die Montage eines 220 V-Durchlauferhitzers für die Warmwasserbereitung (andernfalls muß man Gasdurchlauferhitzer nehmen) oder den Einbau einer elektrischen Fußboden-Flächenheizung denken. (Ltg. 3 x 2,5 mm²!)

Netz-Durchlauferhitzer oder Warmwasserspeicher kann man z.B. über

Fa. Walter Lilie in Leinfelden beziehen. Die Bezugsquellen für weitere Fabrikate oder für Fußboden-Flächenheizungen (z.B. System »Engels« speziell für Caravans) nennt der Fachhandel.

Hat man eine 220-Volt-Installation in seinem Fahrzeug und die Möglichkeit, gelegentlich davon Gebrauch zu machen, kann man sich auch mit dem Einbau eines Ladegerätes für die Fahrzeugbatterie beschäftigen. So ist man bei jeder Netzanschluß-Gelegenheit in der Lage, die strapazierten Batterien nachzuladen. Bei dieser Überlegung sollte man gleich auch an die Kontrollmöglichkeit der benötigten Strommenge denken und einen Zwischenzähler für Netzstrom einbauen zwischen Außensteckdose und Netzleitungen im Fahrzeug. Bei Verwendung der für Campingfahrzeuge speziell gefertigten Außensteckdosen kann man auf die Verwendung einer gesonderten Sicherung verzichten, da die Steckdose bereits mit Feinsicherungen versehen ist. Natürlich ist es im Rahmen eines kurzen Kapitels nicht möglich, Ihnen einen Schnellkursus in Schwach- oder Starkstromtechnik zu vermitteln. Allein das Gebiet Auto-Elektrik ist so umfangreich, daß darüber dicke Bücher geschrieben wurden. Im Einzelfall wird man also um das Studium der Fachliteratur nicht herumkommen.

Um ganz grobe gefährliche Fehler auszuschließen, möchte ich auch noch auf die genormte Farbmarkierung der Leitungsisolation hinweisen. So ist zum Beispiel die Phasenleitung durch eine braune Isolation gekennzeichnet, die Null-Leitung blau und die Erde hat eine gelbgrüne Kennzeichnung.

GAS-VERSORGUNG

Gas als Energiequelle für alle möglichen Verbraucher in einem Wohnmobil oder Wohnwagen ist sehr praktisch. Es ist sauber, leicht zu transportieren und zu verwenden, fast geruchlos, ungiftig (aber deshalb nicht ungefährlich!), und es ist noch relativ preiswert bei dem Bedarf eines Wohnmobils. In Deutschland wird vorwiegend Propangas verwendet, im Ausland Butan oder ein Gemisch beider Gase. Der Heizwert beider Gassorten ist nahezu gleich, Butan ist auch nicht billiger als Propan und hat zudem einen Nachteil: Bei Temperaturen um den Gefrierpunkt (wichtig bei Wintercampern) bleibt es flüssig und wird dadurch wirkungslos.

Verwendet wird Gas im Wohnmobil unter anderem für den Betrieb von (Gas-)Kühlschränken, Kochern, Zusatzheizungen, Durchlauferhitzern oder Warmwasserspeichern, Backöfen, Grills und nicht zuletzt für Beleuchtungszwecke.

Allerdings sind für die Lagerung und Verwendung von Gas in Fahrzeu-

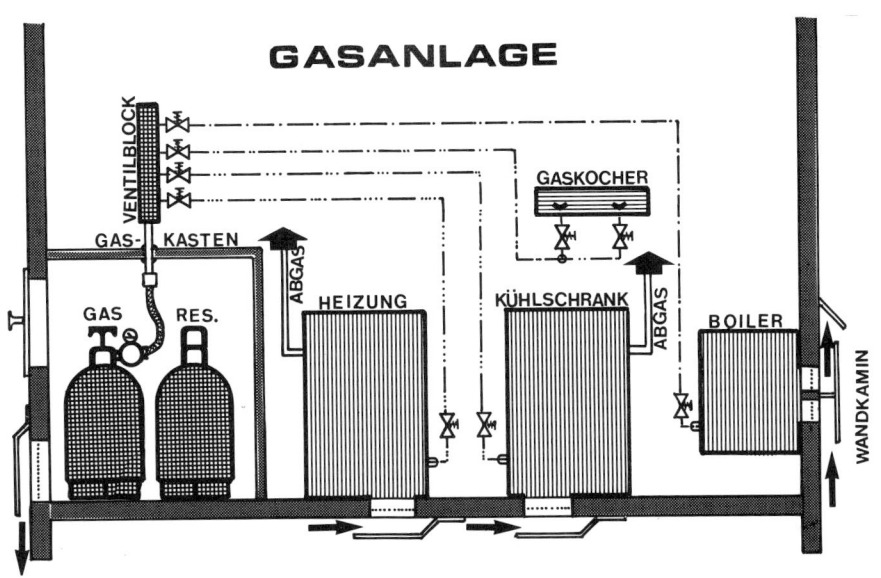

GASANLAGE

VENTILBLOCK

GAS- KASTEN

GASKOCHER

GAS RES.

ABGAS

HEIZUNG

KÜHLSCHRANK

ABGAS

BOILER

WANDKAMIN

gen wie Campingwagen oder Wohnmobilen strenge Vorschriften erlassen. Wer sich also eine Gasversorgung in einem Wohnmobil selber installieren möchte, muß sich in jedem Falle, schon zu seiner eigenen Sicherheit, an die »Richtlinien für die Installation von Flüssiggasanlagen in Caravans« halten. Für die Aufstellung der Vorratsflaschen im Fahrzeug, für die Leitungsverlegung, für die Abnahmeprüfung der Gesamtanlage usw. sind die »Techn. Regeln, Arbeitsblatt G 607« maßgeblich. Auch die entsprechenden Sicherheitsbestimmungen bezüglich Wartung und Bedienung solcher Anlagen sind zu beachten. Bedenken Sie, welche Verantwortung Sie bei einer mangelhaften oder schadhaften Gasversorgung tragen und informieren Sie sich lieber vorher ausführlich. Was schon bei der Elektro-Installation gesagt wurde, gilt in mindestens gleichem Maße bei der Gasanlage: Ehe Sie etwas falsch machen und unter Umständen zu verantworten haben, sollten Sie die paar Mark für eine fachgerechte Installation durch eine Firma opfern und dafür ruhig schlafen können.

Nach Beendigung der Montage muß die Anlage sowieso von einem sachkundigen Mitarbeiter einer Fachfirma überprüft werden. Außerdem ist ein Berechtigungsschein für den Kauf des Gases erforderlich, der alle zwei Jahre nach Kontrolle der Anlage verlängert wird.

Die Gasanlage im Wohnmobil besteht allgemein aus folgenden Baugruppen: Gasflaschen, Druckregelsystem und Druckkontrolle, Haupt-

Der Einbau einer Gas-
heizung ist nicht ein-
fach, weil die techni-
schen und Sicherheits-
vorschriften ziemlich
streng sind. Rechts ist
schon die Grundlage
für die künftige Sanitär-
zelle zu sehen.

und Geräteabsperrorganen, Rohrnetz, Verbraucher, Zu- und Ablufteinrichtungen.

Zu den einzelnen Gruppen möchte ich einige prinzipielle Hinweise geben, die aber weder Anspruch auf Vollständigkeit oder Gültigkeit haben können (infolge laufender Anpassung an den Stand der Technik)
noch die Verantwortung des Einzelnen auf Information übernehmen
können.

Gasflaschen

Innerhalb des Fahrzeugs sind in Deutschland zulässig maximal ca.
11 kg Gas. Das bedeutet, daß wir entweder eine 11 kg-Flasche oder (was
praktischer ist) 2 Flaschen a 5 kg verwenden können. Inwiefern größere
Gasvorräte außerhalb des Fahrzeugs, beispielsweise in einem nur von
außen zugänglichen Flaschenkasten zugelassen werden können, muß
von Fall zu Fall (vorher) geklärt werden. Mit einem Vorrat von 2 x 5 kg
reicht eine dreiköpfiger Familie bei Sommerreisen im allgemeinen rund
4 bis 6 Wochen, andernfalls kann man bei Winterreisen und Verwendung einer Gasheizung mit nur rund 1 Woche Gasvorrat rechnen.

Man muß dann am Urlaubsort eine Leihflasche besorgen oder die Flaschen nachfüllen lassen. Allerdings bereitet dies im Ausland häufig
Schwierigkeiten wegen andersartiger Verschraubungen usw. Näheres
hierzu weiter unten.

Gasflaschen müssen aufrecht stehen, in einem Halter fest angebracht
sein mittels zwei voneinander unabhängigen Spannvorrichtungen im

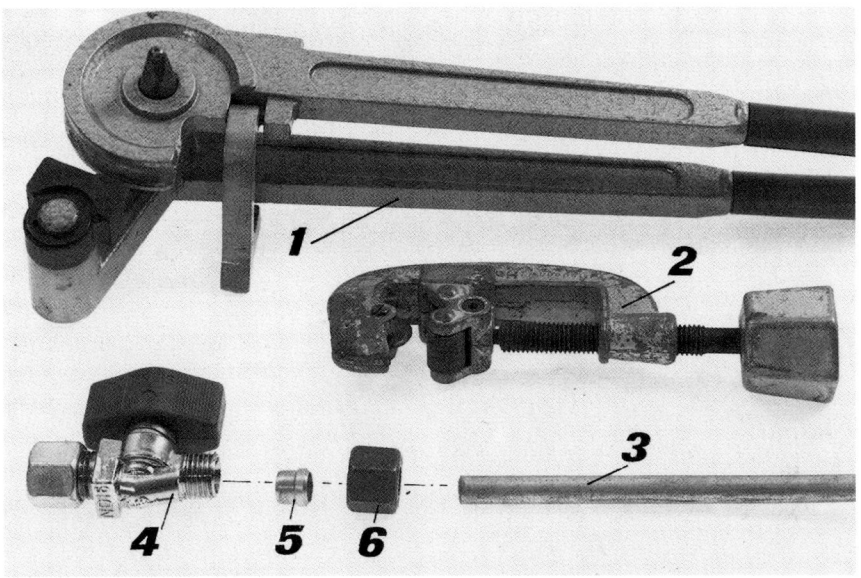

Arbeiten an der Gasversorgung: Mit der Biegezange (1) wird das Präzisionsstahlrohr (3) passend gebogen und mit Rohrabschneider (2) abgelängt. Überwurfmutter (6) und Schneidring (5) werden aufgeschoben und das Rohr durch Anziehen der Mutter an das Ventil (4) oder ein anderes Gasgerät gasdicht und lösbar angeschraubt.

Bereich des oberen Flaschendrittels oder mit einer Spannvorrichtung, wenn die Flaschen in einem Behälter installiert sind. Dabei kommt es auch auf die Befestigung gegen Verdrehen der Flaschen an. Die Flaschen sind gegen Sonneneinstrahlung (Wärme) und Zugriff Unbefugter zu sichern.

Bei der Aufstellung der Flaschen ist im Gasflaschenkasten im Boden oder in Bodennähe eine unverschließbare ständige Lüftungsöffnung von wenigstens 100 cm^2 zu schaffen, wobei diese Öffnungen wenigstens 100 cm von Heizquellen entfernt sein müssen. Während der Fahrt ist das Hauptabsperrventil, in diesem Falle das Flaschenventil, verschlossen zu halten. (Gasgefahr bei einem Unfall!)

Schon aus diesem letzten Grund empfiehlt es sich, die Gasflaschen in einem dicht schließenden Kasten zu montieren, weil man häufig an die Absperrorgane heran muß. Auch das Wechseln der Flaschen darf nicht zu umständlich sein.

Zur Wahl der Gasflaschen möchte ich noch auf einen wichtigen Punkt hinweisen: Die blauen Camping-Gas-Flaschen bis zu 3 kg sind nur dann für Wohnmobile erlaubt, wenn sie in von außen zugänglichem Flaschenkasten stehen und ein Sicherheitsventil haben.

Verwenden Sie daher möglichst nur 5- oder 11 kg-Propanflaschen.

Druckregelsystem:
Jeder Zubehörhändler und auch die Propanvertriebsstellen haben ein umfangreiches Angebot an Druckreglern usw. zu bieten. Druckregler dienen dazu, den hohen Speicherdruck in der Gasflasche auf Verbrauchsdruck zu reduzieren. In Deutschland und vielen Ländern Europas auf 500 mm Wassersäule (50 mbar), in England z.B. auf 300 mm WS. Diese Druckregler für den Wohnmobil-Einsatz dürfen nicht in geschlossenen Räumen verwendet werden. Deshalb empfiehlt sich unbedingt die Aufstellung in einem zum Innenraum hin gasdichten Gasflaschenkasten. Weil das vorgeschriebene (meist eingebaute) Sicherheitsventil bei Überdruck Gas abläßt. Oft sind Druckregler auch noch mit einem Manometer ausgestattet, das nicht nur eine Druckkontrolle gestattet, sondern auch eine Prüfung des Gasrohrnetzes auf Undichtigkeiten. Zwischen dem Druckregler und dem Rohrnetz benötigt man noch entsprechend lange typgeprüfte Druckschläuche. Für Wintercamper interessant ist ein kleiner, mit 12 Volt beheizter Widerstand, der das Vereisen des Reglers (bei Vorhandensein geringer Wasserspuren) verhindert. Das Gerät heißt Truma-Eis-Ex und wird mit einer Federklemme am Regler befestigt.

Absperr-Organe:
Gebräuchlich sind Schnellschlußventile verschiedener Hersteller in diversen Ausführungen. Zweckmäßig werden bei dem Einbau verschiedener Gasverbraucher im Fahrzeug an leicht zugänglicher Stelle sogenannte Anschluß-Blöcke verwandt. Das sind mehrere Schnellschlußventile mit den entsprechenden Verschraubungen, zu einer Einheit zusammengefaßt. So erspart man sich eine Reihe T-Stücke oder Abzweigungen, hat die gesamten Gas-Absperrorgane übersichtlich zusammen und nimmt dafür in Kauf, daß man etwas mehr Rohrleitung braucht, weil man ja von diesem Anschlußblock zu allen Verbrauchern eine Leitung führen muß. Truma bietet beispielsweise auch noch Schnellschluß-Abzweig-Ventile mit 3 Anschlüssen für vereinfachte Montagen an. Ferner gibt es auch Zwei-Wege-Abzweigstücke und Mehr-Wege-Abzweigstücke, wenn hinter dem Druckregler einer Gasflasche mehrere Gasverbraucher direkt angeschlossen werden sollen. Unabhängig von diesen Schnellschlußventilen im Rohrnetz ist jedes Gerät zusätzlich mit einem eigenen Absperr-Organ versehen.

Rohrnetz
Für die Rohrleitungen innerhalb des Fahrzeugs, soweit es Gasleitungen sind, wird allgemein verzinktes Stahlrohr von 8 mm ∅ bei 1 mm Wandstärke genommen, sogenanntes »Ermeto-Rohr«. Es wird mit einem speziellen Rohrschneider passend geschnitten, die Verarbeitung

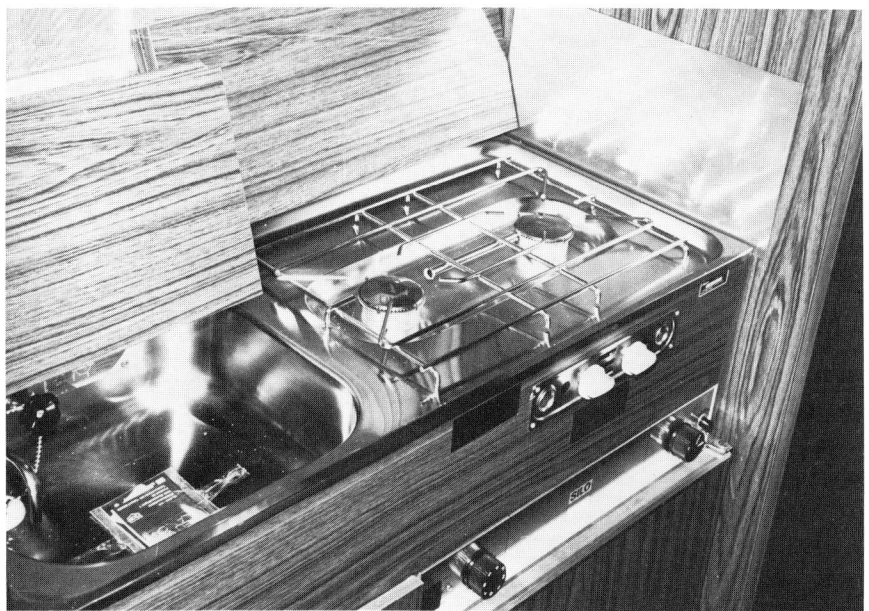

In einem größeren Küchenschrank wie hier sind eine Edelstahlspüle und ein zweiflammiger Gaskocher zusammengefaßt. Die geteilte Abdeckplatte ist sehr praktisch. Wichtig ist der seitliche Spritzschutz am Kocher. Unter dem Kocher hat der Kühlschrank einen günstigen Aufstellplatz gefunden. (Einrichtung Karosseriewerke Weinsberg).

mit einer Säge kann keinesfalls empfohlen werden, sie würde zu Verformungen und schiefen Rohrenden führen, abgesehen von den anfallenden und störenden Metallspänen. Bei der Rohrverlegung, die mit Schellen in den Möbeln oder an Wänden erfolgt, wird man entweder mit einer Rohrbiegezange oder mit Hilfe feinen trockenen Sandes die Bögen formen. Hat man dafür kein Werkzeug oder traut man sich das nicht zu, kann man auch Winkelverschraubungen, T- und Kreuzstücke, gerade Verschraubungen usw. kaufen, bei denen man dann lediglich gerade Rohrstücke verarbeiten muß. Für Leitungen, an denen man später noch etwas anschließen will, gibt es auch Rohrendverschraubungen oder Blindmuttern. Auch Schlauchkupplungen, Reduzierstücke und andere Montageteile sind erhältlich, hier sollte man sich beraten lassen. Zur Montage allgemein möchte ich sagen: Je weniger Verschraubungen innerhalb des Rohrnetzes gebraucht werden, desto weniger Fehlerquellen kann es geben. Bei unsachgemäßer Montage der Schneidringe der Ermeto-Verschraubungen oder bei Rohrverformungen durch falsches Ablängen der Rohre, kann es zu Undichtigkeiten im Gasrohrnetz kommen. Merkt man das erst nach Beendigung des Ausbaus, kann man möglicherweise das halbe Inventar demontieren müssen, bloß um an die undichte Stelle zu gelangen.

Bei der Verlegung der Rohre muß darauf geachtet werden, daß vor jedem Verbraucher ein Dehnungsausgleich des Rohres möglich ist, da durch Verwindungen des Fahrzeugs sonst womöglich die Leitung durch Spannungen reißen kann. Der Dehnausgleich kann durch Verlegung des Rohres in einer freien Schleife, in einem großen Bogen, als freigeführter Winkel oder spiralartig erfolgen. Lediglich schwenkbare oder herausziehbare Kocher dürfen bei **fabrikseitiger** Installation durch Schlauch (DIN 4815) mit der festen Leitung verbunden werden, wenn der Schlauch außerhalb der Wärmestrahlung des Kochers angebracht ist. Werden Rohre durch Wanddurchbrüche geführt, sind sie gegen Reibung zu sichern (Gummitüllen, Verschraubungen, Befestigung). Die Ventile zum Absperren der Rohre und Geräte müssen metalldichtend ausgeführt sein.

Verbraucher:
Grundsätzlich muß beachtet werden, daß in Fahrzeugen nur zündgesicherte Gasverbraucher angeschlossen werden dürfen. Am verbreitetsten ist der mehrflammige Gaskocher, oft mit einer Spüle kombiniert in einer gemeinsamen Edelstahlabdeckung. Gaskocher gibt es in so vielen, auch maßlich verschiedenen Ausführungen, daß für jeden Platzbedarf eine geeignete Type zu finden ist. Manche Kocher werden in größeren Wohnmobilen auch mit einem Backofen oder Grill kombiniert angeboten. Gas-Durchlauferhitzer (z.B. Fa. Lilie, Leinfelden) oder Warmwasserboiler bringen Komfort ins Wohnmobil, wenn man genug Platz und Geld hat. Auf Dauer gesehen rentiert sich ein Warmwasserbereiter bestimmt, einmal durch den größeren Komfort, zum anderen muß man sowieso häufig Wasser warm machen (Kochen, Abwaschen usw.) wozu man ja auch Gas braucht und außerdem viel Wasserdunst erzeugt, der sich dann als Kondenswasser sehr unangenehm bemerkbar macht.
Ebenfalls günstig ist der Anschluß des Kühlschrankes an das Gasnetz (soweit dafür vorgesehen) weil bei einem Gasverbrauch von ca. 200 Gramm pro Tag der langfristige Betrieb des Kühlschrankes möglich ist gegenüber Anschluß am 12 Volt-Netz. Bei der Kühlschrank-Montage sollte man die Bedienbarkeit beachten. Manche Modelle haben die Schalter und den Gas-Zündmechanismus so unglücklich angebracht, daß man ohne artistische Übungen nicht auskommt.
Gas-Heizungen werden im Kapitel Heizung – Kühlung – Lüftung eingehend zur Sprache kommen. Jedoch sollte man vor dem Kauf einer Zusatzheizung die Be- und Entlüftungsfrage der Heizung klären. Bei einer Heizung, die die Abgase unter den Wagenboden leitet, dürfen beispielsweise keinerlei andere Öffnungen im Wagenboden vorhanden sein! Also auch keine Zuluftöffnungen für Kühlschrank o.ä., keine

Einbau des Atwood-Heißwasserbereiters in die Fahrzeug-Außenwand. Vorteilhaft: Warmes Wasser wird durch Motor-Kühlwasser beim Fahren und durch Propangas im Standbetrieb erzeugt. Beim Einbau auf einwandfreie Abdichtung rundum achten, Dichtband verwenden.

Entlüftung für Gasflaschen im Wagenboden usw., so daß hierdurch ernste Probleme auftauchen. Aber es gibt ja genug Heizungsmodelle, die einen Abgaskamin nach oben vorsehen. Von der Lichtstärke und vom Energieverbrauch im Wohnmobil her gesehen sind auch die Gasleuchten eine gute Sache. Sie sind in der Helligkeit stufenlos regelbar. Nachteilig ist die Hitze-Entwicklung (keine leichtentflammbaren Teile wie Vorhänge, Deckenverkleidungen usw. in der Nähe!) auch besonders in den Sommermonaten. Außerdem verbrauchen sie Sauerstoff und erfordern deshalb eine ständige Zuluftöffnung.
Bezüglich der Aufstellung der Geräte muß (außer der rüttelsicheren Befestigung aller Teile, die an sich selbstverständlich sein sollte) auf die Beachtung der Richtlinien bezüglich Be- und Entlüftungsöffnungen hingewiesen werden.

Zu- und Ablufteinrichtungen:
In Fahrzeugen installierte Gasverbrauchsgeräte mit offener Flamme müssen den Vorschriften entsprechende Be- und Entlüftungsöffnungen im Fahrzeug bekommen. Die Mindestgröße einer Belüftung bei derartigen Geräten (z.B. Kocher) beträgt 150 cm^2. Offene Brennstellen dürfen übrigens nicht zum Heizen verwendet werden (schon in Ihrem eigenen Interesse!), und Heizgeräte im Fahrzeug müssen einen ge-

schlossenen Verbrennungsraum haben. Die Verbrennungsluft solcher Heizungen ist durch Zuluftstutzen von außen zuzuführen, Verbrennungsraum und Abgasführung sind gegen den Wagen innen völlig abzudichten.

Auch Beleuchtungen müssen unverschließbare Entlüftungsöffnungen von wenigstens je 10 cm² besitzen. Bei Kühlschränken muß die Verbrennungsluftzufuhr und die Abgasführung vom Innenraum abgedichtet sein.

Sonstiges:

Die Vorschriften für den Betrieb von Gasgeräten in einem Fahrzeug mögen kleinlich erscheinen, aber sie sind im Interesse Ihrer eigenen Sicherheit gemacht. Und es ist billiger, diese Vorschriften (nicht nur die paar Hinweise dieses Kapitels!) zu beachten, als den Erben Ihres Vermögens die Beerdigungskosten zu überlassen, wenn man einmal an den schlimmsten Fall denken will. Wenn Sie also selbst Ihr Wohnmobil mit einer Gasanlage versehen, lassen Sie es zumindest von einem Fachmann auf Herz und Nieren gründlich prüfen. Auch für die Prüfung und das Abdrücken der Anlage bestehen genaue Vorschriften. Ein erstes Hilfsmittel, selbst zu testen, ist Seifenwasser oder ein Spezialspray, das man auf die Verbindungen aufträgt. Auch das Manometer dient der Dichtigkeitskontrolle.

Hat man alle Gasverbraucher ordnungsgemäß angeschlossen, kann man vorab prüfen, ob irgendwo Undichtigkeiten auftreten. Dazu werden die Verbraucher mit dem Absperrventil am Gerät abgeschaltet, die übrigen Rohr-Schnellschlußventile geöffnet, bei geöffnetem Wagen (falls doch große Undichtigkeiten da sind) das Gasflaschenventil aufgedreht und am Druckreglermanometer beobachtet, ob sich der (in Deutschland vorgeschriebene) Druck von run 500 mm WS einstellt. Nach ca. 10 Minuten Wartezeit wird nun das Gasflaschenventil zugedreht und innerhalb der nächsten 10 Minuten darf sich der auf dem Manometer angezeigte Druck nicht verändern. Fällt der Druck ab, kann man mit Hilfe auf die Leitung gepinselter Seifenwasserlösung oder mit einem speziellen Lecksuchspray (auf alle Anschlußstellen aufsprühen) die Fehlstelle ermitteln, die sich durch Schäumen des aufgetragenen Mittels kenntlich macht.

Sind zu viele Leckstellen, muß man jede Leitung für sich unter Druck setzen, indem man die anderen Leitungen am Absperrblock ausschaltet.

Hilft das Nachziehen der Verschraubungen im fehlerhaften Leitungsteil nicht, muß das entsprechende Rohrteil ausgewechselt werden, weil vermutlich die Ablängung oder die Schneidringmontage nicht einwandfrei sind.

Läuft die Kontrolle auf Dichtigkeit zufriedenstellend, kann man noch die Geräte rund 15 Minuten in Betrieb setzen, um deren Funktion zu testen. Bei dieser Gelegenheit wird man auch die Abgasführung des Heizgerätes auf Dichtigkeit und Durchgang prüfen, die Wärmeentwik-Heizgerätes auf Dichtigkeit und Durchgang prüfen, die Wärmeentwicklung im Bereich der Brennstellen wie Kocher usw. und besonders oberhalb der Gasleuchten, da diese sowieso meist schon relativ hoch montiert werden. Die Brandgefahr, besonders bei Kunststoff-Dachverkleidungen usw. sollte keinesfalls verniedlicht werden.

Bei Heizungen, ob mit oder ohne Luft- bzw. Warmwasserumwälzung, ist auch die Wärmeentwicklung an den Heizkörpern selbst bzw. an den Warmluftleitungen zu prüfen.

Wurde nach Abschluß der Arbeiten eine Beschädigung der Verzinkung an den Rohrleitungen festgestellt, sind die beschädigten Oberflächenteile mit Rostschutzanstrich und Decklack zu versehen, sonst ist in kurzer Zeit die nur 1 mm dicke Rohrwandung durchgerostet und damit undicht. Aus diesem Grund werden auch bei der Verlegung der Rohre möglichst nur Gasrohrschellen oder solche aus Plastik (notfalls) verwendet.

HEIZUNG – KÜHLUNG – LÜFTUNG

Ein angenehmes Raumklima ist nicht nur zu Hause wichtig, sondern besonders in einem relativ kleinen Raum, wie es ein Wohnmobil ist. Zum guten Klima gehört eine gute Be- und Entlüftung des Raumes genauso wie Heizung oder Kühlung, in Komfortfahrzeugen sogar Klimatisierung. Zunächst zu den Zusatzheizungen.

Heizung:
Drei Heizungsarten sind in Wohnmobilen, abgesehen von Ausnahmen, gebräuchlich. Die Benzin- oder Diesel-Standheizung, meist vom Hersteller des Fahrzeugs auf Wunsch mitgeliefert, kann durch uns allenfalls mit einer Thermostatregelung verbessert werden, weitere Änderungen, abgesehen von der Warmluftführung, sind nicht möglich. Nachteilhaft kann sich unter Umständen das Brennergeräusch in den Nachtstunden bemerkbar machen, wenn man nicht eine entsprechende Schalldämmung (beim Ausbau des Wagens durch entsprechende Polster, Wandverstärkungen usw.) vorsieht. Die beiden anderen Heizarten sind Öl- und Gas-Zusatzheizungen. Preislich bestehen keine wesentlichen Unterschiede. Auch die Heizleistung entscheidet nicht zu Gunsten einer Art. Persönlich sagt mir die Gasheizung mehr zu, obwohl die Heizkosten etwas höher liegen. Aber einen Extra-Brenn-

So kann der Gas-Heizungs-Einbau im Unterteil eines Kleiderschrankes vorgenommen werden, ohne im gesamten Kleiderschrank viel Platz zu verlieren. So kommt man auch zur Bedienung gut an die Heizung heran.

stoff wie Öl mitzuführen, obwohl Gas sowieso im Wagen ist, ist mir einfach zu unbequem. Auch gelegentliche Geruchsbelästigungen durch das Öl können auftreten. Hier sollte aber jeder selbst entscheiden. Anders ist die Frage, ob man Warmluft- oder Warmwasserheizungen nimmt. Warmwasserheizungen erfordern einen etwas größeren Montageaufwand, da Rohrleitungen (dicht) verlegt werden müssen, Konvektorenheizkörper oder zumindest Rohrspiralen installiert sein wollen und außer dem Warmwasserheizkessel auch noch eine Umwälzpumpe (oft schon eingebaut im Kessel) zu montieren ist. Wer das alles nicht scheut, kann eine angenehme Heizung bekommen, die allerdings eine etwas längere Aufheizzeit braucht, als die weitverbreitete Warmluftheizung, mit oder ohne Umwälzung. Gasheizungen gibt es in verschiedenen Größen und Ausführungen. Je nach Einbaumöglichkeit im Wohnmobil kann man die Abgasleitung unter dem Wagenboden, über Dach oder zur Seitenwand bzw. Rückwand vornehmen. Die Frischluftzufuhr für den Brennraum erfolgt ebenfalls vom Boden oder der Seite her. Gasheizungen arbeiten entweder mit selbsttätiger Luftumwälzung durch Auftrieb (dabei kann es bei ungünstigem Aufstellort der Heizung zu »kalten Füßen und heißen Köpfen« kommen, weil die

Umwälzung nicht überall hinkommt), oder sie haben zur Verbesserung der Umwälzwirkung ein gesondertes Lüftungssystem mit integriertem Ventilator. Fa. Truma beispielsweise bietet außer den normalen, mit hohem Wirkungsgrad arbeitenden Gasheizungen die Möglichkeit, die zwar teure, aber auch sehr praktische »Trumatic e« einzubauen. Diese Kompaktheizung (ein Einbaubeispiel in einem Staukasten sehen Sie unten) hat ein kastenförmiges Alu-Gehäuse, das auch bei Dauerbetrieb relativ kalt bleibt und in fast jeder Lage, selbst in der Nähe wärmeempfindlicher Werkstoffe eingebaut werden kann. Das Gehäuse enthält die vollkommen abgekapselte Brennkammer, die durch Spezial-Kamine entweder durch den Wagenboden, durch die Fahrzeug-Seitenwand oder durch das Dach ihre Zuluft bekommt und auch ihr Abgas ableitet. Außerdem ist im Gehäuse noch die Regelelektronik und der geräuscharm laufende 12 Volt-Umluftventilator untergebracht. Der regelbare Raumtemperaturfühler, der Umschalter für Heizung/Lüftung, der Umluft-Zweistufenschalter, die Betriebs-und die Störanzeige sind in einem kleinen Kästchen untergebracht, das über ein flexibles Kabel mit dem Gerät verbunden ist und im Raum montiert wird. Bei Verwendung des Bodenkamins dürfen sich im Wagenboden selbstverständlich keine weiteren Öffnungen befinden! Ist zwischen Fahrerhaus

Teuer, aber optimal: »Trumatic e«. Elektronisch geregelt, Fernsteuerung, fast in jeder Lage montierbar, kaltbleibendes Gehäuse, wahlweise Boden-Seiten- oder Dachkamin, mehrstufiger Umluftventilator eingebaut.

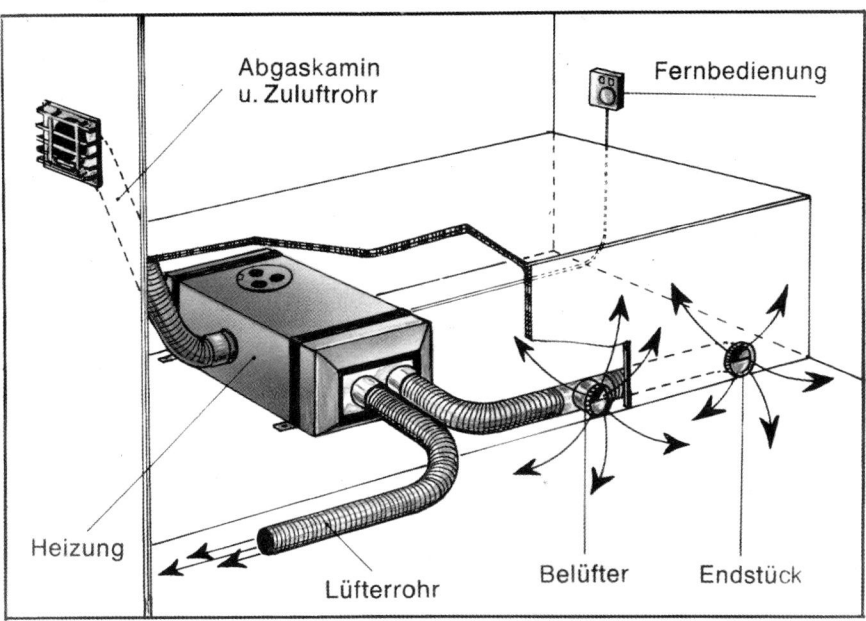

und Wohnteil ein Durchgang vorhanden, darf nur eine bauartgenehmigte Heizung eingebaut werden! Der Einbau von Gasheizungen in Wohnmobile bereitet keine Schwierigkeiten, wenn die Montage rechtzeitig geplant wird. Im allgemeinen wird in den Wagenboden eine Öffnung geschnitten für die einzuschraubende Frischluftzuführung zum Brenner, im Dach wird eine Öffnung für den Abgaskamin vorgesehen, der dort wasserdicht rausgeführt wird. Abgaskamine sind meist flexible Rohre, die an der Wand oder in Möbeln hochgeführt werden. Die Luftzu- und Abfuhr am Heizkörper erfordert noch etwas Überlegung, damit man eine günstige Strömungswirkung erhält und sich nirgends Möbelteile überhitzen können. Bei Wohnmobilen mit Durchgang zwischen Wohnteil und Fahrerhaus verlangt der TÜV, daß die verwendete Heizung im Wohnteil bauartgenehmigt ist! Hierauf ist unbedingt zu achten, wenn man nicht Ärger bekommen will!

Kühlung:
Wer bereits ab Werk eine Klimaanlage in seinem Fahrzeug eingebaut hat, ist natürlich fein raus. Derartige Anlagen kann man auch für kleinere Fahrzeuge erhalten, fragen Sie bitte Ihren Autohändler, ob etwas Passendes für Ihr Fahrzeug erhältlich ist (und was der Einbau kostet). Eine andere Möglichkeit wäre der Besuch einer größeren Autoverwertung mit der Absicht, eine ausgeschlachtete Klimaanlage passender Größe zu erwerben. Allerdings ist der Einbau keine Kleinigkeit und sollte nur von erfahrenen Bastlern vorgenommen werden.
Leistungsstarke Klimageräte speziell für Wohnwagen bietet beispielsweise die Firma Coleman Company Inc. in Hamburg an. Auf Grund der erforderlichen Leistung sind derartige Geräte jedoch häufig für Netzstrom (220 Volt) ausgelegt und außerdem nicht ganz leicht. Da sie meist auf dem Wagendach montiert werden, wird bei kleinen Fahrzeugen bereits die zulässige Dachlast erreicht, und gerade kleine Wohnmobile sind oft auf einen Dachgepäckträger angewiesen. Die Montage aber ist sehr einfach, da solche Geräte meist steckerfertig geliefert werden.

Lüftung:
Auch eine gute Lüftung kann schon Kühlung sein, aber sie ist mehr. Abgesehen von den vorgeschriebenen Mindestlüftungs- und Entlüftungsöffnungen im Fahrzeug für Geräte mit offener Flamme, die mit Kiemenblechen, Dauerlüftern usw. recht einfach herzustellen sind, gibt es mehrere Möglichkeiten einer guten Belüftung des Fahrzeugs: Einbau von Bodenbelüftern (abdeckbare Gitterroste im Wagenboden o.ä.), Einbau von Dachhauben, Dachlüftern oder Pilzlüftern, motorgetriebenen oder strömungsgesteuerten Entlüftern (z.B. Electrolux), Einbau

von Aufstellfenstern (möglichst in Isolierglasausführung), Einbau von Lüftungsklappen in Dach oder Seitenwände (im Campingfachhandel), Einbau eines Hub- oder anderen Aufstelldaches, Einbau größerer Kiemenbleche. Für die Küchendunst-Absaugung hat Truma einen besonderen Küchenlüfter für Netz- oder Batteriestrom, der allerdings nicht billig ist. Über dem Kochbereich angebracht, saugt er die Dämpfe ab und drückt sie durch eine Außenabdeckung ins Freie. Auch Ventilatoren können zu Lüftungszwecken benutzt werden, wenn man die entsprechende Netz- oder Batterieausführung wählt. Allerdings sollte man die mögliche Geräuschentwicklung bedenken, die nachts unter Umständen stören kann. Zum Durchwirbeln der Luft im Fahrzeug, besonders abends vor der Bettruhe, ist so ein Miefquirl aber durchaus praktisch. Übrigens Abendluft: Bei allen Be- und Entlüftungsöffnungen im Fahrzeug sollten Sie Fliegengitter oder Mückenschutzvorhänge vorsehen, entweder fest montiert oder zumindest mit Klettband oder Magnetleisten anzubringen. Wenn sie einmal eine Nacht lang als Kleintierjäger auf Mückenjagd im Wohnmobil tätig waren, wissen Sie, wie wichtig so etwas sein kann.

Optimalen Schutz bieten Kombinationsrollos, bei denen sowohl Mückenschutzgaze als auch Verdunklungsvorhang in einem Rahmen zusammengefaßt sind.

Wenn in Ihrem Wohnmobil Dachlüfter eingeplant sind, achten Sie bitte bei der Montage (auch bei anderen Durchbrüchen in der Karosserie) auf einwandfreie Regendichtung! Wenn der Fahrtwind Ihnen Regenwasser in die Wärmeisolierung drücken kann, haben Sie fehlerhaft gearbeitet, und dabei ist eine Tube Silikonkautschuk o.ä. wirklich nicht das Teuerste.

Beim Kauf von Dachhauben achten Sie bitte darauf, daß erstens die Haube solide, wenn möglich zweischalig (Wärmeisolation) ist, und daß zweitens die Bedienungselemente (Scheren o.ä.) leicht zu bedienen gehen. Eine Haube, die nur schwer zu handhaben ist, wird nach kurzer Zeit überhaupt nicht mehr benutzt. Wählen Sie sie auch nicht zu groß, denn der Wärmeverlust ist beträchtlich. Sie ist auch bruchempfindlich, je größer sie ist.

Bodenbelüftungen lassen sich auf verschiedene Art herstellen. Sport-Berger z.B. bietet in seinem Katalog eine praktische Boden-Lüftungsklappe aus Kunststoff an, die verschließbar ist, aber auch zum Saubermachen als »Müllschlucker« zu öffnen geht.

Auf Lüftungen innerhalb der Einrichtung, also Möbellüfter, Polsterlüftungsfolie usw. werden wir im Kapitel Möbelbau noch zu sprechen kommen.

Die Wasserversorgung im Wohnmobil bedarf genauer Überlegungen. Nicht etwa, weil hier übereifrige Beamte alles mögliche vorschreiben, sondern weil die Anlage wirklich zweckmäßig eingerichtet sein sollte, in hygienischer, mengenmäßiger, komfortabler und praktischer Hinsicht. Preisliche Überlegungen sind hier nicht ausschlaggebend, selbst eine qualitativ hochwertige Pumpe (12 Volt) ist im Verhältnis zu dem Komfort und der Lebensdauer, die sie bietet, erschwinglich.
Die Wasserversorgung besteht aus dem Frischwasserbehälter, der Fördereinrichtung, der Wasserleitung, den Armaturen wie Hähnen usw. und der Abwassereinrichtung.

Frischwasser-Behälter:
Der Tagesverbrauch pro Person für Waschen, Kochen und Trinken liegt bei 6 bis 8 Liter, bei entsprechend komfortablen Wohnmobilen mit Dusche usw. auch beträchtlich höher. Bei drei Personen im Fahrzeug bedeutet das also bereits 24 Liter Wasservorrat pro Tag. Je nach den Fahrten, die man vor hat, muß man die erforderliche Wassermenge kalkulieren. Im allgemeinen wird man, in Europa zumindest, damit rechnen können, täglich Frischwasser an Bord nehmen zu können. Steht man allerdings beispielsweise an einem Strand, wo kein Wasserhahn in der Nähe, so ist man bereits gezwungen, täglich auf Wasserholen zu

Beim festen Einbau eines Frischwassertanks ist wichtig, ihn gut (z.B. durch Montage-Lochband) am Boden zu verankern und rundum alle Teile durch Verkleiden mit Folie o.ä. gegen das Schwitzwasser des Tanks zu schützen. Wichtig ist auch eine große, verschließbare Reinigungsöffnung im Tank.

fahren. Man kann sich aber für solche Zwecke auch gut mit zusätzlichen Falttanks ausrüsten und braucht nicht den Extremfall als Kalkulationsbasis zu nehmen. Die Frage ist, soll man Einbautanks oder lose Kanister nehmen, um seinen Frischwasservorrat im Fahrzeug unterzubringen. Hat man im Fahrzeug Platz, Tanks auf oder unter dem Wagenboden anzubringen, und kann diese Tanks für Reinigungsarbeiten leicht erreichen, so sollte man schon aus Gewichtsverteilungs-Gründen diese Lösung ernsthaft in Betracht ziehen. Für alle übrigen Fälle, vor allem bei kleineren und mittleren Fahrzeugen, empfehle ich spezielle, transportable Wasserkanister mit Weithalsöffnung. Erstens lassen sich diese leicht überall im Wagen verstauen, sie lassen sich leicht an jedem Wasserhahn füllen, man kann sie gut noch tragen, sie lassen sich auch leicht reinigen. Auch die Menge des Wasservorrats läßt sich leicht übersehen, denn die Kanister sind transparent.

Wasserkanister gibt es in den verschiedensten Abmessungen und Ausführungen, so daß eine gute Anpassung an Möbelmaße möglich ist. Bei der Wahl der Vorratsmenge, die man mitführen will, sollte bedacht werden: Erstens hält sich chemisch unbehandeltes Trinkwasser je nach Temperatur nur ein bis drei Tage. Zweitens nimmt ein großer Wasservorrat viel Platz weg. Drittens wiegt Wasser allerhand und verringert so die übrige Nutzlast.

Also immer nur soviel mitnehmen, wie tatsächlich nötig ist. Bei Sahara-Durchquerungen wird das mehr sein müssen als bei einer Reise durch Frankreich oder Schweden. In meinem Wohnmobil bin ich, bei drei Personen, mit 2 Kanistern a 15 Liter ganz gut ausgekommen, wenn ich bei jeder günstigen Gelegenheit auffüllte. Eine gute Sache sind ein oder zwei Trinkwassersäcke oder faltbare Wasserboxen (z.B. Fa. Sport-Berger), die leer kaum Platz wegnehmen. Volle Wasserkanister kann man als Vorrat da im Fahrzeug unterbringen, wo sie den Schwerpunkt günstig beeinflussen. Der Kanister, der an die Wasserversorgung gerade angeschlossen ist, braucht auch nicht hoch zu stehen, denn die Pumpen fördern meist 2 bis 3 m hoch. Wichtig ist die Reinigung der Anlage und vor allem der Kanister mit einem keimtötenden Mittel wie z.B. Keimex (Sport-Berger o.ä.), die regelmäßig vorgenommen werden sollte.

Fördereinrichtungen:
Die einfachste und vor allem billigste Methode der Wasserförderung ist die Schwerkraft. Ein Wasserbehälter mit Auslaufhahn, in einem Oberschrank untergebracht, und schon ist die Wasseranlage fertig. Allerdings liegt der Schwerpunkt dadurch wieder etwas höher (Wassergewicht) und es ist auch nicht jedermanns Sache, die schweren Kanister so hoch zu wuchten.

Bequemer ist eine durch Pumpen versorgte Anlage. Es gibt verschiedene Systeme: Eine Handpumpe saugt das Wasser in die Leitung, man muß also mit einer Hand pumpen und sich mit der anderen (die Hände?) waschen. Nicht sehr komfortabel, aber preiswert und robust. Eine andere Möglichkeit ist die Druckluftanlage. Mit einer speziellen Luftpumpe wird im (luftdicht verschlossenen) Kanister ein Überdruck erzeugt, der beim Hahnbetätigen das Wasser dort hindrückt. Läßt der Druck nach, sinkt auch die Fördermenge, man muß wieder pumpen. Die nächste Möglichkeit ist eine elektrische Wasserpumpe. Z.B. als Tauchpumpe, die im Behälter unter Wasser steht. Durch Schalter oder Drucktaster bekommt sie Strom und fördert so lange, wie der Schalter betätigt wird. Dies ist eine sehr wassersparende Methode. Da die Wasserhähne jedoch nicht absperrbar sein dürfen (sonst arbeitet die Pumpe gegen die gesperrte Leitung), kann man mit einer Pumpe nur eine Wasserstelle versorgen, weil sonst alle Hähne gleichzeitig laufen würden. Hat man mehrere Zapfstellen, empfiehlt sich bei diesem System der Einsatz mehrerer Tauchpumpen und auch getrennter Schalter. Komfortabler dagegen sind automatische Wasser-Versorgungsanlagen. Dabei gibt es zwei unterschiedliche Systeme, das Druckwasser- und das Druckluftsystem. In jedem Fall werden statt der elektrisch schaltenden Automatik-Hähne ganz normale absperrbare Wasserhähne verwendet. Bei automatischen Wasserversorgungen können mehrere Zapfstellen und auch Geräte wie z.B. Warmwasserbereiter, Gas-Durchlauferhitzer usw. an die Anlage angeschlossen werden, sofern die Anlage druckmäßig dafür ausgelegt wurde.

Bei dem ersten System saugt eine (selbstansaugende) Automatik-Pumpe das Frischwasser aus dem Tank bzw. Kanister und drückt es in das Leitungsnetz. Sobald die Pumpe kurze Zeit gelaufen ist und wenn die Wasserhähne abgedreht sind, baut sich im Wasserleitungsnetz ein Überdruck auf. Eine Druckmeßdose an der Pumpe reagiert, sobald der Überdruck eine entsprechende Höhe hat und schaltet die Pumpe aus. Sobald Wasser entnommen wird, sinkt der Druck und die Pumpe beginnt erneut zu arbeiten. Ein zusätzlicher Druckspeicher dient dazu, unnötig häufiges Schalten der Pumpe zu vermeiden. Wenn man längere Zeit vom Wohnmobil weg ist, sollte man die Pumpe gesondert abschalten, um mögliche Pannen zu vermeiden.

Das zweite System setzt einen luftdicht abgeschlossenen Wassertank voraus. Ein mit 12 Volt betriebener Kleinkompressor pumpt Luft in den Wassertank oberhalb der Wasseroberfläche, bis ein bestimmter Druck erreicht ist und den Kompressor abschaltet. Wird ein Wasserhahn geöffnet, drückt die Druckluft das Wasser aus dem Tank durch die Leitung zur Zapfstelle. Dabei sinkt natürlich der Luftdruck im Wassertank, der Kleinkompressor schaltet sich wieder ein und arbeitet so lange, bis wieder ein entsprechender Überdruck hergestellt ist.

Wasserleitungen:

Üblich sind als Installationsmaterial für Wasserleitungen die gewebe-verstärkten PVC-Schläuche (trinkwassergeeignet) in 9 mm, 10 mm oder 12,7 mm lichtem Durchmesser. Sehr praktisch sind auch Kupfer-rohre, bei denen nur die Anschlußstellen aus flexiblem Schlauch sind, oder Hart-PVC-Rohre. Als Abwasserschläuche werden meist PVC-Schläuche 25,4 mm ⌀ (1") verwendet.

Bei der Verlegung der Leitungen sollte man, abgesehen von so logi-schen Überlegungen wie kurze Leitungsführung und weite Bogen, vor allem auf die möglichst frostfreie Verlegung achten. Gerade bei Fahr-zeugen für Wintercamping (und wer will das ausschließen bei den heu-tigen Wetterverhältnissen) kann eine Leitung im Außenwandbereich schnell einfrieren. Eine gut isolierte oder neben dem Heizrohr verlegte Leitung ist selbst bei 20 Grad minus noch frei. Für Abzweigungen usw. gibt es T-Stücke oder Kreuzstücke, auch entsprechende Reduzierteil-le, wenn man den Leitungsquerschnitt ändern will.

Die Leitungen sollten möglichst keine »Wassersäcke« bilden, also nicht durchhängen, damit man bei der Reinigung das Mittel glatt durchlaufen lassen kann, ohne daß Rückstand bleibt. Schläuche sollte man bei der Montage (notfalls mit Hilfe von Gleitfett) immer so weit wie möglich auf die Stutzen schieben und immer mit Schlauchschellen befestigen, damit man nicht später das Wasser da hinbekommt, wo es nicht hin soll.

Auch an die Wasserleitung für die Dusche (selbst wenn sie erst für spä-ter vorgesehen wird) sollte man rechtzeitig denken. Und natürlich, falls Platz vorhanden, an die Wasserleitung zum Handwaschbecken im Toi-lettenraum.

Armaturen:

Vorwiegend sind darunter Wasserhähne, Duschköpfe usw. zu verste-hen, wenn es sich um die Wasserinstallation im Wohnmobil dreht. Aus-laufhähne gibt es mit und ohne Absperrventil (je nach Pumpensystem, siehe oben) und für seitlichen oder oberen Anschluß am Waschbek-ken. Fast alle sind entweder schwenkbar oder so eingerichtet, daß man sie ins Waschbecken drehen und dieses mit einer Platte abdecken kann.

Die Automatik-Wasserhähne haben immer einen zusätzlichen Schal-ter, beim Hahnbetätigen kann über diesen Schalter die Pumpe mit Strom versorgt werden.

Duschköpfe bzw. Schlauchbrausen gibt es in genügender Auswahl im Fachhandel, ebenso Mischventile für Warmwasseranlagen.

Geräte und Zubehör:

Immer mehr Wohnmobile, zumindest mittlere und große, haben eine Warmwasserbereitung eingebaut. Da meist nicht mit Netzstrom zu rechnen ist (außer bei ständigen Campingplatzbesuchen), sind die Warmwasserbereiter für Gasbetrieb ausgelegt. Praktisch z.B. der Truma-Boiler (10/14 l) für Gas oder das Atwood-Gerät (18 l) für Gas- und Kühlwasserbetrieb. Bei etwas Platz im Wohnmobil sollte man diesen Komfort in Erwägung ziehen, denn Wasser muß man doch häufig warm machen. Jedesmal den Kocher in Betrieb zu setzen, einen Topf mit Wasser aufzusetzen und dann noch die Wasserdampfmengen im Wagen zu haben, sind auch keine erfreulichen Dinge. Allerdings erfordert der Durchlauferhitzer wieder Zuluft- und Abgasanschluß, Gasleitung, Wasserleitung und etwas Platz. Lilie bietet aber auch Netzstrom-Warmwasserbereiter an, wie sie auch viele andere Zubehörgeschäfte im Programm haben. Allerdings muß bei diesen Geräten mit einer Leistung von 1000 bis 1200 Watt geklärt werden, ob das der jeweilige Campingplatz-Stromanschluß verträgt. Nicht alle Plätze sind so gut ausgerüstet, diese Leistungen jedem Wagen zur Verfügung zu stellen.

Als Gerät kann man die verschiedenen Waschbecken und Edelstahlspülen eigentlich nicht bezeichnen, die für Wohnwagen und Wohnmobile in einer unübersehbaren Vielfalt angeboten werden. Man kommt aber nicht ohne aus. Wird nur ein Becken vorgesehen, das zum Waschen und für die Küche herhalten muß, rate ich unbedingt zur Edelstahlausführung. Hat man noch weniger Platz und muß bereits rätseln, wo man den Kocher läßt, rate ich zu einer Mini-Kombination von 2-flammigem Gaskocher und Spüle mit Hahn in Edelstahlausführung, die zusammen nur 46 x 48 x 12 cm Platz braucht (Sport-Berger o.ä.). Geräumigere Küchen können eine Kombination von Kocher/Spüle mit ca. 400 x 1050 mm vertragen. Reicht der Platz für ein gesondertes Handwaschbecken, kann man aus Gewichtsgründen ein Plexiglasbecken (ca. 50 x 33 cm) verwenden, oder man nimmt emaillierte Stahlbecken oder Kunststoffbecken, besonders die Eck-Ausführungen sind aus Platzgründen sehr interessant. Will man aus Kostengründen zunächst völlig auf eine Wasserversorgung verzichten, kann man auch eine Waschbox kaufen, die, wie ein Koffer zusammengelegt, aus Wasserkanister mit Seifenschale usw. und einem Deckel als Waschschüssel besteht. Große und dementsprechend komfortable Wohnmobile können auch mit einer Brausewanne oder Sitzwanne ausgerüstet werden, sogar richtige Badewannen sind für diese Zwecke erhältlich. Benutzt man sein Wohnmobil beruflich, sozusagen als zweite Wohnung, oder hat man einen festen Standplatz, so wird sich die Frage der Wasser- und Stromversorgung klären lassen. In diesen Fällen kann man sogar erwägen, den Komfort durch Erwerb einer kleinen Waschmaschine für Campingzwecke oder einer kleinen Geschirrspülmaschine wesentlich zu erhöhen. Allerdings ist bei einer dann unvermeidlichen Abhängigkeit vom Stromnetz und der Wasserleitung die Mobilität des Fahrzeugs weg. Dann hätte man vielleicht für weniger Geld mit einem Mobilheim mehr Platz bekommen.

Abwassereinrichtung:
Die einfachste Methode ist ein Stück Kunststoff-Schlauch, der vom Abfluß des Spül- oder Waschbeckens bzw. anderer Teile durch den Wagenboden nach draußen geführt wird. Diese »Abwassereinrichtung« ist nicht störanfällig, auch Bedienungsaufwand fällt nicht an und zudem ist sie sehr preiswert. Leider haben so viele Vorteile auch ein paar Nachteile: Erstens bildet sich unter dem Fahrzeug sofort eine Pfütze, wenn man nicht vorher einen Eimer unter jeden Ablauf gestellt hat. Man kommt also unter Umständen noch nicht einmal trockenen Fußes in den Wagen. Zweitens ziehen Seifenlachen (vom Waschen usw.) Mücken an. Bei längeren Aufenthalten an einer Stelle zieht man also die Plagegeister selbst in Wagennähe. Drittens macht es keinen guten Eindruck, wenn am Straßenrand oder auf einem Parkplatz unvermutet aus einem Fahrzeug etwas herausplätschert. Das mag mancher Anlieger nicht, und auch der Besitzer des Nachbarwagens wird nur ungern Spritzer an seinem Fahrzeug entfernen wollen. Bei etwas komfortableren Wohnmobileinrichtungen wird man daher dazu übergehen, einen Abwassertank mit Ablaßhahn unter dem Wagen zu installieren. 30 bis 40 Liter Inhalt reichen meist schon, wenn man bei einem kurzen Halt unterwegs das Abwasser mit Schlauch oder auch direkt in einen Gully leitet.
Manche TÜV's verlangen den Einbau von Abwassertanks dann, wenn feste Frischwassertanks eingebaut werden. Abwassertanks gibt es in den verschiedensten Abmessungen und Werkstoffen im Zubehör-Handel. Sie sollten immer besonders stabil befestigt werden, weil auf schlechter Straße bei vollem Tank erhebliche Kräfte auftreten können. Leiten Sie aber bitte nur Abwasser in den Tank, Fäkalien haben da nichts drin zu suchen. Eine viel einfachere und billigere Methode ist es, in einem genügend großen Küchenblock unterhalb der Spüle einen genügend großen Abwasserkanister aufzustellen. Er sollte einen Ablaßhahn mit Schlauchanschluß haben, damit man ihn nicht für jede Leerung herausnehmen muß. Der Abwasserschlauch vom Spülbecken in den Kanister muß entweder so gut eingedichtet werden, daß bei vollem Kanister kein Wasser überlaufen und den Küchenblock verunreinigen kann (allerdings blubbert dann die Leitung, wenn der Kanister nicht entlüftet ist), oder man schafft am Kanister einen entsprechenden Überlauf ins Freie, falls man mal nicht aufgepaßt hat. Bei der Planung

des Küchenblocks findet sich sicher noch ein Plätzchen, vielleicht hinter dem Kühlschrank? Wichtig ist bloß, daß der Kanister gegen Gerüche aus seinem Inneren gut abgedichtet ist. Man kann dazu entweder die Abflußleitung mit einem durchängenden Bogen versehen oder einen fertigen Geruchsverschluß unter der Spüle montieren. Auch bei einem gesonderten Handwaschbecken sollte ein Geruchsverschluß und ein Abwasserkanister nicht als Luxus bezeichnet werden, ein Eckchen in einem außerhalb des Toilettenraumes stehenden Möbelteil findet sich meistens noch, um den Kanister unterzubringen. Bei einer Dusche ist das Abwasserproblem schon etwas schwieriger, weil die Duschtasse sehr flach ist und darunter kein Platz für Auffangkanister. Aber entweder nimmt man in solchen Fällen einen Außentank in Angriff oder man duscht in Gegenden, wo das abfließende Wasser niemanden belästigt. Übrigens, sollte Ihr Abwassertank doch gelegentlich eine »anrüchige« Sache sein, geben Sie einfach eine kleine Dosis von der Sanitärflüssigkeit hinein, die Sie auch für Ihre Toilette verwenden.

Wasser-Qualität:
Bei dem Thema Wasserversorgung sollte ein Hinweis auf ein recht wichtiges Thema nicht fehlen, nämlich auf die Erhaltung einer einwandfreien Wasserqualität. Hierfür ist erstens wichtig, den Frischwasserbehälter, alle Geräte und das gesamte Wasserleitungsnetz aus trinkwassergeeignetem Material zu bauen. Zweitens müssen alle Teile auch leicht zu reinigen gehen, vor allem der Tank von innen. Drittens ist durch Zugabe von Trinkwasser-Entkeimungskonzentraten (aquafresh, Certisil-Combina u.ä.) zum Trinkwasservorrat und durch häufigen Wasserwechsel für gutes Wasser zu sorgen.

Toilette/WC:
Nicht alle angebotenen Toiletten bzw. WC haben mit der Wasserversorgung unserers Fahrzeuges zu tun, der Einfachheit halber soll dieses Thema aber gleich hier angeschnitten werden. Eine Toilette zählt meiner Ansicht nach mit zu den wichtigsten Einrichtungsgegenständen im Wohnmobil. Nicht nur, weil es unangenehm ist, nachts auf einem Parkplatz im Pyjama ein stilles Örtchen suchen zu müssen, sondern auch am Tage kann es vorkommen, daß beispielsweise mitten in einer fremden Stradt ein dringendes Bedürfnis auftritt. Oder auf einem gut besetzten Autobahn-Parkplatz, wo noch nicht einmal ein Gebüsch Deckung bietet. Die einfachsten angebotenen Toiletten sind Chemikaltoiletten. Ein Plastikeimer, mittels Deckel luftdicht verschlossen und mit einer Brille versehen, ist das Prinzip. Eine Sanitärflüssigkeit, mit etwas Wasser verdünnt, soll im Eimer Gerüche verhindern und die Fäkalien zersetzen. Reinigung alle 2 bis 3 Tage erforderlich. Die nächste Mög-

lichkeit sind Spülklosetts, also Auffangschüsseln mit hermetisch abgeschlossenem Auffangbehälter darunter, die durch einem Vorratsbehälter entnommenes Wasser (über eine Hand- oder E-Pumpe) die Schüssel sauberspülen. Je nach Modell (und Preislage) sind 30 bis 70 Benutzungen möglich, dann wird der Sammelbehälter entleert und der Spülwasservorrat aufgefüllt. Durch Chemikalienzusatz wird auch hier eine Geruchsbildung verhindert. Diese Toiletten (z.B. Porta-Potti) kann man mit einer Bodenbefestigung auch stationär im Fahrzeug installieren, z.B. im Toilettenraum, man kann sie aber auch, wie die Chemikaltoiletten, in irgendeinem Möbelstück unterstellen und nur bei Bedarf hervorholen.

Eine Wasserspültoilette (Aquasan) ist mit einer 12 Volt-Pumpe versehen, die das erforderliche Spülwasser der Wasserversorgung oder einem Extrabehälter entnimmt. Auffang der Fäkalien erfolgt wie bei den übrigen Toiletten in einem Behälter. Noch mehr Komfort bietet eine Monomatic-Spülumkehrtoilette von Electrolux, wie sie auch in Flugzeugen usw. verwendet wird. Bei der Monomatic wird das Spülwasser gefiltert und neu verwendet, so daß die Reinigung noch seltener erfolgen kann. Auch die holländische Firma Thetford Producten B.V. (über den Fachhandel vertrieben) bietet Spülklosetts nach dem Umlauf- oder Frischwasserspülsystem an, allerdings nicht ganz billig. Der Platzbedarf (Stauplatz) für eine Toilette liegt zwischen ca. 35/34/42 cm und 36/47/47 cm, teilweise auch mehr.

MÖBEL UND EINRICHTUNG

Bereits bei der Planung wurden einige Forderungen an Möbel und Einrichtungsteile erhoben, die uns als Leitfaden beim Ausbau immer vor Augen bleiben sollten. Der Extrakt dieser Forderungen lautete in etwa: Die Einrichtung soll leicht, solide, sicher, preiswert, zweckmäßig und ansehnlich sein.

Daß sich nicht alle Wünsche gleichzeitig und hundertprozentig unter einen Hut bringen lassen, ist klar. Man muß also versuchen, den optimalen Kompromiß zu finden, je nachdem, welche Forderungen einem besonders wichtig erscheinen. Vernachlässigen sollte man aber keine Forderung, abgesehen vielleicht von »preiswert« oder »ansehnlich«.

Beim Bau der Einrichtung oder der einzelnen Möbel kann man drei grundsätzliche Bauweisen unterscheiden, auch wenn manchmal die Bauweisen gemischt werden.

1.) *Flexible Bauweise:*
Die gesamte Einrichtung wird so gebaut, daß sie in kurzer Zeit montiert

Zur Befestigung der Zwischenwände, Möbelteile usw., werden am Fußboden Leisten aufgeleimt (wasserfester Kleber!) und zusätzlich verschraubt. Eine Heißwasserleitung (Pfeil) wird zwischen Wagenboden und Zwischenboden verlegt und an der benötigten Stelle herausgeführt.

oder demontiert werden kann, falls das Fahrzeug doppelte Funktion zu erfüllen hat. Der Vorteil dieser Bauweise ist außerdem die Möglichkeit, komplette Bausätze (z.B. Westfalia, Grawo, Syro, Teca usw.) oder einzelne komplette Möbel (z.B. Küchenblöcke versch. Hersteller) zu verwenden. Auch bei einem Tischler im Auftrag gefertigte Möbel können so flexibel eingesetzt werden, ohne daß der Tischler am Fahrzeug arbeiten muß. Der Nachteil der flexiblen Bauweise ist meist darin zu finden, daß die Einrichtung nicht so komfortabel ausgestattet ist, weil sie schnell an- oder abzubauen sein muß. Mit etwas Knobelei läßt sich aber bei einem individuell eingerichteten Wohnmobil noch eine ganze Menge machen!

2.) *Massiv-Bauweise:*
Die Einrichtung wird in solider, handwerklich massiver Bauweise im Fahrzeug fest eingebaut, die Möbel usw. werden untereinander und am Fahrzeug befestigt. Vorteile: Das gesamte Fahrzeug erhält eine zusätzliche Stabilität in Bezug auf Verwindungssteifigkeit, die Einrichtung kann an Ort und Stelle genau eingepaßt werden, die Möbelteile stützen sich gegenseitig.

160

Am Boden, an der Zwischenwand (links) und der Außenwand werden Leisten angeschraubt. An diesen Leisten finden dann die Wandteile der Sitzmöbel festen Halt, wenn
sie damit verschraubt werden.

Die Nachteile sind darin zu sehen, daß die Bauweise an die Geschick-
lichkeit des Heimwerkers gewisse Anforderungen stellt, daß ferner
sehr sauber gearbeitet werden muß, daß Änderungen nur schlecht
ausgeführt werden können und schließlich, daß die Massiv-Bauweise
auch vom Gewicht her nicht die leichteste Ausführung ist.

3.) *Skelett-Bauweise:*
Wie der Name schon andeutet, handelt es sich dabei um ein tragendes
Gestell aus leichten Winkelprofilen, das im Fahrzeug verschraubt wird
und anschließend mit ebenfalls leichten Platten verkleidet wird. Details
siehe Skizze S. 162. Vorteile sind in den besonders leichten und dennoch stabilen Bauweise, der relativen Preiswürdigkeit und der Möglichkeit, schnell Änderungen oder Reparaturen auszuführen, zu sehen.
Auch für sogenannte »Sonntagsbastler« ist diese Bauweise recht günstig, weil komplizierte Möbelverbindungen und genaue Bemaßungen
der Platten kaum erforderlich sind. Auch der Zusammenbau erfolgt
ziemlich schnell. Nachteilhaft ist das nicht so schöne Aussehen der
Teile, wenn man auf Kantenprofile verzichten will. Auch die Verkleidung
der Schraubenköpfe usw. erfordert mehr Aufmerksamkeit.

Material-Überlegungen:

Je nach der Bauweise, die man wählt für die einzelnen Einrichtungsteile, wird man auch das Material bestimmen. Auch für die Möbel und anderen Teile der Einrichtung haben sich einige Materialien als besonders geeignet herauskristallisiert. Natürlich kann man auch selbst experimentieren oder auf vorhandenes Material zurückgreifen. Auch die Frage der Beschaffung oder die Verarbeitungskenntnisse sind für die Werkstoffauswahl mitentscheidend.

Vorherrschend im Wohnmobil-Innenausbau ist der Werkstoff Holz. Trotz aller Fortschritte in der Kunststofftechnik und der Metallverarbeitung. Werden Möbel zusammengebaut nach der Massiv- oder flexiblen Bauweise, wird man meist zu *Tischlerplatten* in 16 mm Stärke greifen. Dieses Material ist noch recht leicht, es läßt sich gut bearbeiten, Schrauben und Nägel halten gut, es kann haltbar verleimt werden, es ist sehr stabil und bei ordentlicher Verarbeitung braucht es nur gebeizt und lasiert werden, um eine pflegeleichte und ansprechende Oberflä-

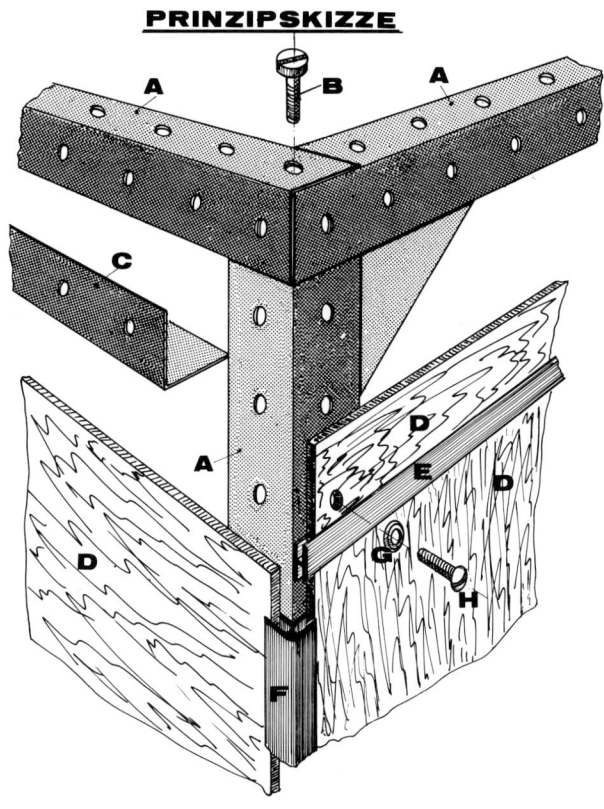

PRINZIPSKIZZE

che zu bekommen. Es ist auch noch relativ preiswert für den gebotenen Gegenwert. Auf keinen Fall sollte man für sein Wohnmobil die viel billigeren *Spanplatten* verwenden, denn dieses Material ist erstens weitaus schwerer, zweitens läßt es sich nicht so einfach zusammenfügen (Eckverbindungen, Kanten) und drittens reißen Schrauben und andere Verbindungselemente leicht aus. Außerdem ist bei den unbeschichteten Spanplatten die Oberfläche häßlich und bedarf einer Verkleidung. Dadurch rutscht der Preis so nach oben, daß man gleich hätte Tischlerplatten nehmen können. Beschichtete Spanplatten (Dekorplatten) sind zwar in der Oberfläche perfekt, aber die anderen Nachteile der Spanplatte bleiben. Der Preis ist ebenfalls sehr hoch.

Anders sieht es mit den *Hartfaserplatten* aus. Diese 3 bis 4 mm dicken Platten, die auch mit Kunststoffdekor-Oberflächen zu bekommen sind, wiegen lange nicht so viel und sind dabei recht preiswert. Ihr Nachteil ist die geringe Stabilität, man kann sie also nicht zu tragenden Konstruktionen verwenden.

Aber beispielsweise als Innenverkleidung der Dusche oder als Spritzschutz hinter Waschbecken usw. sind sie in der beschichteten Ausführung sehr praktisch. Unbeschichtete Hartfaserplatten erfordern einen Lacküberzug oder beispielsweise eine Verkleidung aus Stepptex-Folie, Vinylschaum, Kachelfolie oder Latex-Anstrich.

Ein vorzügliches Material für die Einrichtung, besonders bei der Skelett-Bauweise, sind *Sperrholzplatten.* Man sollte aber wegen der unvermeidlichen Feuchtigkeit im Fahrzeug möglichst eine wasserfest verleimte Qualität nehmen. Sperrholz in 3 und 4 mm Stärke ist stabil genug, am Skelett befestigt als Möbelwand zu fungieren. Werden die Möbel ohne tragendes Gestell gebaut, muß bei Sperrholz mindestens auf eine Stärke von 10 bis 12 mm gegangen werden. Damit ist das Teil dann sehr solide, aber schon wieder etwas schwerer als mit Tischlerplatte gearbeitete Möbel, weil meist noch Möbelverbinder oder Eckleisten benötigt werden, die relativ dünnen Sperrholzplatten zusammenzufügen. Möbel aus reinen *Kunststoffplatten* oder *Metall* wie beispielsweise Aluminium werden nur in seltenen Fällen in Betracht kommen, allerdings kann ein geschickter Heimwerker mit Erfahrung in der GFK-Verarbeitung (Polyester mit Glasfaser-Armierung) auch eine vorzügliche Einrichtung, absolut wasserfest und kaum zerbrechlich, pflegeleicht und unfallsicher mit abgerundeten Kanten aus diesem Material bauen, wenn er Zeit genug hat. Ich könnte mir auch eine ganz zweckmäßige Einrichtung in der Skelettbauweise und mit Alublechverkleidung vorstellen, wenn ein Bastler oder Handwerker zu Holzverarbeitung keine Beziehung hat. Allerdings sollte man dann die Möbelteile anschließend lackieren oder mit Kunststoff-Folie beziehen, damit sie wohnlicher und auch ansprechender wirken.

Verbindungs-Elemente:

Werden Holzteile wie Tischler- oder Sperrholzplatten miteinander verbunden, genügt eine Verleimung (Weißleim wie z.B. Ponal o.ä.) bei den Belastungen der Möbel im Fahrzeug meist nicht. Hier wird eine zusätzliche Verbindung in Form von Verschraubung (immer vorbohren, sonst platzen die Teile) oder Nagelung (möglichst mit Nagelschrauben) erforderlich werden. Durch die relativ geringen Wandstärken der Holzteile bedingt, ist es zweckmäßig, die Ecken in den Möbeln durch eingeleimte Leisten zu verstärken. Man kann dazu gehobelte Dachlatten oder Vierkantleisten verwenden, ich bevorzuge jedoch Viertelstäbe oder Dreikantleisten, weil sie erstens weniger Platz beanspruchen und man sich zweitens nicht so häufig einen Splitter einreißen kann beim Kramen in den Möbeln.

Aber es muß nicht immer Holz als Verbindungselement dienen. Praktisch sind auch spezielle Möbelverbinder aus Kunststoff oder Metall, die einfach und sicher die einzelnen Möbelteile zusammenhalten. Der Fachhandel (Eisenwarengeschäft oder Tischlereibedarf) hält hier ein umfangreiches Angebot bereit, das Ihnen viel Mühe oder sogar Fehlschläge ersparen kann.

Der große Vorteil dieser Spezialteile liegt darin, daß man die einzelnen Teile leicht wieder auseinandermontieren oder auch den Zusammenbau der Teile erst im Fahrzeug vornehmen kann. Selbst so altmodische Verbindungshilfen wie Blechwinkel, kurze Stücke Winkeleisen usw. kommen wieder zu Ehren, wenn es um die Haltbarkeit der Möbel geht. An Schrauben und Nägeln sollte man nur rostfreie Sorten verwenden, denn wenn die Möbel nur farblos lasiert werden, sieht ein rostiger Schraubenkopf nicht gerade fachgerecht aus. Linsenkopfschrauben, Senkschrauben oder Schloßschrauben sind bei Holzverbindungen gebräuchlich, weil man sich nicht an vorstehenden Schraubenköpfen verletzen kann. Auch bei selbstschneidenden Blechschrauben, wie wir sie zum Befestigen der Möbel oder der Montageleisten an den Karosserieholmen und Verstrebungen benutzen, wird man Linsenkopfschrauben vorziehen.

Bei der Verbindung von Metallteilen werden selbstschneidende metrische Schrauben oder Schrauben mit Federring und Mutter benutzt, aber auch Blindniete bei nur einseitig zugänglichen Teilen oder Durchsteckdübelmontagen können in komplizierten Fällen eine letzte Hilfe sein.

Beschläge und Kleinteile:

Das Angebot an Beschlägen und Bastelmaterial ist unübersehbar groß geworden. In jeder gut sortierten Eisenwarenhandlung oder in Fachgeschäften für Heimwerkerbedarf bekommt man eine ganze Reihe wichtiger Beschläge wie Topfscharniere, Klavierband, Magnetverschlüsse, Schnäpper, Möbelgriffe, Schlösser usw. angeboten. Bei kritischer Auswahl des Gebotenen wird man auch eine Anzahl Teile verwenden können. Achten sollte man vor allen Dingen darauf, daß die Beschlagteile erstens nicht rosten können, zweitens so solide sind, daß sie ihre Aufgabe auch in ein paar Jahren harten Camperlebens noch erfüllen und drittens, aber nicht zuletzt, daß die Teile wirklich den Aufgaben gerecht werden. Eine klappernde Tür oder herausspringende Schublade kann einem auf langen Fahrten den letzten Nerv rauben. Viele Geschäfte für Camping- und Wohnwagenbedarf führen deshalb ein speziell auf die Belange im Wohnwagen bzw. Wohnmobil abgestimmtes Sortiment an Kleinteilen und Beschlägen. Drucktasten-Schnäpper und Spezial-Klappenverschlüsse (verhindern aufspringende Türen), Weichplastik-Möbelgriffe (gegen blaue Flecke), Tür- und Fensterfeststeller, Kunststoff-Schubriegel, Plastikscharniere, Haubenhalter aus Gummi usw. werden angeboten. Auch wichtige Teile wie Tischaufnahmeleisten (man kann damit und mit der Gegenleiste eine Tischplatte an jeder Wand abnehmbar anbringen, auch z.B. zwischen 2 Sitztruhen, um die Tischplatte als Bettboden zu benutzen), Gardinenschienen, Vorzelt- bzw. Vordachschienen, Tischbeine und Tischgestelle, Möbellüfterrosetten, Notbettlager (für Zusatzbetten oder Kinderbetten), Fensterregenleisten usw. erhält man im Versandhandel für Campingbedarf oder in den entsprechenden Fachgeschäften. Versäumen Sie auch nicht die Gelegenheit, in ein Geschäft für Bootsbedarf und Bootsbeschläge hineinzuschauen. Sehr viele Teile lassen sich nicht nur für ein Boot, sondern genau so gut für unsere Landyacht verwenden. Ich denke da an Dinge wie Leuchten, Batteriekästen aus Plastik, Schrauben und andere Kleinteile aus Niro (Edelstahl), Tanks für Frisch- und Abwasser, Pilzlüfter und Lüfterbleche, Scharniere, Griffe usw. usw.

Wenn man so einen Einkaufsbummel macht, hat man natürlich immer seine Bauzeichnungen dabei oder zumindest eine Skizze, damit man Maße zur Hand hat für die Kleinteile und Beschläge.

So kann man notfalls immer noch schnell improvisieren.

Wahl der Bauweise:

Welche Bauweise gewählt wird, um den Innenausbau des Wohnmobils zu verwirklichen, hängt von den technischen und finanziellen Möglichkeiten genau so ab wie von den Bastel-Kenntnissen des Einzelnen. Die Bauweise selbst hat nichts mit der Funktion der Möbelstücke zu tun. Ein Bett in Massivbauweise funktioniert im Prinzip nicht anders als eines in Skelett-Bauweise. Die Bauweise ist nur der Weg, die Einrichtung zu schaffen. Im allgemeinen können die Einrichtungen in jeder Bauweise realisiert werden. Sollte in dem einen oder anderen Fall eine bestimmte Bauweise Vorteile bieten, wird im Text darauf hingewiesen. Die Bemessung der einzelnen Teile muß sowieso jeder nach seinem Plan und seinen Vorstellungen vornehmen, hier kommt man ohne etwas Phantasie und Improvisationstalent nur schlecht zum Ziel. Auch für die einzelnen Werkstoffe muß man ein Gefühl haben, man kann also beispielsweise nicht eine Tischlerplatte so zuschneiden, daß die eingearbeiteten Holzstäbe quer zur Belastungsrichtung angeordnet sind. Auch bei der Skelett-Bauweise kann man einem verzinkten Blechprofilgestell nicht Belastungen zumuten, die vielleicht grade ein dickes Stahlprofil aushalten würde. Ist man als Heimwerker noch zu unerfahren, sollte man doch vorsichtshalber auf fertige Baupläne ausweichen, wo diese ganzen Angaben bereits drinstehen. Aber es gibt auch Bastler, die mit der Aufgabe wachsen oder sich langsam Schritt für Schritt an den Ausbau wagen. Und dann gibt es noch eine Gruppe, die geht mit den Augen stehlen. Diese Leute gehen mit Notizblock und Maßband durch die Messehallen oder zum Autohändler und holen sich alle Angaben von dort ausgestellten Wohnmobilen, um Anhaltspunkte für die eigene Arbeit zu bekommen. Meist haben die Aussteller noch nicht einmal etwas dagegen, sondern helfen einem noch, denn ein Interessent von heute kann ein Kunde von morgen sein.

Und schlimmstenfalls, wenn man etwas absolut falsch gebaut hat, macht man es noch einmal. Dann hat man zumindest daraus gelernt und kann anderen Heimwerkern später von seinen »Erfahrungen« berichten. Und noch einen Trost für alle Bastler: Wenn das erste Wohnmobil nicht so ideal wird, wie man sich das vorgestellt hat, kommt sicher einmal ein zweites dran. Außerdem wollen Sie ja nicht mit Wohnmobilen handeln, sondern drin fahren. Es braucht dann auch nicht alles so perfekt zu sein!

Die Massivbauweise und die im Grunde ähnliche flexible Bauweise von Möbeln sind jedem Heimwerker geläufig, der schon einmal mit Holz gearbeitet hat. Hierüber gibt es auch genügend Literatur, wo man im Zweifelsfalle nachschlagen kann, wenn man sich über Klebstoffe, Holzverbindungen oder derlei Dinge nicht im Klaren ist.

Anders sieht es mit der Skelett-Bauweise aus. In Wohnmobilen ist sie nur in Ausnahmefällen anzutreffen, weil sie eine ausgesprochene Heimwerker-Lösung ist und für Serienfertigung kaum in Frage kommt. Und so viele Heimwerker trauen sich ja auch nicht an den Ausbau eines Fahrzeugs heran, wenn sie nicht wenigstens einen Leitfaden wie dieses Buch besitzen.

In der perspektivischen Skizze S. 162 sieht man das Prinzip. Gelochte Winkelprofile, wie sie z.B. für den Bau von Kellerregalen in jedem Kaufhaus oder Bastlergeschäft angeboten werden (A), werden mit Schrauben (B), Federringen und Muttern zu einem Gestell zusammengeschraubt, das die Abmessungen der zu bauenden Möbel hat. Da Fahrzeuge leider selten grade Wände haben, wird das Gestell so gebaut, daß es soweit als möglich an die Karosserie-Verstrebungen heranreicht. Man kann das ganze Skelett am besten im Fahrzeug zusammenschrauben, dann hat man weniger Transportprobleme, die Teile brauchen nicht durch die Türen jongliert zu werden und alles paßt besser, weil es Stück für Stück am Fahrzeug angepaßt wurde.

Am Fahrzeug befestigen kann man das Skelett mit kurzen Pass-Stükken des Winkelprofils oder mit Lochbandeisen, immer in rostgeschützter, am besten verzinkter Ausführung.

Auch die Halterungen für Fachböden kann man gleich durch Einschrauben der entsprechenden Winkel (C) schaffen. Die Verkleidung der Gestelle erfolgt mit Sperrholz (3 bis 4 mm) oder mit Hartfaserplatten, die entweder Dekoroberfläche haben oder mit einem Anstrich bzw. z.B. Stepptex oder Selbstklebefolie verschönert werden. Für die Ecken, an denen die Platten zusammengestoßen werden, und auch für Plattenstöße in Seitenwänden, kann man sehr gut die PVC-Kantenprofile verwenden, wie sie in jedem Bastlerladen für diesen Zweck angeboten werden. (E,F). Für die Befestigung der Verkleidung nimmt man Linsenkopfschrauben (H) und U-Rosetten (G). Grundsätzlich kann man auch das Skelett aus Vierkant-Rohren und Kreuz-Winkel- oder T-Montagestücken zusammenbauen oder sich örtlich zusammenschweißen lassen.

In jedem Falle sollte man aber bedenken, daß das Gestell auf keinen Fall zu schwer werden soll.

Verwendet man als Gestell die auch für Möbelbau, Ladenbau, Tischgestellfertigung usw. bekannten schwarzen oder verchromten Vierkantrohre, kann man bei der Befestigung der Verkleidungsplatten (D) auch selbstschneidende Blechschrauben verwenden und hat innen keine Sorgen mit hervorstehenden Schrauben oder Muttern. Man kann bei der Verwendung der Vierkantrohre auch auf die erwähnten PVC-Kantenprofile verzichten, wenn man sorgfältig gearbeitet hat. Die aufgesetzten Platten und die hervorschauenden Teile der Vierkantrohre sehen nicht schlecht aus. Andererseits kann man aber auch die Plattenstöße und Ecken mit Kunstharzspachtel zuspachteln und anschließend das ganze Möbelstück oder gegebenenfalls die Inneneinrichtung insgesamt mit einer Stepptex-Folie oder ähnlichen Materialien überziehen. Für nicht zu hoch belastete Möbelteile kann auch daran gedacht werden, an Stelle der schweren Vierkantrohre aus Stahl die gleichen Rohre aus schwarzem Kunststoff zu verwenden. Dieses Material und die passenden Verbindungsstücke sind neuerdings ebenfalls im Eisenwarenhandel und in Heimwerkergeschäften erhältlich. Beim Zusammenbau sollte man aber die Teile möglichst gleich noch mit einem PVC-Kleber zusammenfügen, da die Rüttelei des Fahrzeugs sonst mit der Zeit doch zu Mängeln führen könnte. Ich kann mir auch vorstellen, daß ein geschickter Heimwerker auch durchaus in der Lage ist, das Skelett der Einrichtung aus Quadrat- und Rechteck-Holzleisten zusammenzusetzen und mit aufgeklebten Sperrholztafeln zu verkleiden. Allerdings setzen diese Holzverbindungen ein sehr sauberes Arbeiten voraus, wenn die ganze Geschichte auf Dauer halten soll. Die Innenseite der Schränke wird so bearbeitet, daß z. B. die Garderobe im Kleiderschrank nicht an vorstehenden Schraubenköpfen scheuern kann oder die Wäsche irgendwo haken bleibt. Also Schraubenteile kurz halten, überfeilen und überspachteln, eventuell sogar die Schränke innen mit einer 10 mm starken Schaumstoff-Auskleidung (gegen Klappern) oder einer Polsterung z.B. aus Stepptex-Folie o.ä. versehen. Türscharniere lassen sich ebenfalls leicht an den Skelett-Rahmen befestigen, für Schiebetüren wird die untere und obere Gleitschiene jeweils mit einer Holzleiste unterfüttert, damit sie stabiler ist.

SITZ- UND LIEGEMÖBEL

In kleinen und mittleren Wohnmobilen muß aus Platzgründen die Sitzgelegenheit meist auch zum Schlafen dienen. Sie wird deshalb so gebaut, daß man die Sitzbänke schnell und einfach zu Schlafflächen umbauen kann.
Die meisten Fahrzeuge, die für einen Umbau zum Wohnmobil in Frage kommen, sind leider nicht breit genug, um die Betten quer anordnen zu können. Man muß längs, also in Fahrtrichtung schlafen. Unabhängig davon kann aber die Sitzanordnung Bänke für Sitzen in Fahrtrichtung (Blickrichtung seitlich) vorsehen. Daß der Trend zu einer Sitzanordnung geht, bei der man in Fahrtrichtung sitzen kann, wurde bereits erwähnt.
Je nach Fahrzeug und Platzbedarf hat man eine bestimmte Sitzanordnung gewählt und muß dementsprechend die Umbaumöglichkeit zu Betten konstruieren.
Grundsätzlich sollte bedacht werden, daß der Unterbau sehr solide beschaffen sein muß, damit die Betten länger als einen Urlaub aushalten. Wo eine stärkere Belastung auftritt, kann man zwei Tischlerplatten nebeneinander anordnen oder eine Verstärkung aus Profilstahl anschrauben. Bei Massivbauweise kann man die Sitztruhen so an den Karosserieverstrebungen verschrauben, daß diese einen Teil der Last mittragen. Bei flexibler Bauweise werden die Sitztruhen als einzelne Kästen ausgebildet, die dann mit Kniehebelspannern oder Schubrie-

So geräumig und einladend ist die Rundsitzecke im »Imperator 600« der Tabbert-Wohn-
wagenwerke (Basis VW-LT) eingerichtet.

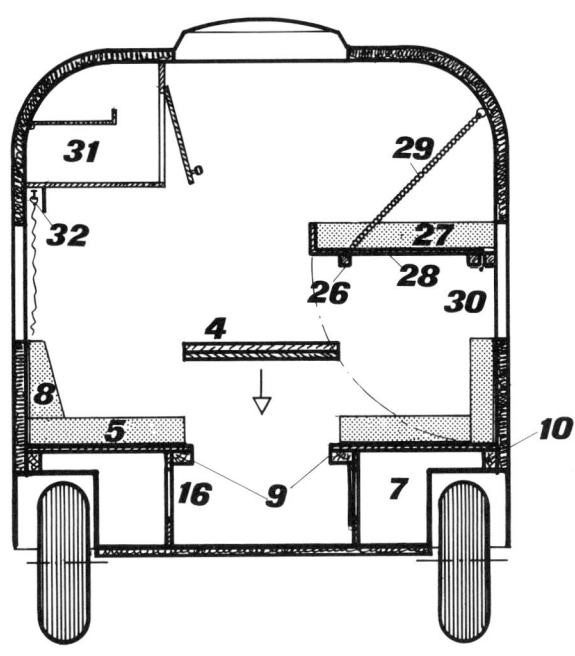

geln am Boden arretiert werden, und jederzeit schnell abzubauen sind. Eine ausgesprochene Leichtbauweise würde ich für Sitz- und Schlaf- gelegenheiten nur bei guten Kenntnissen in Festigkeit und Konstruk- tion wählen, deshalb rate ich hier von der Skelettbauweise ab, es sei denn, man wählt entsprechend stabile Profilrohre (Vierkantrohr z. B.) für das tragende Gestell. Die Zeichnungen (Prinzip-Zeichnungen ohne Maßangaben) sollen Ihnen Anregungen und Hilfe beim Entwerfen und Bauen der einzelnen Einrichtungsteile geben. Maße wurden bei diesen Zeichnungen bewußt nirgends angegeben, weil jedes Fahrzeug unter- schiedlich bemessen ist und auch unterschiedlich ausgebaut wird. Die – teilweise perspektivisch dargestellten – Zeichnungen enthalten Buchstaben und Ziffern, um Ihnen im weiteren Text an Hand dieser Kennzeichnungen die Einzelheiten zu erklären.

1.) *Betten in Längs-Anordnung*

In der Zeichnung auf Seite 104 ist ein sehr beliebter Grundriß für Wohn- mobile dargestellt (wobei je nach Fahrzeug-Größe natürlich Abwei- chungen vorkommen), bei dem die Sitze in Längsachse des Fahrzeugs angeordnet werden. Diese Sitze (1-2-3 und 5-6-7) sind jeweils zu Sitz- truhen zusammengefaßt und können durch einen weiteren Sitz (4) zu einer Rundsitzgruppe verbunden werden. Dann ist allerdings der Aus- gang durch die Hecktür behindert, sofern man den Sitz (4) nicht klapp- bar gestaltet. Der in der Sitzgruppe mittendrin stehende Tisch (T) ist absenkbar und ergibt (notfalls mit einem Zusatzbrett ergänzt) auf Sitz- truhenhöhe abgesenkt zusammen mit den Sitzen (1 bis 7) eine große Schlaffläche für 2 Personen in Längsrichtung des Wagens. Als Polster für den Tischbereich dienen dabei die Lehnenpolster der Sitze. Zwi- schen Sitzgruppe und Fahrerhaus finden die Küche (K), der Vorrats- schrank (V), der Garderobenschrank (G) und der Waschraum (WR) Platz. In der Skizze S. 169 ein Querschnitt durch ein Wohnmobil: Die Sitztruhen (7) werden mit Polster (5) und graden oder schrägen Leh- nenpolstern (8) versehen. Der absenkbare Tisch (4) kommt auf den Lei- sten (9) zur Auflage. Oberhalb der Sitze kann man entweder Ober- schränke (31) oder ein abklappbares Oberbett (28), das an Ketten oder Seilen (29) hängt, anbringen. Im abgeklappten Zustand dient dann das Polster (27) als Rücklehne für die rechte Sitzreihe.
Die Leiste (26) ist erforderlich, damit sich die Bodenplatte (28) des oberen Bettes nicht zu stark durchbiegt bei Belastung. Auch die Lei- sten (30) an der Fahrzeugwand dienen der Stabilität und zugleich dazu, das Klappscharnierband des oberen Bettes aufzunehmen. Unter den Oberschränken können noch die Gardinenleisten (32) mitsamt einer Blende befestigt werden.
In der perspektivischen Darstellung (rechts) sehen Sie einen alternati-

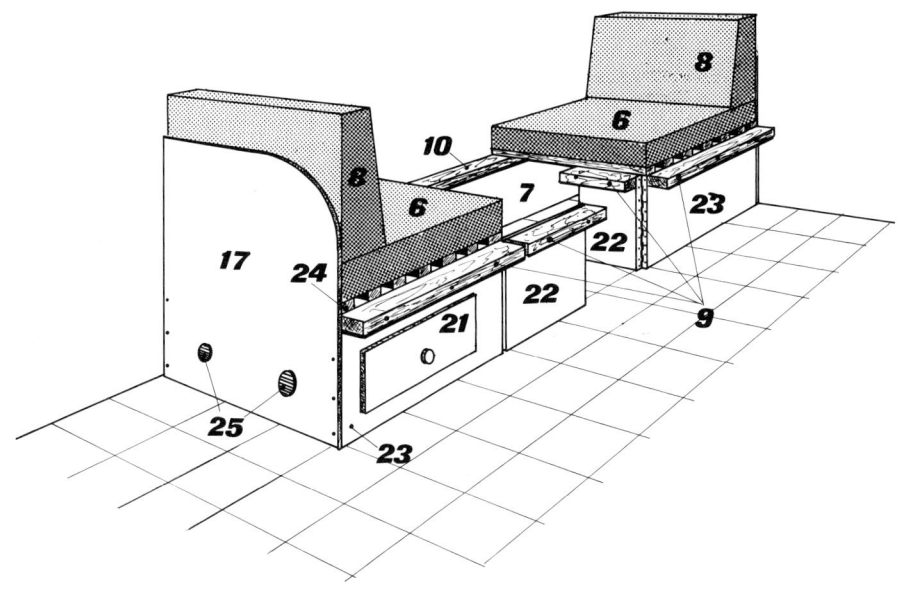

ven Bauvorschlag, wenn man bei Längsbänken (die ja zum Schlafen eine bestimmte Länge erfordern) mit wenig Aufwand Einzelsitze in Fahrtrichtung (bzw. mit dem Rücken zur Fahrtrichtung) schaffen will. Derartige Einzelsitze sind immer dann vorteilhaft, wenn man entweder nur zu zweit fährt (dann braucht man nicht so viele Sitzplätze) oder wenn sich während der Fahrt mehrere Personen im Wohnteil aufhalten und lieber in Fahrtrichtung sitzen wollen. Bei dieser Anordnung ist die Sitztruhe so gebaut, daß der mittlere Sitz (bei der Zeichnung Seite 104 also Sitz (2) oder (6)) herausgenommen werden kann. Dazu muß natürlich der mittlere Teil des Lattenrostes (24) lose sein. Für die Beinfreiheit ist es erforderlich, die Teile (22) der Sitztruhenfront beweglich nach innen zu klappen, während die äußeren Teile (23) fest am Boden verankert werden. Nachts wird dann der Lattenrost (oder eine Tischlerplatte) wieder auf die ausgeschwenkten Platten (22) und die Wandleiste (10) aufgelegt, während der Tisch bzw. evtl. eine Zusatzplatte auf den Leisten (9) und auf der Gegensitzbank aufliegt. Wichtig ist bei derartigen Lösungen, rechtzeitig die genauen Polstermaße festzulegen, weil ja die gesamten Polsterteile einmal tagsüber als Sitz- und Rückenlehnenpolster und zum zweiten nachts als Schlafpolsterung Verwendung finden müssen.

Ich gehe bei der Bemessung der Einzelpolster dabei immer so vor, daß ich zunächst von der gepolsterten Schlaffläche ausgehe. Daraus entwickle ich dann die Abmessungen der Sitzflächenpolster und schließlich die der Rückenlehnen. Unbedingt sollte man aber darauf achten, keineswegs zu viele einzelne Polsterteile zu bekommen. Je weniger, desto besser. Weil man sonst zweimal täglich ein Polsterpuzzle veranstalten muß. Und dabei könnte man die Zeit doch wirklich für bessere Dinge gebrauchen!

Noch ein paar Hinweise zur Polsterung: Es sitzt sich nicht gut, wenn die Sitzpolster zu knapp sind und den Kniekehlen keine Auflage bieten. Es sitzt sich auch nicht bequem, wenn die Rückenlehnen zu steil sind. Deshalb kann man die Lehnenpolsterteile konisch zuschneiden (s. Teile 8). Allerdings muß man dann entweder die Sitzunterplatten ebenfalls schräg nach hinten geneigt montieren, um abends eine ebene Schlaffläche zu erhalten. Oder man nimmt die konisch geformten Lehnen als Kopfpolster und betrachtet die angeschrägte Fläche als Polsterkeil.

Noch ein Wort zu den Sitztruhen: Achten Sie bitte in der Zeichnung auf Seite 169 einmal darauf, wie die Polster (5) und auch die Auflageleisten (9) etwas in den Mittelgang hineinragen. Das ist Absicht, weil nämlich dadurch für die Füße unten etwas mehr Platz gewonnen wird und der Sitzkomfort verbessert werden kann. Man kann diese Vorderfront (16) auch unten etwas nach innen einziehen, um die gewünschte Fußfreiheit zu erhalten.

Und noch ein Tip zu der Zeichnung Seite 169: Um die Tischplatte (4) nicht so groß machen zu müssen, wie sie als Schlafplatte benötigt wird, nimmt man sie zur Tischplatte doppelt und verbindet die Schmalseiten auf der hinteren Kante mit Klavierband. Zum Schlafen wird dann die Platte einfach abgesenkt und auseinandergeklappt. Bequemlichkeit ist grade in einem so begrenzten Raum wie einem Wohnmobil besonders wichtig. Deshalb sollte man auch bei der Polsterung der Sitzgruppe/Schlaffläche selbst Hand anlegen und die Polster nach Maß selber anfertigen. Das ist garnicht so schwer, wie es vielleicht auf den ersten Blick aussieht.

Die Polsterteile werden aus einer mittelweichen Schaumstoffplatte von 8 bis 12 cm Stärke geschnitten. Der Zuschnitt kann im Geschäft erledigt werden, man kann sich aber auch selbst mit einem Stahllineal und einer Feinsäge, notfalls auch mit einem (Wellenschliff-) Messer helfen. Der Bezugsstoff sollte nicht nur farblich gefallen, er muß vor allen Dingen strapazierfähig und pflegeleicht sein. Synthetikstoffe mit einer kräftigen, nicht zu hellen Musterung sind besser als unifarbene, fleckempfindliche Stoffe aus Naturmaterialien.

Für die Befestigung des Stoffes am Polsterteil gibt es mehrere Möglichkeiten, bewährt hat sich die Methode, den Stoffbezug abnehmbar zu machen, damit er schnell mal gewaschen werden kann. Man kann zu diesem Zweck den Stoff auf der Polsterunterseite nur etwas umschla-

Die Sitztruhe hat unten einen Warmluft-Austrittsstutzen für die Heizung, darüber das Lüftungsgitter für die Truhe selbst. Rechts sind die Aufnahmevorrichtungen für die Tischplatte bei Umbau zum Doppelbett zu sehen. Die Möbelkanten und der Übergang zum Fußboden sind mit PVC-Profilen verkleidet. Die Tür links hat einen soliden Griff mit Schnäpperverschluß. Praktisch auch der PVC-Fußboden mit seiner leichten Musterung, der sich gut sauberhalten läßt. (Einrichtung: Tischer-Wohnkabine).

gen und mit einem Gummizug versehen, dann ist er schnell abgestreift. Man kann natürlich auch Knöpfe oder die unverwüstlichen Plastik-Reißverschlüsse für Zelte verwenden. Sollen die Polster und Bezüge an den Sitzplatten befestigt werden, kann man sie mit einem Tucker anheften, notfalls gehen auch Reißnägel oder Zierkopfstifte. In jedem Fall sollte dann aber der Stoff sauber umgenäht werden und nach dem Anheften die Kante mit Selbstklebeband abgedeckt werden.

Besser ist, die Polster lose aufzulegen. Damit sie nicht verrutschen, wird entweder eine Gleitschutzmatte (Gittergewebe) untergelegt oder die Polster werden mit Klettband fixiert.

Auf den Polsterteilen kann das in Handarbeitsgeschäften o.ä. erhältliche Klettband angenäht werden, auf Holzteilen wird es angeklebt (Kontaktkleber wie Pattex o.ä.). Für die Befestigung der Rückenlehnenpolster nimmt man entweder auch Klettband oder sogenannte TENAX-Nägel, die ein Anknöpfen von Stoffteilen an feste Blech- oder Holzteile ermöglichen. Auch Schlaufen an Stoff und Haken an Blech- oder Holzteilen sind eine Möglichkeit.

2.) *Betten in Quer-Anordnung*
Der Grundriß auf Seite 105 zeigt einen Möblierungsvorschlag für den Fall, daß die Fahrzeugbreite eine Queranordnung der Betten gestattet.

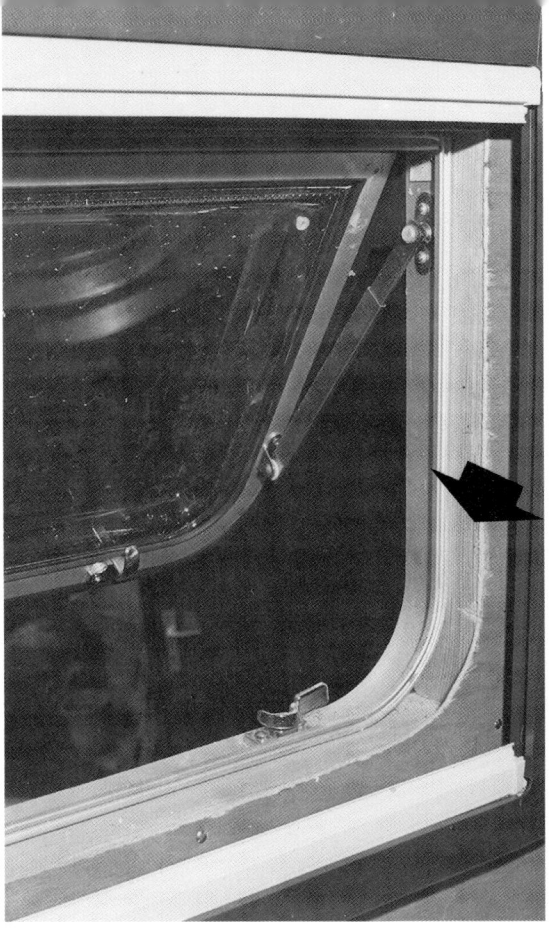

Immer wieder taucht das Problem auf, nach dem Fenstereinbau den Übergang zwischen Fensterprofil und Innenwand zu verkleiden. Links im Bild (Pfeil) der problematische Bereich. Das rechte Foto zeigt eine Lösung: Die Innenwand wurde mit Flauschfell beklebt, das Fell am Holzrahmen angetackert und als »Fensterlaibung« ein 2 mm starker, mit Kunstleder beklebter Sperrholzstreifen in die Alurahmen-Nut eingeschoben und angeschraubt. Eine saubere, nässe- und schmutzunempfindliche Lösung.

Maßlich wird das allerdings meist nur bei Sonderkarosserien der Fall sein. Aber auch nicht allzu große Leute können einen solchen Vorschlag z.B. im VW-LT realisieren. Nur müssen Sie dabei wissen, daß es unter Umständen bei einem späteren Wiederverkauf problematisch werden könnte, wenn der Kaufinteressent größer ist, als es das Bettmaß gestattet.

Die Anordnung ähnelt der Zeichnung von Seite 104, allerdings ist für eine Querbett-Lösung keine so große Sitzplatzzahl erforderlich. Das bringt zumindest einen wesentlichen Vorteil: Man kann eine vorhandene seitliche Schiebetür als Haupteingang benützen, falls der Durchgang durchs Fahrerhaus z.B. im Falle des VW-LT durch einen Motor behindert wird oder falls man grundsätzlich (trotz der vielen Vorteile) nicht durchs Fahrerhaus einsteigen will. In diesem Fall empfiehlt sich

174

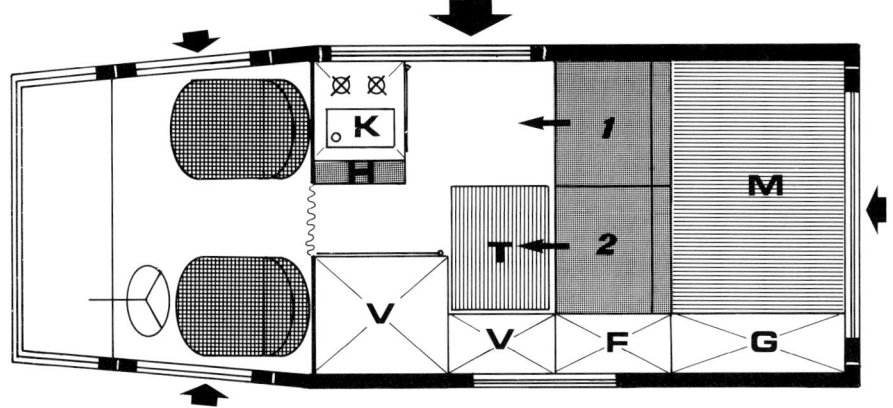

dann, den Küchenblock (K) ebenfalls quer anzuordnen, um den Haupteingang möglichst bequem zu gestalten. Bei der gezeigten Sitzanordnung ergibt sich noch die Möglichkeit, die Hecktür als zusätzlichen Zugang zu nutzen.

Auch bei dieser Querbett-Konstruktion stehen sich die beiden Sitztruhen (1–2 und 3–4) gegenüber (der Tisch T dient als Bettplatte für die Nachtstellung) und die Mitreisenden müssen sich damit abfinden, quer zur Fahrtrichtung zu sitzen.

Falls das Probleme gibt, kann man natürlich auch statt der Sitze (1) und (3) absenkbare Tischplatten anbringen und die Sitze (2) und (4) in Fahrtrichtung stellen. Dann ergibt sich aber die Frage, warum man nicht gleich hinten, im Fahrzeugheck, eine Querbank über die gesamte Fahrzeugbreite anbringt, deren Sitzfläche zur Nachtstellung lediglich nach vorn ausgezogen wird. Wie so etwas aussehen könnte, zeigt die Schnittzeichnung auf Seite 177 oben. Dort wird das Polster (34) in Pfeilrichtung vorgezogen, dadurch ergibt sich aus den Rücklehnenpolstern (42), dem Sitzpolster (34) und dem Ablagepolster (36) eine entsprechende Bettfläche. Die Bettfläche ruht dann auf seitlichen Leisten (41) oder auf unter die Platte geschraubten Beinen. Die Querleiste (45) dient ebenso wie Leiste (46) der Verstärkung der ganzen Konstruktion in Nachtstellung. Der unter dem Sitz befindliche Staukasten (44) ist vom Wohnteil her gut zu erreichen. Der zweite Staukasten (37) kann entweder durch die Hecktür erreicht werden, z. B. um darin ein Schlauchboot, die Badesachen o. ä. unterzubringen. Man kann ihn aber auch dafür nutzen, an dieser Stelle den Frischwassertank schwerpunktgünstig über der Fahrzeug-Hinterachse anzubringen.

Oberhalb des Polsters (36) ist noch ausreichend Platz, um dort das

Bettzeug tagsüber zu verstauen. Wer will, kann aber auch diesen Raum durch ein oberes (klappbares) Brett verschließen und erhält so einen praktischen Bettkasten mit viel Platz.

3.) *Einrichtung bei Heckmotor-Wohnmobilen*

Verschiedene Fahrzeuge wie zum Beispiel der bewährte VW-Transporter (Typ 2-Bully) oder auch der Fiat 900 E haben an der Stelle, wo andere Fahrzeuge Ladefläche haben, einen Heckmotor sitzen. Das muß nicht unbedingt nachteilhaft sein, wenn man von vornherein bei der Inneneinrichtung darauf Rücksicht nimmt. Der Grundriß auf der Seite 175 zeigt, wie beispielsweise eine Möblierung in solchem Falle vorgenommen werden könnte.

Der Motorraum (M) dient tagsüber als Ablagefläche, die man sowohl vom Innenraum als auch durch die Hecktür gut erreichen kann. Hier liegen tagsüber die Betten und restliches Gepäck. Davor befinden sich die Sitze (1 und 2), als gemeinsame Sitzbank ausgebildet. Für die Nachtstellung werden diese in Pfeilrichtung vorgezogen, dann ergibt sich aus den Sitzen (1 und 2), den Lehnenteilen dieser Sitze und der Motorfläche (M) eine bequeme Schlaffläche in Längsrichtung des Fahrzeugs. Der Tisch (T), der zweckmäßig mit einem Schwenkfuß (abnehmbar) befestigt wird, verschwindet nachts entweder im Fahrerhaus oder dient als Abdeckplatte für den Küchenblock (K), weil fürs Bettenmachen kein Tisch gebraucht wird.

Wenn der Heckmotor mit seiner Oberkante etwa gleichhoch ist wie die Sitzplatte, klappt diese Lösung prima. Oft ist er jedoch ein ganzes Ende höher als die Sitzbankplatte. In diesem Fall muß entweder für den Sitzbereich ein Podest gebaut werden, um mit den Sitzen höher zu kommen, oder die Sitzplatte muß für das Bettenmachen auf die Höhe der Motorabdeckung hochgeschwenkt werden.

Wie so etwas aussehen kann, habe ich Ihnen auf Seite 177 aufgezeichnet. Der Sitz (34) steht in Normalstellung (dunkel dargestellt) mit seiner massiven vorderen Stützleiste (49) auf dem Staukasten (47) auf, hinten hat er 2 bis 3 gut befestigte Tischlerplatten- oder Stahlrohrfüße (48). Zum Umbau in Schlafstellung wird der Sitz (34) in Pfeilrichtung schräg nach oben vorgezogen, dabei gleiten die Füße (48) auf den abgeschrägten Oberseiten des Staukastens (47) entlang und bleiben auch in der Endstellung darauf stehen. Die Schlafstellung ist gestrichelt eingezeichnet. In der Schlafstellung wird nun in entsprechende Bohrungen oder Halterungen der Verstärkung (49) eine Anzahl Rohrfüße (50) gesteckt (normal genügen 3 Rohrfüße), um die vordere Bettkante zu tragen. Die Rohrfüße (48, 50) sind mit Gummifüßen geschützt, damit der Boden nicht zerkratzt wird. Außerdem sind die Oberkanten der Seitenteile von (47), die wegen besseren Gleitens abgerundet sind, zu-

176

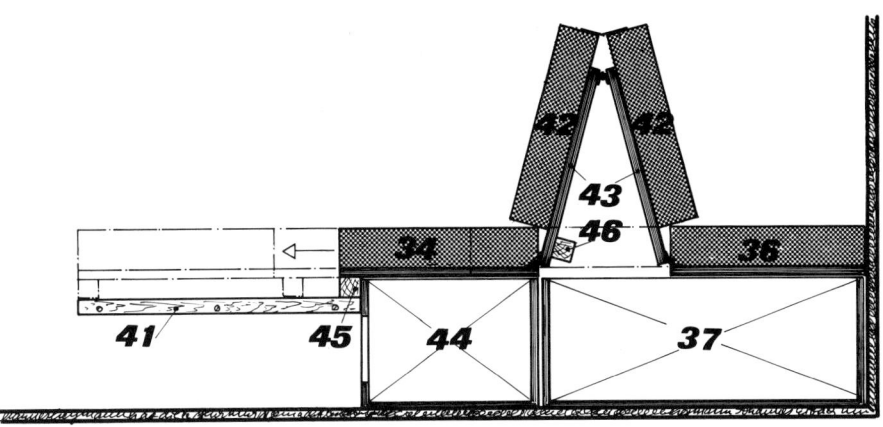

Liege-Sitz-Anordnung bei Frontmotorwagen.

sätzlich mit einer Sperrholzleiste oder einem Blechstreifen gegen Verschleiß geschützt.

Das Scharnier oder Klavierband, mit dem die Platte (43) an die Sitzplatte (34) angelenkt wird, muß sehr solide sein, weil die Polsterplatte (42) und die Platte (43) nur einseitig auf einer am Motorraum befestigten Stützkante (51) aufliegen und auf der anderen Seite nur vom Sitz (34) getragen werden.

Um Durchbiegungen in Scharniernähe zu vermeiden, wird empfohlen, entweder ein Profilrohr oder Winkeleisen unter Sitz (34) im Bereich der Beine (48) zu befestigen oder die Platten sehr solide aus 19 mm Sperrholz o. ä. zu fertigen. Gegebenenfalls kann aber auch die Platte (43) allein durch Profileisen o. ä. verstärkt werden, das hängt von dem Platz

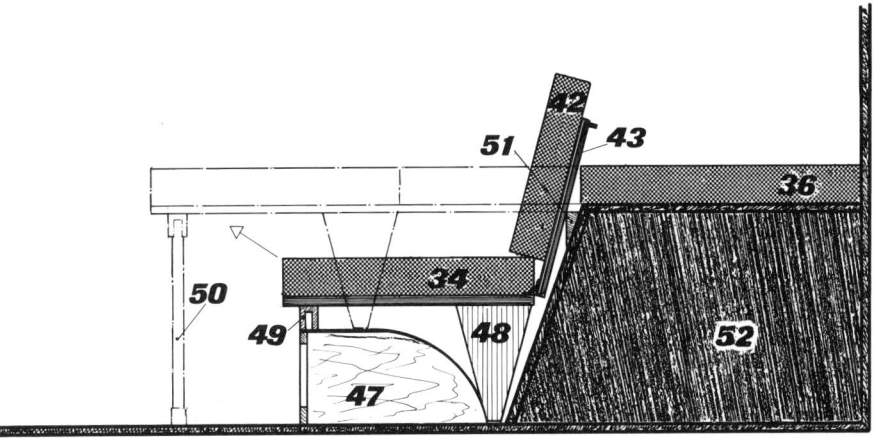

Liege-Sitz-Anordnung bei Heckmotorwagen.

zwischen Motorraum und Sitz ab. Um das Verschieben der Betteile (42) und (34) gegenüber (36) zu vermeiden, kann man in den oberen Bereich der Platte (43) zwei Stifte einlassen, die beim Absenken der Rükkenlehne in Löcher der Leiste (51) einrasten.

An Stelle der losen Rohrfüße (50) kann man auch Schwenkstützen vorsehen, die tagsüber unter die Sitzplatte (34) geklappt werden. Eine weitere Möglichkeit wäre, wie auf Seite 177 oben dargestellt, Führungsleisten an die Fahrzeugwände anzuschrauben und dann die beiden Platten (34, 43) darauf ruhen zu lassen, oder auch mit stabilen Riegeln in den Wänden zu arretieren.

Die dritte Möglichkeit könnte so aussehen, wie es auch manche Wohnmobil-Ausbauer vorschlagen bei VW-Transportern, daß die Schlaffläche zwischen Motorraum und Fahrersitzen untergebracht wird und der Bereich über dem Motorraum für Schränke usw. benutzt wird. Allerdings erfordern diese Lösungen genaue Überlegungen, weil der Platz für Möbel wie Küchenblock usw. sehr eingeschränkt wird.

4.) *Zusätzliche Schlafplätze:*
Immer wieder wird in einem Wohnmobil das Problem auftauchen, zusätzliche Schlafplätze zu schaffen. Sei es ein Extrabett für ein Kleinkind oder ein Notbett für die liebe Tante.

Kinderbetten sind dabei ein leicht zu lösendes Problem, weil Kinder meist noch so klein sind, daß sie quer im Fahrzeug schlafen können. Das kann eine zusätzliche Schlafgelegenheit im Heck sein, die oberhalb der Motorraumpolster angebracht wird, oder ein Notbett, das im Fahrerhaus sehr gut installiert werden kann. Not-Betten sind, wie schon der Name sagt, etwas Provisorisches im Gegensatz zu den doch möglichst bequemen Betten für die ständig Mitreisenden. Notbetten bestehen im Grunde aus zwei soliden, verzinkten Stahlrohren mit einer festen Zeltplane dazwischen. Die Rohrenden werden in sogenannte Notbettlager (aus Alu oder Plastik, im Campingbedarf erhältlich) eingelegt, nachdem die Lagerschalen an Möbeln oder Wagenwänden angeschraubt wurden. Allerdings sollte man auf eine gute Befestigung achten, sonst könnte man nachts unvermutet Besuch von oben bekommen. Eine weitere Möglichkeit bieten die Wohnmobil-Firmen mit Zusatzbetten, die sich im aufgeklappten Aufstelldach befinden. Je nach Größe des gewählten Daches kann man Kinderbetten oder sogar 2 (allerdings relativ schmale) Erwachsenen-Betten bekommen. Wenn die lichte Höhe im Wagen es zuläßt (z. B. gut bei Fahrzeugen mit Hochdach ausführbar), kann man auch Wandklappbetten an den Seitenwänden anbringen. Diese Wandklappbetten kann man ebenfalls fertig erwerben oder auch selber basteln. Eine Prinzipskizze zeigt der Querschnitt durch ein Bett S. 169. Eine stabile Platte (Sperrholz 19 mm) in Bettgröße (28) ist mit entsprechenden Scharnieren (30) klappbar an der Wagenwand (an den Verstrebungen) befestigt. Die Verstärkungsrohre (26) unterstützen die Platte (28) und verhindern die sonst unvermeidliche Durchbiegung. Auch eine an der Außenseite von Platte (28) angebrachte solide Kante aus Sperrholz dient der Verstärkung, zusätzlich dient sie auch dazu, ein Abrutschen des Polsterteils (27) zu verhindern. Mit Ketten (29) oder Drahtseilen wird die ganze Konstruktion aushängbar an der Wagenwand angebracht, wie aus der Skizze S. 169 im Prinzip ersichtlich. Tagsüber kann die ganze Konstruktion heruntergeklappt werden und bildet die Rückenlehne für die Sitztruhen. Bei stark gerundeten Wagenkarosserien oder bei großen Fensterflächen kann diese Lösung unter Umständen schwierig zu lösen sein.

SCHRÄNKE UND STAUFÄCHER

Neben den Sitz- und Liegemöbeln sind Schränke aller Art wichtigstes Einrichtungsteil. Im normalen Wohnmobil wird ein Kleiderschrank, ein Küchenschrank (inkl. Spüle und Kocher), ein Vorratsschrank sowie ein (Hänge-)Schrank für Geschirr und Gewürze die übliche Einrichtung sein. Hinzu kommen noch Staufächer oder Staukästen für Wäsche und Schmutzwäsche sowie für Werkzeug, Campingmöbel usw.
Etwas größere Wohnmobile besitzen bereits einen Toilettenraum, zumindest aber einen Toilettenschrank mit eingelassenem Waschbecken und mit Abstellfach für eine Chemikal- oder Spültoilette.
Bei dem Bau der Schrankmöbel kann man alle drei Bauweisen anwenden, vorteilhaft meiner Ansicht nach die solide Massivbauweise unter Verwendung von Tischlerplatten (stabil und nicht zu schwer). Selbst einen Waschraum kann man daraus bauen, wenn man ihn danach ausreichend gegen Nässe und Dampf schützt!
In den Grundrissen Seite 104, 105 und 175 wird gezeigt, wo man bei Wohnmobilen z. B. Möbel einbauen kann. Die Sitztruhen dienen dabei zumeist immer als Stauraum für Kram, der entweder schwer ist oder den man nicht so oft braucht. Da man bei der Planung zuerst von den Bettmaßen ausgeht (die tagsüber als Sitzgruppe verwendet werden), ergibt sich zwangsläufig der restliche Platz zur Möblierung. Zunächst kommt dann der Küchenblock (K), weil er wichtig ist. Der nun noch bleibende Raum wird wenn möglich für einen Waschraum (WR) oder zumindest für einen Waschschrank (Waschbecken, Spiegel und unter dem Becken herausziehbar ein WC) verwendet. Der nunmehr noch zur Verfügung stehende Platz wird mit einem Garderobenschrank (G) oder zumindest einem größeren Kleiderfach ausgefüllt. Bei einer Anord-

Eine klar und großzügig gestaltete Küche (Tabbert): Unempfindliche Kunststoff-Dekor-
flächen, abgerundete Möbelkanten, Spritzschutz aufklappbar hinter Spüle und Kocher,
Ausstellfenster (sichtgeschützt) im Kochbereich, ständige Arbeitsfläche neben dem
Herd. Erwähnenswert auch der reichliche Stauraum in den Oberschränken. Wenn kein
fester Wassertank vorgesehen werden soll, finden unter der Spüle noch Frischwasser-
Kanister Platz.

nung wie auf Seite 104 oder 105 wird man gegenüber dem Gardero-
benschrank gleichgroße Vorratsschränke (V) vorsehen, beim Grundriß
Seite 175 nutzt man jedes Eckchen für Vorratsschränke (V) oder eine
Kühlbox (F). die auch als Ablage dienen kann.

1.) *Küchenschrank*
Alle wichtigen Teile zum Kochen werden im Küchenblock vereinigt. Dazu zählt vor allem eine zwei- oder dreiflammige, zündgesicherte Pro-
pangas-Kochereinheit, evtl. ergänzt durch einen Gas-Backofen. Weiter
ist eine Edelstahlspüle mit Wasserhahn, zusätzlichem Schlauchanschluß (für Abwaschbürste oder Außendusche) und soweit der Platz es

zuläßt, eine Abtropffläche sehr praktisch. Im Zubehörhandel gibt es eine große Auswahl Spülbecken, Gaskocher und Kombinationen aus beiden Teilen in der praktischen Edelstahl-Ausführung. Die Abmessungen erhält man in den Geschäften oder aus einem Prospekt bereits vor dem Kauf, so daß man das Optimale für die Planung heraussuchen kann. Weiter gehört in den Küchenblock eine Schublade für Besteck und kleine Küchengeräte. Man kann diese Schublade sehr einfach aus einem fertig käuflichen Plastikeinsatz, einem Holzboden und einer Griffplatte zusammenbasteln, wenn man nicht aus Kunststoff-Schubladenprofilen eine richtige Lade basteln will. Da der Küchenschrank wegen der Zugänglichkeit von Kocher und Spüle stets eine Höhe von ca. 90 cm hat, sollte ein 12 V. bzw. Propankühlschrank unter den Gaskocher oder die Spüle noch unterzubauen sein. Ebenfalls praktisch ist, wenn im Kühlschrank auch Gasflaschen und der Betriebs-Wasserkanister dort untergebracht sind. Wichtig ist die Möglichkeit, die Abgase der Kühlschrank-Gasanlage ins Freie leiten zu können. Dies geschieht meist durch einen flexiblen Metallschlauch, der vom Abgasstutzen des Kühlschrankes bis an die Außenwand geführt wird (ohne durchhängenden »Wassersack«!) und dort, durch eine Regenhaube geschützt gegen Nässe und Wind, ins Freie führt. Steht dieser Küchenblock in Türnähe, so wird die Abgasleitung möglicherweise etwas problematisch, da als »Schornstein« oft nur der Türholm an dieser Stelle ist. Eine Absprache mit dem TÜV und der Hinweis, daß diese Möglichkeit sogar von renommierten Wohnmobil-Firmen genutzt wird, kann vielleicht die Lage klären. Notfalls muß man einen Abgaskamin (Alu-Rohr o. ä.) bis übers Dach ziehen und dort einen Austritt schaffen, wie er ähnlich auch bei der Heizung verwendet wird.

Ist im Fahrzeug genügend Platz für die anderen Schränke vorhanden, kann man auch einen größeren Küchenblock an die Stelle (2, 3) stellen. Das hat außer dem Vorzug des größeren Platzes den Vorteil, daß man mit dem Kühlschrank-Abgas an der Wagenseite herauskommen kann, wo keine Tür (im Normalfall) sitzt. Der viele Platz eines solchen Küchenblocks kann auch gegebenenfalls dazu benutzt werden, über der Spüle den schon erwähnten Gas-Durchlauferhitzer o. ä. zu installieren. Auch an den Einbau eines Gas-Backofens, womöglich mit Grilleinrichtung, kann gedacht werden.

Hinter der Spüle und dem Kochbereich sollte auf alle Fälle ein Spritzschutz angebracht werden, möglichst auch auf beiden Seiten. Das kann ein Alu-Blech sein oder auch eine Hartfaserplatte mit Kunststoffoberfläche. Es darf nichts Brennbares oder Schmutzempfindliches sein, in jedem Fall sollte es sich leicht sauberhalten lassen.

Über der Küche darf sich ebenfalls nichts befinden, was durch aufsteigende Kochdünste oder Fettspritzer leiden kann. Meist wird unmittel-

Zwischen Sitzgruppe und Fahrerhaus läßt sich gut eine geräumige Küche unterbringen. Wichtig sind die (stoßgeschützten) Spritzschutzseitenwände, die zugleich den Küchen-Oberschrank tragen können.

bar über dem Kochbereich die Möglichkeit bestehen, ein Ausstell- oder Schiebefenster dort anzubringen. Zumindest ein großes Kiemenblech ist angebracht, wenn man nicht bei geöffneter Tür arbeiten kann. Auch ein spezieller, mit Batteriestrom betriebener Küchenlüfter (z. B. Truma-Küchenlüfter) mit Ausblasmöglichkeit ins Freie kann eine große Hilfe sein.

In Kopfhöhe über dem Küchenblock befindet sich im allgemeinen ein Hängeschrank für das Geschirr, wenn die Wagenhöhe es irgendwie zuläßt. Aber auch wenn man den Geschirrschrank woanders vorsehen muß, sollte man ihn vernünftig mit einem der in vielen Maßen erhältlichen Geschirrkörbe und möglichst auch gleich einem passenden Campinggeschirr versehen. Man braucht dabei wirklich nicht das teuerste Kunststoffgeschirr zu nehmen, für den Anfang tut es auch Wegwerfgeschirr aus Pappe sehr gut. Auf keinen Fall sollte man zu abgelegtem Porzellan aus dem Haushalt greifen, weil das erstens die gesamte Urlaubsfreude unserer besseren Hälfte und Küchenfee kostet, zweitens ständig beim Fahren klappert und drittens dann kaputt geht, wenn man es grade braucht.

Hängeschränke wie beispielsweise den Geschirrschrank sollte man entweder mit Schiebetüren oder zumindest mit oben angelenkten Klappen verschließen. Dann stößt man sich nicht so oft und kann auch besser hantieren. Und mit ein paar billigen Plastik-Profilschienen sowie einer 4 mm Sperrholzplatte ist ein Schiebetür schneller gebaut und

noch dazu billiger als eine aufwendige Klapptür, wo allein der Schnäpper einen Batzen Geld kostet, wenn er was taugen soll.

Schiebetüren sichert man gegen unfreiwilliges Aufgehen übrigens
ganz einfach mit einem kleinen Drahtstift am Nutende und einer Kerbe
in der Schiebetür, die dann mit dieser Kerbe in dem Stift einrastet,
wenn sie etwas angehoben wurde.

Den Hängeschrank sollte man übrigens so bemessen, daß der Blick
auf die Spüle und den Kocher zwar noch freibleibt, aber gleichzeitig die
Möglichkeit besteht, ihn bequem an den Karosserieverstrebungen zu
befestigen. Zu diesem Zweck wurde bereits früher der Verlauf dieser
Verstrebungen an der Verkleidung, zumindest aber an den Schablonen markiert.

Innen in den Schränken werden ein paar Metallwinkel angeschraubt,
und dann kann man mit ein paar selbstschneidenden Blechschrauben
die Teile an den Streben anbringen.

Mit einem kleinen Trick kann man die Haltbarkeit solcher Verschraubung noch erhöhen: Es wird im Blech nicht so groß vorgebohrt, wie
dies eigentlich für die Blechschraube nötig wäre, sondern nur ca.
2 mm ⌀. Nun wird das Loch mit einem Körner nach innen geschlagen,
so daß sich eine trichterförmige Vertiefung ergibt. Dadurch hat die

Alternativprogramm: Statt der üblichen (und bewährten) Edelstahl-Koch-Spülkombi-
nation, kann man Einbauteile auch in Küchenplatten einsetzen, die mit Fliesen, Kork
oder Kunststoff beschichtet sind.

Blechschraube mehr Angriffsfläche und kann nicht so leicht ausreißen. Sichern gegen Lösen durch die Rüttelei im Fahrzeug muß man
natürlich zusätzlich, z. B. durch untergelegte Zahnscheiben oder
Federringe.

Auch sonst kann man allerhand tun, wenn man die Haltbarkeit seiner
Möbel noch erhöhen will. Abgesehen von den bereits beschriebenen
Verbindungsteilen, die eigentlich kaum noch zusätzliche Dinge erforderlich machen, wenn sie richtig angewendet werden, sollte man sich
beispielsweise die sogenannten Bootsbeschläge anschauen. Diese
Teile erhält man in schwarzlackierter, verchromter oder Messing-Ausführung. Die Blechteile sind ideal für stark beanspruchte Holzverbindungen, weil sie auf die Möbelecken usw. aufgesetzt werden, durch
Schrauben oder Nägel befestigt den Teilen zusätzlich Halt geben und
außerdem den Möbeln einen Hauch von nostalgischer Seefahrerro-
mantik geben.

In unseren Küchenschrank oder in den Hängeschrank kann man dann,
wenn man die Batterie- und Netzkabel verlegt, auch die nötigen Steckdosen und Schalter mit installieren. Sie sollten allerdings an Stellen
sitzen, wo weder Feuchtigkeit noch Kochdunst ständig herankommt.
Auch eine Neonleuchte 12 V über der Kochfläche an die Wand geschraubt, eventuell mit einer Leiste seitlich, damit man nicht geblendet
wird, steigert den Kochkomfort. Stehen im Küchenunterschrank Pro-
pangasflaschen, wird man zweckmäßig auch die Gasverteilung bzw.
den Verteilerblock mit den Absperrhähnen unterbringen. Überhaupt
bietet ein Küchenschrank dadurch, daß er sowieso eine ganze Menge
Technik enthält, die beste Möglichkeit, zu einem technischen Zentrum
des Wohnteils zu werden. Da der Küchenblock auch meist gut zugänglich ist, kann er mit entsprechend großen (Schiebe-) Türen auf einer
oder mehreren Seiten ausgestattet werden. Dann kommt man zum
Kanister- oder Gasflaschenwechsel wenigstens gut ran. Auch im Falle
einer Reparatur ist alles leicht zu übersehen. Hat man eine flexible Bauweise gewählt, weil man die Möbel öfters ausbauen möchte, sollte man
das »technische Zentrum« so gestalten, daß möglichst wenige Leitungen und Anschlüsse zu anderen Möbeln gelöst werden müssen. Das
läßt sich ganz gut machen, allerdings sollte man beispielsweise keinen
Absperrblock für die Gasleitungen nehmen, sondern lieber einzelne
Schnellschlußventile an den Geräten selbst und nur eine Hauptzulei-
tung zum Gas-Hauptventil.

Hat man eine geräumige Küchenkombination gebaut, wird auch die
Leitungsverlegung kein Problem sein. Bei Supermini-Kompaktküchen
allerdings muß man die Leitungsführung genau planen, sonst hat man
nachher ein undurchdringliches Drahtverhau geschaffen. Über aller
Arbeit sollte bei solchen eng zusammenliegenden technischen Ein-

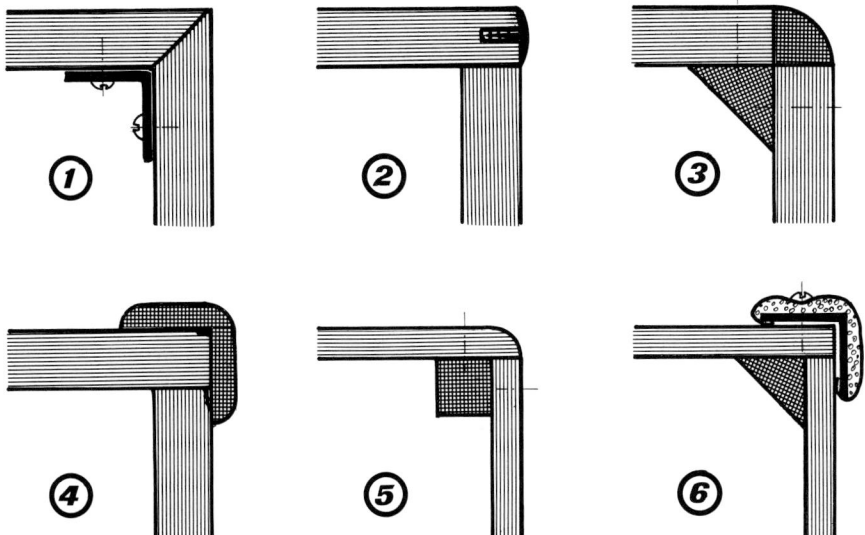

Ecken-Ausbildung im Möbelbau:
(1) auf Gehrung geschnittene Tischlerplatten (mit Winkelverstärkung innen) erfordern entsprechendes Werkzeug. (2) Stumpf aneinandergestoßene Platten, Stirnflächen mit PVC-Umleimer verkleidet. (3) Mit Dreikantleiste verbundene Platten, Kanten mit einge-leimtem Viertelstab gerundet. (4) Stumpf gestoßene Platten mit unsauberen Furnierkan-ten, durch übergeleimte Winkelleiste optimal verkleidet. (5) Sperrholz stumpf gestoßen und gerundet mit Leiste verstärkt. (6) Sperrholz stumpf gestoßen, mit Dreikantleiste ver-stärkt, außen Blechwinkel mit Schaumstoff- und Kunstleder-Überzug stoßgeschützt.

richtungen die Sicherheit nicht zu kurz kommen. Elektrizität und Was-ser- oder Gasleitungen sollte man streng voneinander trennen! Empfehlenswert ist die möglichst hochgelegene Verlegung der E-Ka-bel, noch über den Leitungen für Wasser und Abwasser. Wenn dann mal etwas dort undicht wird, kann zumindest kein Wasser an die Lei-tungen tropfen. Daß man außerdem im Küchen- oder Naßbereich nur wasserdichte Abzweigdosen usw. und bei Netzsteckdosen nur mit einem Deckel geschützte Schuko-Ausführungen benutzt, bedarf bei einem erfahrenen Bastler eigentlich keiner Erwähnung! Aber vielleicht liest einmal ein »Sonntagsbastler« diese Zeilen, und da kann es helfen! Nun besteht aber die Arbeit nicht nur aus Abwaschen und Kochen, man muß auch entsprechende Arbeits- und Abstellflächen haben. Zu diesem Zweck wird die Küchenkombination mit zwei Abdeckplatten versehen. 2 Platten deshalb, damit man jeweils die Spüle oder den Ko-cher frei hat und die andere Küchenhälfte abzudecken geht. Ist die Hausarbeit zu Ende, werden beide Platten aufgelegt und die Spül-Ko-cher-Kombination ist verschwunden. Am besten nimmt man mit wär-

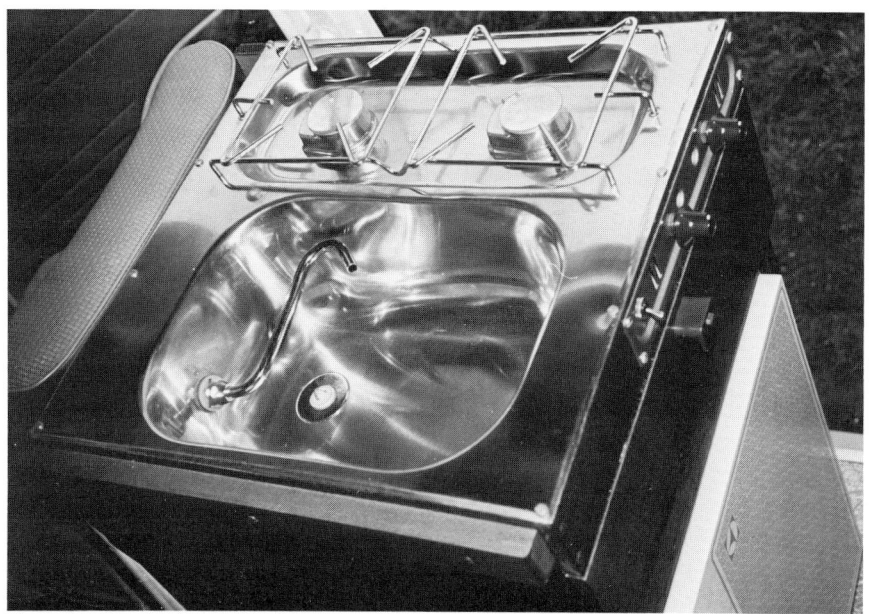

Eine Kompaktküche für kleine Wohnmobile mit zweiflammigem Gaskocher, Edelstahl-spüle, untergebautem Kühlschrank und (im Foto nicht sichtbar) eingebauter Warmluft-Gas-Heizung. Unter der Spüle noch eine Besteckschublade. (Einrichtung Syro Rolf Koch).

mefestem Material beschichtete Platten wie beispielsweise Tischler-platten mit Alublech oder Edelstahl oder auch Resopalplatten. Man kann sie an dem Küchenblock oder auch an der Wagenwand an-schrauben mit Klavierband und einem Vorreiber, der sie aufgeklappt hält.

Damit diese Abdeckplatten auch im zugeklappten Zustand nicht klap-pern, werden sie an mehreren Auflagepunkten mit kleinen Gummiplätt-chen oder speziellen Anschlagpuffern (gibt es in mehreren Farben selbstklebend zu kaufen) versehen. Außerdem hält ein Kniehebelspan-ner oder Ähnliches die Platten fest auf Spüle und Kocher. Fährt man öfters in südliche Länder, so sollte man an den Staubschutz beim Mö-belbau denken. Wenn das Brot zwischen den Zähnen knirscht und das Besteck mit einer dicken Sandschicht bedeckt aus der Schublade kommt, wissen Sie, was ich meine. Man soll zwar jeden Schrank so weit als möglich mit Möbellüftern versehen, um Stocken zu vermeiden. Bei einigen Fächern wie Besteckschublade, Vorratsfach für Brot und ande-re offene Lebensmittel jedoch sollte man entweder einen Staubschutz (Tesamoll beispielsweise rundum befestigt, läßt kaum noch Staub durch Ritzen dringen) vorsehen oder die empfindlichen Dinge in Lei-nenbeutel packen. Vielleicht kann die bessere Hälfte auch eine Bestecktasche und die passenden Lebensmittelbeutel schick aus Jeans-stoff zaubern?

Übrigens, da grade das Thema Lüftung beim Küchenschrank ansteht, darf ich Sie daran erinnern, daß die Gasflaschen in einem separaten Gaskasten stehen sollen. Das kann ein käuflicher Kunststoffkasten sein (z. B. te-Zubehör) oder auch bloß ein abgeteiltes Fach im Schrank. Wichtig ist, daß möglicherweise einmal ausströmendes Gas (das schwerer als Luft ist und demnach nach unten sinkt) aus der Flasche nicht in den Wagen, sondern durch die vorgeschriebene Entlüftung (S. 139) nach draußen abströmen kann. Das Gas selbst ist zwar relativ ungiftig, es kann jedoch die Atemluft im Fahrzeug möglicherweise ver-drängen oder sich an einer Flamme oder einem Funken entzünden.

Abschließend können wir noch etwas zur Ausstattung der Kochecke beitragen, indem wir Plastikhaken an die Wände kleben für das Ge-schirrtuch, die Topflappen usw. Auch der Gasanzünder oder die Streichhölzer sollten einen festen Platz bekommen, denn die ständige Sucherei kann einen Nerven kosten.

Am Hängeschrank kann man schließlich auch noch mit ein paar Spie-gelklammern einen Frisierspiegel befestigen, denn selbst ein Extra-Waschbecken ist morgens zu wenig für eine mittelgroße Familie, und dann muß die Spüle zusätzlich herhalten.

Auch ein kleines Gewürzbord mit arretierbaren Schütten macht sich unter dem Hängeschrank sehr gut, im Campingfachhandel findet man diese Dinge immer.

Ein weiteres Beispiel, wie eine auf kleinstem Raum zusammenge-quetschte Kompaktküche, ein Kleiderschrank und der wichtige Durch-gang zum Fahrerhaus angeordnet werden können, zeigt S. 124.

Der Kleiderschrank mit Tür und darauf befestigtem großem Spiegel (1) ist seitlich der Karosserieform angepaßt.

Im Unterteil des Kleiderschrankes ist die Gas- oder Ölheizung (2) so installiert, daß die aufsteigende Warmluft gut in den Raum strömen kann (wenn man nicht eine Luftumwälzanlage (z. B. Trumavent o. ä.) einbauen will).

Hinter der Klappe (3) ist Platz für Gasflaschen, Wasserbehälter und ggfs. auch ein Chemikalklo. Bringt man Gasflaschen oder Wasserkani-ster woanders unter, kann man auch eine Spültoilette unterbringen anstelle der Chemikaltoilette. Zur Benutzung wird die Klappe (3) weit geöffnet und man zieht die Toilette in den Durchgang (14).

Der Abgaskamin der Heizung (4) wird durch den Schrank über Dach geführt. Die Arbeitsplatte (5) ist mit Scharnieren und Vorreiber am Schrank befestigt und wird bei Bedarf abgeklappt. Sie liegt auf einer Leiste am Küchenschrank auf. Gaskocher und Spülbecken in einer Edelstahlkombination (6) zusammengefaßt bilden die Küchen-

Wenn Küche und Waschraum wie hier im Wagenheck des »Sven Hedin« von Westfalia nebeneinander installiert werden, ergeben sich kurze Leitungswege. Durch die Hecktür kommt man schnell an die technischen Innereien von Küchenblock und Waschraum.

schrankfläche. Ein Spritzschutz (8) dahinter kann auch so gebaut werden, daß er sich bei Nichtbenutzung der Küche herunterklappen läßt und Spüle und Kocher verdeckt. Der Wasserhahn wird dazu in das Spülbecken geschwenkt. Ein 12-Volt-Ventilator saugt Küchendämpfe ab und transportiert sie ins Freie (7).

Die Schublade (9) nimmt Besteck und Geräte auf. Der Kühlschrank (10) für Gas, 12 und 220 Volt ist zwar nicht riesig, aber dennoch eine empfehlenswerte Anschaffung, zumindest sollte man sich den Platz freihalten, falls man später doch noch diesen Einbau vornehmen will. Die Klappe (11) kann abgeschwenkt werden, wenn bei schönem Wetter die Seitentür des Wagens offen ist. Man kann dann die Küchenarbeit usw. auch im Freien erledigen, ohne erst lange einen Campingtisch aufzubauen.

Die 12-Volt-Neonleuchte (12) über der Küche sorgt für das nötige Arbeitslicht am Abend. Im Geschirrschrank (13) ist Platz für leichtes Campinggeschirr und Töpfe.

Der Durchgang zum Fahrerhaus (14) ist schnell wieder offen, wenn die Klappe (5) hochgeschwenkt ist.

2.) *Toilettenraum:*

Die Gelegenheit, einen gesonderten Toiletten- oder Waschraum einzubauen, wird man meist nur in mittelgroßen Wohnmobilen haben. In kleinen Fahrzeugen reicht der Platz meist nur für eine Chemikal- oder Spültoilette, die in einem Möbelteil abgestellt wird. Große Fahrzeuge dagegen bieten die Möglichkeit, einen geräumigen Waschraum, ein WC, Dusche oder sogar eine Badewanne unterzubringen. Der Normalfall dürfte aber meist eine kleine Naßzelle sein, gerade so groß, ein Handwaschbecken und ein WC unterzubringen. Die Innenabmessungen einer solchen »Sanitärzelle« sollten bei durchschnittlich gewachsenen Mitreisenden auf keinen Fall geringer sein als ca. 60 cm Breite und 90 cm Tiefe. Stehhöhe muß gegeben sein.

Die Wohnmobil-Grundrisse auf den Seiten 104 und 105 geben Hinweise, wo man bei ausreichendem Platz im Fahrzeug einen Waschraum (WR) einrichten kann. Zweckmäßig erfolgt der Einbau eines solchen Waschraumes (oder bei beengten Platzverhältnissen eines Waschschranks) hinter dem Fahrersitz (weil dort in der Breite meist Platz genug ist) und möglichst in der Nähe des Küchenblocks, weil auf diese Weise relativ kurze Leitungswege erreicht werden. Das wäre bei der Kaltwasserleitung oder dem Abwasser noch nicht einmal so wichtig (sofern die Pumpe stark genug ist), aber bei Warmwasserleitungen zählt jeder Zentimeter, weil hier das Wasser rasch auskühlt und ent-

Der Wasch- oder Duschraum im Wohnmobil muß Nässe vertragen. Deshalb wurde diese Sanitärzelle vollkommen mit Vinylschaum ausgeklebt und die Ecken zusätzlich mit Silikonkautschuk aus Kartuschen abgedichtet. Vinylschaum ist flexibel, er läßt sich sogar um die Fensterlaibung ziehen und dort ankleben.

189

Reicht der Platz nicht für einen richtigen Waschraum, sollte man zumindest einen Waschschrank mit Waschbecken, Ablage, Spiegel und Beleuchtung sowie einem lose eingestellten WC vorsehen. Die Schranktüren teilen, aufgeklappt, den Mittelgang zu einer kleinen Kabine ab.

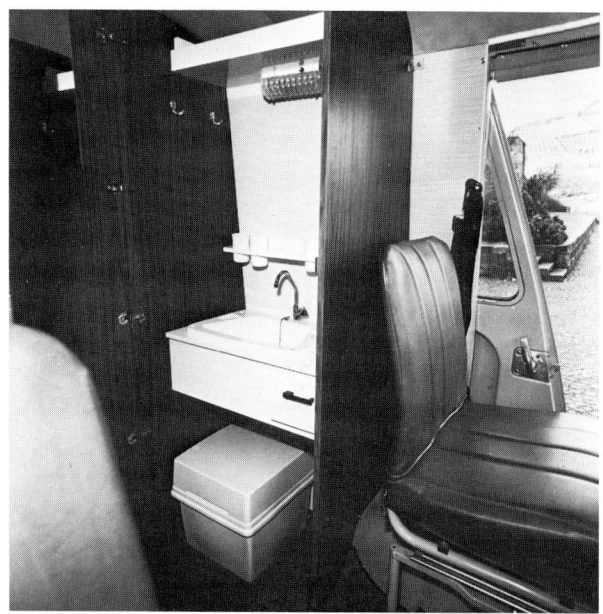

sprechende Wassermengen wegfließen müssen, bis das gewünschte warme Wasser ankommt. Die Verlegung der Leitungen kann dabei entweder unter dem Fahrzeugboden (isolieren!) oder im isolierten Bereich des Fußbodens zwischen Bodenblech und Zwischenboden erfolgen. Wichtig ist auch, den Waschraum an einer Fahrzeugaußenwand einzurichten, damit durch Einbau eines (Milchglas-) Ausstellfensters oder eines Kiemenblechs entsprechender Größe eine einwandfreie Entlüftung des Naßraums gewährleistet ist. Auch eine (auch bei Regen verwendbare) Mini-Dachluke kann eingebaut werden.

Der Waschraum (Waschschrank) selbst wird entweder aus wasserfestem Sperrholz (10 mm) oder aus 13 bis 16 mm starker Tischlerplatte gebaut. Die Verbindung der einzelnen Platten erfolgt durch wasserfesten Kleber und zusätzlich durch rostfreie Schrauben!

Noch vorhandene Lücken werden sofort mit Silikonkautschuk aus der Kartusche ausgespritzt. Dann wird entweder eine käufliche Plastikbrausetasse montiert (falls man das passende Maß findet) oder man muß sich selbst eine bauen. Entweder aus wannenförmig eingeklebtem Vinylschaum (PVC-Weichschaum-Wandbelag o. ä.) oder besser durch Eintapezieren von zwei Lagen Glasfasermatte mit Polyester. Keinesfalls darf man dabei den Bodenablauf vergessen!

Als nächstes werden die Decke und dann die Wände fugenlos mit Vinylschaum, PVC-Wandbelag, Kachelfolie o. ä. beklebt, wobei ein wasserfester Kleber vollflächig aufzutragen ist. Stoßkanten der Wand- und

Deckenbeläge werden in den Ecken überlappend geklebt und anschließend mit einem dünnen Strang Silikonkautschuk passender Farbe abgedichtet. Dann wird das Handwaschbecken (aus Kunststoff) montiert und ebenfalls rundum der Rand abgedichtet. Danach geht es an die Verlegung der Wasser- und Abwasserleitungen, die man möglichst außerhalb der Naßzelle (z. B. innerhalb des Kleiderschranks) bis dicht an die Anschluß-Stelle verlegt und durch Bohrungen in der Wand in die Naßzelle führt (Bohrungen danach abdichten!). Jetzt werden die Armaturen, der Brauseschlauch usw. angeschlossen.

Die Sanitärzelle wird vervollständigt durch wasserdichte Beleuchtung, einen naßfesten Schrank für Kosmetika, Zahnputzzeug und andere Dinge, die man im Waschraum gern griffbereit hat. Ebenfalls darf ein zusammenlegbarer Wäschetrockner niemals fehlen, erstens für die Wäsche unterwegs, und dann auch für nasse Garderobe oder Badesachen und Handtücher. In der Sanitärzelle sind solche Dinge am besten aufgehoben und hängen nicht im Wege rum.

Noch ein Tip, wie man unter Umständen Platz sparen kann bei dem Einbau einer Sanitärzelle: Verwendet man an Stelle einer (wasserunempfindlichen!) Klapptür zwei halbbreite Türen, die rechts und links an die Toilettenraumwände angelenkt werden, kann man durch Öffnen dieser Türen den Gangbereich abteilen und als Erweiterung der Sanitärzelle benutzen. Allerdings muß dann noch für die offenbleibende Vorderseite dieses »Sanitärschrankes« ein Vorhang (innen an der einen Tür angebracht) als Sichtschutz dienen. Eine Brausetasse ist dann aller-

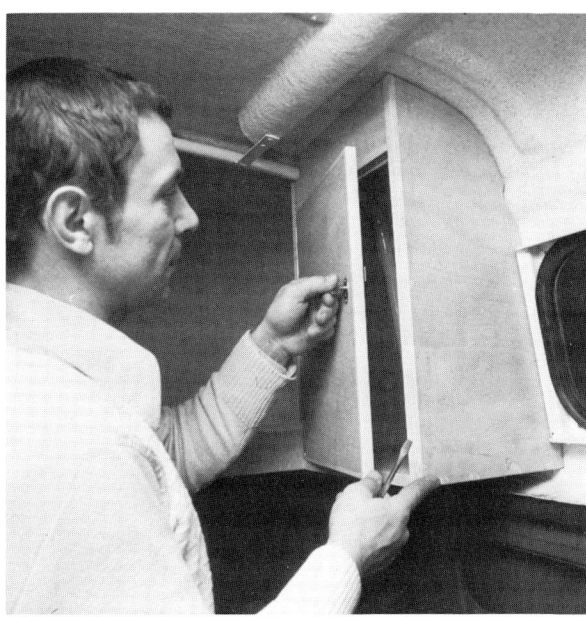

Ein Hängeschränkchen wird auch das kleinste Winkelchen unseres Wohnmobils noch zu einem praktischen Stauplatz verwandeln. Das Anpassen an die gekrümmte Wagenkarosserie macht viel Arbeit, aber hinterher sieht es dafür auch perfekt aus.

Auf kleinem Raum ein kompletter Waschraum! Das Spülklosett und das praktisch umbaute Waschbecken (links Dusch-Schlauch) bringen Komfort ins Wohnmobil, die mit Polsterfolie bekleideten Wände sind nässeunempfindlich, pflegeleicht und doch wohnlich warm. In Bildmitte unten der Bodenablauf mit Klappe.

dings wegen der zu geringen Tiefe der Zelle nicht mehr passend käuflich, man muß dann schon zu einer Eigenkonstruktion aus GFK-Material greifen. In diesem Falle sollte man sogar überlegen, die ganze Naßzelle in einer nahtlosen Ausführung aus diesem Material zu fertigen. Das im Waschraum (Waschschrank) untergestellte WC wird durch einen Spanngurt o. ä. gegen Umkippen oder Verrutschen gesichert.

3.) *Kleiderschränke:*
Die bessere mitreisende Hälfte wird sicher zuerst einmal entsetzt aufschreien, wenn sie sieht, wie wenig Platz für einen Kleiderschrank bleibt in einem kleinen oder mittleren Wohnmobil. Nach der ersten Reise gibt sich das entweder, oder es wird ein größeres Fahrzeug angeschafft. Aber im Ernst, wieviel Anzüge und Kleider muß man denn in Urlaub mitnehmen? Falls man das Wohnmobil beruflich braucht oder zu seiner zweiten Heimat macht, ist das ja noch verständlich, wenn man einen großen Kleiderschrank anstrebt. Im Urlaub genügt es meiner Ansicht nach, ein bis zwei gute Anzüge, mehrere Hosen und leichte Sommersachen und für das weibliche Geschlecht je drei bis vier Kleider mitzuschleppen. Im Sommer dann noch einen Regenmantel pro Kopf, im Winter entsprechende andere Mäntel. Ich finde, von dieser

Grundlage kann man ruhigen Gewissens ausgehen, ohne im Urlaub als Textil-Muffel angesehen zu werden. Pullover, Hemden, Unterwäsche und dergleichen Dinge werden sowieso in den Staufächern, möglichst den oberen Staufächern, untergebracht. Im Kleiderschrank hängt nur die gute Garderobe, die auf Bügel gehört. Allenfalls noch ein Fach für Hüte usw. wird mit eingebaut. Der Kleiderschrank muß deshalb auch für die normale Bügelbreite entsprechend tief gebaut werden.

Die lichten Innenmaße sollten 50 cm in der Tiefe und 125 cm in der Höhe nicht unterschreiten. Mehr ist besser. Die Breite des Kleiderschrankes richtet sich nach der Menge an Garderobe und natürlich auch nach dem vorhandenen Platz im Wagen. Schmaler als 30 cm sollte die Breite keinesfalls sein, sonst wird das Aufhängen der Garderobe zu einem Puzzlespiel.

Die Garderobenstange bekommt man samt Lagern in jedem Eisenwaren- oder Bastlerladen. Sie muß jedoch solide sein, denn die ständige Schüttelei der Sachen auf der Stange beansprucht die Standfestigkeit ganz schön.

Da durch diese Rüttelei auch die Garderobe an den Schrankwänden ständig scheuert, wird der Schrank innen entweder mit Schaumstoff oder Stepptex o. ä. ausgeklebt oder man hängt über die Garderobe einen Plastiksack, der die Sachen zusätzlich gegen Staub schützt. Daß unten und oben in den Seitenwänden des Kleiderschrankes Möbellüfter angebracht werden, ist selbstverständlich. Auch an eine eventuelle zusätzliche Beleuchtung im Schrank kann man denken, über einen Phono-Tast-Schalter betätigt. Die Tür des Kleiderschrankes kann als Schiebetür oder als Klapptür ausgebildet werden. Eine Klapptür läßt sich besser gegen Staub abdichten und man kann an ihrer Innenseite noch einen Spiegel anbringen. Neuerdings gibt es sehr leichte Kunststoffspiegel, die unserem Wunsch nach Gewichtsersparnis und Bruchsicherheit entgegenkommen.

Steht der Kleiderschrank (G) lt. Zchg. S. 104/105 zwischen Sitzgruppe und Waschraum, so sollte man die Möglichkeit nutzen und in seinem unteren Teil den Heizkörper unterbringen, wenn man keine Einbauheizung (trumatic »e«) oder Fußbodenheizung vorzieht. Im Kleiderschrank ist meist im unteren Bereich etwas mehr Platz, weil die lang herabhängenden Kleidungsstücke wie Hosen oder Mäntel weniger Platz beanspruchen als die ebenfalls oben hängenden kurzen Jacken usw. Man kann dann den Schrank unten etwas einziehen und von außerhalb des Schrankes den Ofen montieren. Der Abgaskamin, meist ein flexibles Rohr (mit einem Wärmeschutzmantel als Zubehör) wird innerhalb des Kleiderschrankes hochgeführt und erhält über Dach eine regendichte Abgashaube. So ist der Abgaskamin erstens gegen mechanische Beschädigungen geschützt und zweitens stört sein Anblick nicht unser ästhetisches Gemüt. Da so ein Abgasrohr eine ganze Menge Wärme mit sich führt und einen Teil davon im Kleiderschrank läßt, empfiehlt sich eine Rohrverkleidung, die je nach Bedarf natürlich auch weggelassen werden kann, damit man die besonders im Winter oder nach Regenfällen feuchte Garderobe schneller trocknen kann. Voraussetzung ist jedoch eine gute Schrankbelüftung, sonst wird es ein türkisches Dampfbad. Da der Kleiderschrank meist mit anderen Möbeln zusammengebaut wird, läßt auch die Verlegung der empfehlenswerten Umluftanlage bei Warmluftheizungen oder die Rohrnetzinstallation einer Warmwasserheizung keine Schwierigkeiten aufkommen. Die Leitungen können sofort unten im Schrank zu den anderen Möbeln geführt werden und sind so vom Wageninnern aus unsichtbar. Bei einer flexiblen Möbel-Einrichtung ist das allerdings nicht möglich, da wird man mit einer abdeckbaren Unterflurheizung oder einer fest installierten Fußbodenheizung, vielleicht auch einer Benzin- oder Diesel-Standheizung besser bedient sein. Plant man einen Kleiderschrank (G) ähnlich wie in der Zchg. S. 175, muß die Zugänglichkeit der Türen gut überlegt werden. Notfalls verzichtet man auf Türen und bringt nur Vorhänge oder Falttüren an.

4.) *Vorratsschrank und Staufächer:*
Der nach der Einplanung der anderen Möbel noch übriggebliebene Platz wird für den Einbau von Vorrats- und Abstellschränken genutzt. Lebensmittel wie Brot, Gemüse, Fleisch- und Wurstwaren müssen sauber, staubfrei und schnell erreichbar verstaut werden, Konservenbüchsen und unempfindliche Dinge wie Reserve-Wasserkanister, Limonadeflaschen usw. verschwinden dagegen unter den Sitzbänken oder in anderen Staufächern.
Für die Lebensmittel muß das Fach in dem Vorratsschrank besonders ausgestattet werden. Erstens darf es nicht direkt in der Nähe von Wärmequellen liegen. Also nicht neben der Heizung, neben dem Absorber des Kühlschrankes usw. Zweitens muß das Fach mit Kunststoff ausgekleidet sein, damit man es gut reinigen kann. Drittens an die Belüftung denken, also Möbellüfter einbauen, jedoch mit dahinter angebrachtem Staubfang aus Filterwatte, Filterpapier oder Mullstoff, schon damit auch kein Ungeziefer an die Eßwaren kommt. Ebenso sorgfältig ist natürlich auch die Klappe zu diesem Fach abzudichten, eine Rundumdichtung aus Weichschaum (z. B. Tesamoll) genügt meist.
Im Vorratsschrank wird man auch die Kochtöpfe, Pfannen und Schüsseln unterbringen, die im Geschirrschrank keinen Platz mehr gefunden haben. Damit keine Klapperei unser Nervenkostüm beschädigt, wird das Fach für diese Dinge innen einfach mit 10 mm starkem Weich-

194

schaum ausgeklebt. Ein paar Weichschaumplatten legen wir gleich lose hinein, sie werden später zwischen die Teile gelegt und verhindern das Klappern untereinander. Baut man den Vorratsschrank mit Klapptüren, so sollte man die Türen innen ebenfalls mit Weichschaum oder Polsterfolie, die sich besser sauberhalten läßt, bekleben.

Da die Vorratsfächer meist als Lückenbüßer das Letzte sind, was in der Einrichtung als Möbelteil eingebaut wird, sollte man diese Teile so stramm einpassen, daß sie gleichzeitig noch dazu dienen, die anderen Möbel zu stützen, also gegen Verwindung und Klappern zu schützen. Das kann man durch Einlegen dünner Streifen Sperrholz, durch Gummistreifen oder kleine Kunststoff- oder Holzkeile erreichen, die bei einer fest eingebauten Einrichtung zusätzlich eingeklebt werden. Bei flexiblen Einrichtungen wird man mit lösbaren Verbindungen wie Kniehebelspannern, Spannschrauben usw. arbeiten müssen.

Auf Seite 169 sehen Sie eine Prinzipdarstellung für Hängeschränke mit Klapptüre (31) oder Schiebetüren. Diese Schränke sind sehr praktisch für die Unterbringung von Wäsche und Kleinteilen wie Pullovern, Schals usw., weil diese Teile durch ihr relativ geringes Gewicht nicht den Schwerpunkt des Wagens negativ beeinflussen können. Bei der Anbringung dieser Hängeschränke muß auf die nötige Kopffreiheit geachtet werden, wenn sie oberhalb der Sitze angeordnet werden sollen. Reicht über den Sitzen der Platz für massive Schränkchen nicht aus, wird man gegebenenfalls Gepäcknetze anbringen, wie man sie ähnlich von der Eisenbahn her kennt. Auch ein einzelnes Ablagebord (mit erhöhter Vorderleiste, damit nichts runterfällt) ist besser, als ungenutzter Raum und fehlende Abstellmöglichkeiten. So ein Ablagebord braucht nicht sehr breit zu sein, wenn es an Platz fehlt, aber man kann es gut mit der Gardinenleiste verquicken, die man ja doch irgendwo anbringen muß.

Will man, um noch einmal auf die Hängeschränke zurückzukommen, weder Schiebe- noch Klapptüren einbauen, vielleicht weil die Hängeschränke sowieso recht flach sind, so kann man auch nur längliche Greiföffnungen auflassen, die dann mit innen angebrachten Vorhängen geschlossen werden. So kann kaum noch etwas herausfallen. Auch Gummizug-Netze oder ein breites Gummiband vor der Öffnung können diese Aufgabe übernehmen. Natürlich kann man auch die Ablageborde so sichern.

Und reicht der Platz überhaupt nicht für eine feste Abstellmöglichkeit, kann man auch gekaufte oder selbstgenähte Staubeutel mit Tenax-Nägeln an Wand oder Dach anbringen. Das hat den Vorteil, daß man sich keine Beulen und blauen Flecke holen kann und außerdem viel hineinpaßt. Solche Stautaschen lassen sich auch aus Kunstleder fertigen und nehmen beispielsweise das ganze Zahnputz- und Kosmetikzube-

VW-Campingbus
(Westfalia): Der praktische Schwenktisch ist an der seitlichen Sitztruhe befestigt. Er kann zum Bettenbau abgenommen werden. Mit einem extra Tischfuß kann er auch außen gesondert benutzt werden.

hör auf. Innen an eine Schranktür gehängt, ist alles griffbereit und übersichtlich untergebracht. Auch die in Kaufhäusern oder im Handel angebotenen sogenannten »Utensilos«, Behälter aus Weichplastik, sind eine praktische Stauhilfe im Wohnmobil. Auch der Campingzubehörfachhandel hat geeignete Teile anzubieten. Eine praktische Mehrzweck-Box in schlagfestem Kuststoff und verschiedenen Farben wird z. B. von Sport-Berger angeboten, die geradezu geschaffen ist, auch noch letzte Winkelchen zu einem Staufach umzugestalten.

Auch Vorzelttaschen oder Toilettentaschen sind in derartigen Fachgeschäften in großer Auswahl erhältlich.

5.) *Tische:*

Der Tisch in einem Wohnmobil hat viele Funktionen, denen er gerecht werden muß. Er ist Eßtisch, Couchtisch, Schreibtisch, Arbeitstisch und Campingtisch in Einem. Nachts muß er eventuell noch als Bettboden usw. Verwendung finden.

Ein so vielseitiges Möbelstück verdient gründliche Überlegungen. Es ist nicht bloß ein Brett mit Beinen.

Eine Tischlerplatte mit Resopalbelag ist eine gute Basis. Werden die Kanten entsprechend gerundet, um blaue Flecken zu vermeiden, kann ein aufgebügelter Umleimer den letzten Schliff geben. Eine solche Platte ist den meisten Belastungen gut gewachsen. Dient die Tischplatte allerdings nachts mit als Bettboden, muß sie unten mit mehreren Querstreben verstärkt werden, weil die Belastung nur in einer Richtung (je

196

nach Stabverlauf) vertragen wird und ein ausgewachsener Mensch nun mal sein Gewicht hat. Wird der Stabverlauf innerhalb der Tischlerplatte quer, also von Sitzbank zu Sitzbank gewählt, ist eine Verstärkung meist nicht nötig.

Die im Campinghandel erhältlichen Tischbeine und Untergestelle lassen keine Wünsche offen. Da gibt es Säulen-Hubtische mit einem oder zwei Beinen, Scheren-Tischfüße, Rohrfüße mit Grundplatte, klappbare Tischfüße, aus Rohr gebogene Rohrrahmen usw. Selbst raffiniert zusammenfaltbare Drahtgestelle mit Spannverstrebungen, Kufenfüße und Teleskopbeine sind im Angebot. Eine weitere Möglichkeit sind die Tischaufnahmeleisten, die an die Wand oder ein Möbelstück geschraubt werden können. Die passenden Gegenstücke werden an der Tischplatte angeschraubt, und der Tisch kann leicht eingehängt werden. Ist der Tisch nicht zu groß, genügt diese Befestigung bereits. Größere Tischplatten erhalten auf der Gegenseite ein Auflager. Das kann eine Leiste sein oder auch ein einklappbares Tischbein.

In jedem Fall sollte man den Tisch so bauen, daß er leicht herauszunehmen geht. Abends muß er sowieso meist weg, weil er im Wege ist. Und über Tag möchte man ihn vielleicht draußen benutzen. Wer sich bastlerisch nicht zum Tischebauen berufen fühlt, kann genau so gut auch einen fertigen Tisch kaufen. Es gibt sowohl im Campingfachhandel, im Versandhandel und in jedem Kaufhaus eine größere Auswahl an brauchbaren Camping- oder Gartentischen. Für das Fahrerhaus werden neuerdings im Autozubehörhandel sogenannte Lenkradtische angeboten, die ebenfalls recht praktisch sind für Wohnmobilisten.

SCHUTZ VOR SICHT UND SONNE

Fenster haben nicht nur gute Seiten in einem Wohnmobil. Sie lassen zwar Licht herein und geben uns die Möglichkeit, hinauszuschauen. Andererseits aber lassen sie auch anderen Leuten die Chance, sich über unser Wohnmobilleben zu informieren. Besonders abends bei Licht, das die Zuschauer anzieht wie die Motten, möchte man sich in seinem Fahrzeug doch gegen allzu neugierige Blicke abkapseln.

Aber auch bei Tag, wenn die Sonne durch die Scheiben dringt und aus unserem Wohnmobil einen Grill machen möchte, ist ein entsprechender Schutz erwünscht.

Welche Möglichkeiten bieten sich im Wohnmobil an?

1.) *Vorhänge:*
Im primitivsten Falle genügt bereits eine straff gespannte Schnur über den Fenstern, an der ein paar Stücke Vorhangstoff baumeln. Aber so primitiv wollen wir es nicht in unserem mit so viel Liebe und Sorgfalt

Der Wohnbereich in einem Reisemobil der Firma Arnold mit Sitzecke und Eßtisch, Kleiderschrank, Duschraum und rechts angeordnet die Küche.

ausgestatteten Fahrzeug. Entweder bringen wir richtige Gardinenschienen mit Montagewinkeln über den Fenstern an oder schrauben sie unter die Ablageborde (siehe Zeichnung Seite 165). Auch die preiswerten PVC-Schienenprofile, die sich noch dazu jeder Biegung anpassen, sind sehr gut geeignet, sie werden an ebenfalls biegbaren Kunststoff- oder Alu-Winkeln befestigt. Ist die Karosserie sehr kompliziert gestaltet, kann auch ein entsprechend angepaßtes Leistenprofil angeschraubt werden, das dann die PVC-Schiene hält. Eine Sichtblende sollte man vor die Gardinenschiene schrauben, sie deckt die häßlichen Röllchen ab.

Kleine Fenster kann man auch mit einer »Spannfix«-Federspirale als »Gardinenschiene« versehen. Das ist eine kunststoffummantelte Federspirale, die mit kleinen Ösenschrauben an der Wand befestigt wird. Die umgenähte Gardine wird oben durch diese Spirale gehalten und läßt sich auch entsprechend verschieben. Diese Spannfix-Federspiralen oder aber auch entsprechende Gummizüge werden ebenfalls unten verwendet, weil die Gardinen oder Vorhänge nicht flattern sollen. Diese elastischen Schnüre halten die Gardine in ihrer Lage an der Scheibe fest.

Nun gibt es aber auch Fenster, an denen man tagsüber keine Vorhänge oder Gardinen gebrauchen kann, beispielsweise im Fahrerhaus. Da helfen dann die praktischen Tenax- oder Minax-Verschlüsse, die mit einer Seite im Stoff sitzen, die Schraube als Gegenstück sitzt in der Fahrzeug- oder Möbelwand. Bei Bedarf kann dann der Vorhang einfach angeknöpft werden. Nach gleichem Prinzip funktionieren auch die »Cuplo«-Druckknöpfe usw., der Campingfachhandel und Geschäfte für Bootszubehör haben eine reiche Auswahl. In einigen Fällen kann aber auch solche Lösung nichts helfen, weil die hervorstehenden Schraubköpfe stören. Das kann z.B. bei Schiebetür-Fenstern der Fall sein. In diesen Fällen hilft man sich mit ein paar der kleinen Haftmagnete, die ja prima am Karosserieblech haften. Ist die Verkleidung aus Holz dazwischen, oder bei Kunststoffkarosserien, greift man zu Klettband, auch Kletten-Reißverschluß genannt. Eine Hälfte an die Wand geklebt (Kontaktkleber), die andere Hälfte an den Vorhang, schon ist das Problem aus der Welt. Mit diesem Klettband kann man auch sehr gut Mückenschutzvorhänge an Ausstellfenstern oder Dachluken befestigen, weil es absolut ausreichend dichtet, was bei anderen Vorhangbefestigungen nicht immer der Fall ist.

Bezüglich des Vorhangstoffes noch ein Tip: Ein freundlicher heller Vorhang sieht bestimmt sehr gemütlich aus, aber er hat Nachteile. Erstens ist er nicht lichtdicht. Abends strahlt unsere Wohnmobil-Beleuchtung wie ein mittleres Leuchtfeuer das Signal in die Gegend, daß hier Menschen in einem Fahrzeug übernachten. Auf einem Campingplatz ist das ja etwas Normales, mitten im Wald, auf einem Parkplatz oder in einer ruhigen Seitenstraße einer Großstadt hingegen habe ich das nicht so gerne. Morgens um fünf dagegen weckt einen die Sonne mitten aus dem schönsten Schlaf, weil es im Wagen taghell ist. Auch das mag ich nicht, wenn ich erst um acht Uhr aufzustehen brauche im Urlaub. Deshalb würde ich einem dichten und dunklen Vorhangstoff, es braucht ja nicht gleich schwarzer Samt zu sein, den Vorzug geben. Die andere Möglichkeit sind helle freundliche Vorhangstoffe und zusätzlich Sichtschutz-Vorrichtungen.

2.) *Rollos:*

Eine platzsparende und praktische Einrichtung sind Rollos in einem Wohnmobil. Sie sind einfach anzubringen, es gibt sie in den verschiedensten Ausführungen und Abmessungen. Außerordentlich gut bewähren sich Sonnenschutz-Rollos. Diese Schnapprollos haben eine reflektierende Metallbeschichtung, die über 90% der Sonneneinstrahlung vom Fenster abhält und damit wesentlich zur Klimatisierung im Wagen beiträgt. Die Rollos gibt es, wie auch alle anderen Rollos, im Campingbedarf montagefertig mit allem Zubehör zu kaufen. Der Mehrpreis zwischen Sonnenschutzrollo und Normalrollo sollte nicht schrecken, das Sonnen-Schutzrollo bietet echt mehr! Den gleichen

Effekt haben auch die Dachhaubenrollos, die spezielle Führungen haben, um das Oberlichtfenster im Wagen abzudunkeln.

3.) *Blenden:*

Ein paar dünne (2 mm) Sperrholzplatten, in Fenstergröße zugeschnitten, ergeben einen ebenso guten, aber billigeren Sichtschutz wie ein Rollo. Allerdings muß man in Kauf nehmen, daß diese Blenden irgendwo verstaut werden wollen, wenn sie nicht gebraucht werden. Aber für so dünne Platten findet sich hinter den Möbeln oder unter den Sitzen sicher ein Platz.

Streicht man die Platten außen mit Alu-Bronze oder beklebt man sie mit Haushalts-Aluminiumfolie, hat man den gleichen Sonnenschutzeffekt wie die Spezial-Rollos. Man muß sich nur eine geeignete Halterung für diese Blenden am Fenster austüfteln. Das kann ein Schiebetürprofil aus Plastik sein, das man oberhalb und unterhalb des Fensters anklebt. Es kann auch eine Reihe kleiner Haken sein, in die man die Blende einhängt, oder man nimmt Klettband (das dünne Sperrholz wiegt ja nicht viel) für die Befestigung. Auch ein Gummizug oder »Spannfix«-Federspiralen sind eine Möglichkeit, solche Blenden zu fixieren. Mit Blenden hat man die Möglichkeit, wenn sie entsprechend sorgfältig gebaut sind, sein Fahrzeug sogar zu einer Dunkelkammer zu machen. Dann kann man schon vorab prüfen, ob die Urlaubsaufnahmen wirklich was geworden sind. Wasser und Licht ist ja außerdem da, mehr braucht ein pfiffiger Fotoamateur schon kaum noch.

4.) *Markisen:*

Die käuflichen Fenstermarkisen erhält man überall in sehr großer Auswahl, in fast allen Farben und zu einem Preis, daß sich Selbermachen kaum noch lohnt. Die passenden Gestänge bekommt man ebenfalls im Fachgeschäft zusammengestellt. Eine Markise braucht aber nicht nur als Sonnenschutz für ein Fenster zu dienen, man kann sie genau so gut als Sonnen- und Regenschutz beispielsweise über der Wagentür anbringen. Ein Vorzeltprofil aus Aluminium ist rasch mit ein paar Blechschrauben an der Karosserie montiert. Dann braucht man bloß noch die Markise mit ihrem Kederband einziehen und das Rohrgestell (an den Wagentürgriffen beispielsweise) befestigen, allerdings so, daß man es jederzeit wieder demontieren kann, wenn man weiterfahren will. Die Klammern des Gestänges sollte man innen mit Selbstklebeband oder Isolierband auskleiden, damit sie nichts am Fahrzeug zerkratzen können.

Es gibt auch spezielle Markisenhalter, die an der Karosserie befestigt werden und das Gestänge tragen.

Man kann natürlich auch ein komplettes Vorzelt montieren, das als Zubehör entweder nach Maß gefertigt wird oder in verschiedenen Standardmaßen fertig erhältlich ist. Das gleiche betrifft Vordächer, die den Vorzug leichterer Montage haben. Eine Firma hat speziell für Wohnmobile ein Vordach in ihrem Programm, das in einer festen, auf dem Dach montierten Hülle aufgerollt zu transportieren ist. Bei Bedarf wird es, ähnlich wie ein Schnapprollo, hervorgezogen und mit den zugehörigen Gestängen ausgesteift. Auch passende Seitenteile sind erhältlich als Wind- und Sichtschutz. Allerdings leidet bei derartigen Konstruktionen schon wieder die Mobilität des Fahrzeugs, wenn Sie für jede Einkaufsfahrt oder zum Wasserholen erst alles abmontieren müssen.

5.) *Isoliermatten:*
Als Isoliermöglichkeiten bei Einscheiben-Glasfenstern im Fahrzeug kann man zwischen Polsterfolie und Vorsatzscheiben wählen.
Die sogenannte Luftpolsterfolie besteht aus zwei dünnen Polyäthylenfolien, die kleine Luftkammern einschließen. Dadurch wird eine gute Wärmedämmung erreicht, ohne daß die Helligkeit des Fensters zu stark beeinträchtigt wird. Man kann sie als Meterware kaufen und passend zuschneiden. Um die Anbringung am Fenster muß man sich allerdings selbst kümmern. Das kann ähnlich geschehen wie bei den Sperrholzblenden oder beispielsweise mit Gummisaugern an der Scheibe. Legt man keinen Wert auf Transparenz der Scheibe, kann man auch Hartschaumplatten als Isoliermaterial verwenden. Allerdings sollte man diese wegen der Haltbarkeit zwischen dünne Sperrholzplatten kleben (Tapetenkleister, Hartschaumkleber, keinesfalls lösungsmittelhaltiger Kleber, der die Hartschaumplatten zersetzt). Die andere Möglichkeit sind Scheiben aus Plexiglas oder klarem PVC, wie man sie in Heimwerker-Märkten als Plattenware kaufen kann. Die Scheiben werden von innen mit magnetischen Streifen kondenssicher angebracht. So erhält man einfach gutisolierende Doppelfenster im Wohnmobil.

DIE FLEXIBLE SUPERSPAR-EINRICHTUNG

Es gibt immer wieder Leute, die Angst vor der eigenen Courage haben. Sie wünschen sich zwar ein Wohnmobil, aber sie trauen sich nicht an die doch recht hohen Anschaffungskosten heran. Oder sie wissen nicht, ob ihnen so etwas überhaupt Spaß macht und ob man sich darin auch wohl fühlt, in so einem rollenden Wochenendhaus. Für all die Unentschlossenen einen heißen Tip: Leihen Sie sich bei einem Bekannten oder einem Autoverleih einen geeigneten Kastenwagen oder Transporter und starten Sie mit einer (zugegeben sehr primitiven)

Spar-Einrichtung ein paar Tage in die nähere Umgebung zu einem verlängerten Wochenend-Urlaub. Die Einrichtung? Kein Problem! In jedem Kaufhaus, in Campingfachgeschäften und in Ihrem eigenen Haushalt finden Sie für ein paar Mark alles Nötige. Mit den Campingliegen vom Dachboden oder ein paar Luftmatratzen haben Sie bereits die Schlafmöglichkeit geschaffen. Ein paar Decken oder sogar Schlafsäcke finden sich sicher auch irgendwo. Als Waschgelegenheit für ein Wochenende muß eine Plastikschüssel und ein Kanister für Trinkwasser reichen. Ein Auto-Kleidersack oder ein zusammenlegbarer Camping-Kleiderschrank nehmen unsere Garderobe auf, mit Fliegengaze umspannte Lebensmittelkörbe oder spezielle Camping-Lebensmittelgestelle schützen unsere Verpflegung vor ungeladenen Gästen. Ein Campingtisch und ein paar Falthocker finden sich auf dem Balkon, notfalls bei Bekannten. Die Küche wird entweder durch ein romantisches Lagerfeuer oder besser einen ganz billigen Camping-Grill ersetzt, den man allerdings nur bei trockenem Wetter draußen benutzen sollte. Bei Regen hilft ein Regenschirm, von starker männlicher Hand über den Grill gehalten. Das Geschirr haben wir, genau so wie die Töpfe, zu Hause ausgeliehen. Wer den Abwasch scheut, kann auch zu Wegwerfgeschirr aus Pappe und Töpfen aus Alufolie greifen. Auch die neuartige Bratfolie (z.B. Melitta 2000) kann man für den Campinghaushalt entdecken. Als Beleuchtung reicht für diese kurze Zeit eine vernünftige Taschenlampe, die Heizung (man wird ja nicht gerade im Winter ein solches Experiment wagen) wird durch ein hochprozentiges geistiges Getränk ersetzt, aber es genügt auch, wenn man notfalls zwei dicke Pullover dabei hat. Diese ganze Spar-Einrichtung kostet nur einen Bruchteil von dem, was ein Wohnmobil zu leihen kostet, macht aber meiner Ansicht nach auch Spaß und hilft, die richtige Entscheidung zu treffen!

EIN KAPITEL ÜBER ZUBEHÖR

Ein fertig gekauftes oder auch selbst ausgebautes Wohnmobil ist eine feine Sache. Leider noch keine komplette. All die kleinen Dinge, die einen voll einsatzbereiten fahrbaren Haushalt ausmachen, fehlen noch. Ich meine das Zubehör, das die dafür zuständige Industrie in reichem Maße anbietet. Vieles davon ist wichtig, einiges nützlich und manches Geldverschwendung. Schauen wir uns also einmal um, was so angeboten wird und was davon wirklich für unser Wohnmobil nützlich erscheint.
Wichtig ist als erstes ein vernünftiger Feuerlöscher. Ich möchte Ihnen keine Bange machen, aber wenn Sie bedenken, aus wieviel brennba-

VW-Bus (Sonderausbau): Das Volkswagenwerk liefert auf Anforderung ausführliche Unterlagen über Sonderausrüstungen zum Beispiel bei Tropenreisen. Außer Tropenfilter, Steinschlagschutz und Verbundglasscheibe sind tropenfeste verstärkte Stoßdämpfer, angehobenes Wagenheck und eine Menge zusätzlicher Bordausrüstung zu empfehlen.

ren Dingen so ein Wohnmobil besteht, und wenn Sie noch an die Gasanlage, die Elektroinstallation und den Benzinkanister denken, wird Ihnen ein mindestens 2-kg-Pulverlöscher nicht unnütz erscheinen. Installieren würde ich ihn im Fahrerhaus, weil er erstens da noch Platz hat und zweitens auch mal schnell greifbar ist, wenn man einem anderen helfen möchte. Oder sich! Und da wir gerade vom Helfen sprechen, eine Reiseapotheke (außer dem gesetzlich vorgeschriebenen Verbandskasten) mit einigen Mittelchen für die Reise, mit ein paar Medikamenten, die wir sowieso einnehmen müssen, kann auf einem Urlaubstrip allerhand Sorgen ersparen. Oder können Sie den Doktor verstehen, wenn er nur türkisch oder griechisch spricht?

Um auch für andere Fälle Sprachschwierigkeiten auszuschalten, würde ich außer einem Sprachführer oder Wörterbuch bei Auslandsreisen vor allem Reparaturmaterial für das Fahrzeug und die Einrichtung einpacken. Hilfreiche Hände findet man am schnellsten am Ende seiner

Flügeltüren im Wohn-
mobil, ob seitlich
oder hinten, haben
auch ihr Gutes: Man
kann z.B. solche
Stautaschen anhän-
gen und darin all die
tausend Kleinigkeiten
unterbringen, die
man sonst womög-
lich ständig sucht.
(Einrichtung: Weins-
berg).

eigenen Arme! Außer dem meist sehr dürftigen Bordwerkzeug der Au-
tohersteller, würde ich noch eine vernünftige Kombizange, mehrere
verschiedene Schraubendreher und Kreuzschraubendreher, ein
Mehrzweckmesser, eine kleine Metallbügelsäge, eine Prüflampe
12/220 Volt, einen Camping-Kombispaten, eine gute Taschenlampe
(aufladbar), einen Satz Schraubenschlüssel, ein oder zwei Schraubzwingen und einen Satz Handbohrer mitnehmen. Zusätzlich noch Isolierband, Selbstklebeband, Draht und E-Kabel, Sicherungen, Kabel-
klemmen, Ersatzglühlampen für alle Leuchten, auch die im Fahrzeug
selbst (in verschiedenen Ländern bereits vorgeschrieben!), Kontaktkleber, Dauerelastikmasse, Alleskleber, Gummilösung, Kaltmetall,
PVC-Kleber, Pannenspray, Schaumstoffplatten verschiedener Größe,
vielleicht auch für die Gas-Anlage ein Spray zum Lecksuchen. Unbedingt in unsere Notwerkstattausrüstung gehören ein oder zwei paar
alte Handschuhe für Schmutzarbeiten und eine Reihe Putzlappen.
Auch eine alte Schürze kann nichts schaden, sie ist billiger als ein ver-
sauter Ausgehanzug.
Wenn Sie nun noch genügend Ersatzteile für alle Aggregate an Bord
eingepackt haben, also beispielsweise Feuersteine für den Gasanzün-

der im Kühlschrank, Schraubglühkörper für die Gasleuchte, Chemikalien für das WC, Dichtungen und einen Ersatzschlauch für die Wasserversorgung usw., dann sind Sie schon für eine kleine Panne in zivilisierten Gegenden ganz brauchbar ausgestattet. Ein Abschleppseil, Ersatzkeilriemen (evtl. ein zurechtschneidbarer Universalriemen), Ventileinsätze, Zündkerzen, Motoröl, Reservekanister für Benzin usw. sollten sowieso in jedem halbwegs ausgestatteten Fahrzeug vorrätig sein, um nicht völlig hilflos jeder kleinen Panne ausgeliefert zu sein. Für Expeditionen oder zumindest große Reisen mit seinem Fahrzeug erhält man von seiner Autofirma auf Wunsch genaue Unterlagen über Tropen-Ausstattungen und Sonderzubehör. Diese Angaben sind aber zum Teil so speziell, daß nähere Einzelheiten hier zu weit führen würden. Wichtig ist zu wissen, daß es darüber Informationsmaterial gibt. Wer von Anfang an sein Fahrzeug für diese Zwecke einrichten will, sollte mit seiner Autofirma sprechen, ein großer Teil empfehlenswerter Sonderausstattungen kann gleich ab Werk eingebaut oder zumindest geliefert werden. Diese sorgfältig erprobten Teile können einem eine große Hilfe sein, vielleicht sogar das Leben retten! Man sollte in diesen Fällen die Erfahrungen anderer Camper und Spezialisten unbedingt übernehmen. Eine Reihe von Wohnmobil-Ausbaufirmen haben auch eigene Reiseberichte und Tips in vervielfältigter Form zur Hand, die sie (gegen Gebühr) abgeben. Diese Berichte sind immer noch billiger als ein Totalschaden in den Anden oder in der Sahara!

Zurück zu normalem Camping-Zubehör: Zum Einsteigen in das Fahrzeug ist eine Trittstufe mit Gitterrost praktisch, weil der meiste Dreck draußen bleibt. Diese zusammenklappbaren Roste sind schon dann praktisch, wenn der Abwasserschlauch unter dem Wagen einen Sumpf verursacht hat (das sollte eigentlich nicht sein!) und man trocken ins Fahrzeug gelangen will.

Aus dem gleichen Grunde ist auch eine Fußmatte im Wageneingang sehr empfehlenswert, wenn man Wert auf einen halbwegs sauberen Fußboden legt. Auch ein Streifenvorhang im Eingang ist praktisch. Insekten und neugierige Blicke bleiben draußen, frische Luft aber kann herein. Apropo Insekten: Auch ein paar Moskitonetze gehören bei größeren Reisen ins Gepäck, wenn man nicht gleich alle Öffnungen des Wagens damit schon ausgestattet hat. Bei dem Stichwort Gepäck sollten Sie einen Blick auf das Wagendach werfen: Ein Dachgepäckträger oder ein fester Autodachkoffer kann noch allerhand schlucken, was im Inneren keinen Platz mehr findet. Auch Packsäcke sind nützlich, wenn die Dinge auf dem Dachgepäckträger geschützt werden sollen. Und was da nicht verstaut werden kann, findet notfalls in einem angehängten (Anhängerkupplung muß TÜV-abgenommen und eingetragen sein) Wohnwagen, Boot oder auch bloß Gepäckanhänger sein Plätzchen. Wenn man mit so einem Gespann irgendwo liegenbleibt oder im schlimmsten Fall mit dem Wagen voller Zubehör im Treibsand versinkt, ist ein kleiner Flaschenzug oder Hebezug eine große Hilfe. Der Kapitän einer Landyacht freut sich sicher auch über Dinge wie einen Kleinkompressor oder eine Fußluftpumpe mit Manometer für den Fall einer Reifenpanne, auch eine Wasserwaage zum Ausrichten des Fahrzeugs ist eine nützliche Sache, zumal die Camping-Absorberkühlschränke in punkto grader Aufstellung einigermaßen anspruchsvoll sind. Auch ein preiswerter Campinggrill ist eine Sache, die Männerherzen höher schlagen läßt, schließlich ist die Zubereitung eines saftigen Steaks ein Vergnügen, das man sich nicht von der besseren Hälfte rauben lassen sollte. Zur Vermeidung häuslichen Streits kann man zur Ausstattung der Wohnmobilküche mit Zubehör wie Dampf-Schnellkochtopf (spart viel Energie und schont so den Gasvorrat), Staubsauger (12 Volt, läßt sich natürlich auch im PKW verwenden), Kaffeemaschine (12 Volt), Geschirr-Abtropfgestell (für die Spüle passend) und einem faltbaren Wäschetrocknergestell beitragen. Auch ein Abfallbehälter oder Müllbeutelspender ist eine Angelegenheit, die die Arbeit im Wohnmobil erleichtert und Ordnung halten hilft, genau so wie ein kleiner Mini-Tresor, der irgendwo unter ein Möbelstück angeschraubt wird und den Langfingern nur die Wahl läßt, entweder das ganze Fahrzeug mitzunehmen oder unsere Papiere und die Reisekasse in Ruhe zu lassen. Aber warum die Herren Einbrecher überhaupt so weit kommen lassen? Wer sich nicht scheut, eine raffinierte Alarmanlage zu installieren, ist natürlich fein heraus.

Aber auch bei weniger Aufwand kann man mit ein oder zwei preiswerten Fadenzug-Alarmgeräten oder einer auf Erschütterungen oder Umkippen ansprechenden Alarmkugel sein Fahrzeug ganz brauchbar absichern. Damit man nicht auf Batterien angewiesen ist, die in den Geräten möglicherweise grade dann verbraucht sind, wenn sie Alarm schlagen sollen, kann man auch einen Anschluß an die Fahrzeugbatterie herstellen (Spannung beachten!). Ein großer Teil des Zubehörangebotes wurde bereits im Rahmen der vorangegangenen Kapitel angesprochen, so daß die Aufzählung an dieser Stelle nicht nötig erscheint. Das Angebot der Spezialisten für Zubehör wächst ständig, man sollte daher bei jeder Gelegenheit die Augen offen halten, um Neuheiten oder Verbesserungen auf ihre Verwendungsmöglichkeit im Wohnmobil zu prüfen. Eine auch noch nicht so alte Verbesserung ist zum Beispiel die Luftpolsterfolie, die bereits an anderer Stelle erwähnt wurde. Man kann sie aber auch einsetzen, um empfindliche Teile bruchsicher zu verpacken. Oder im Fahrzeug hinter die Polsterteile gehängt, verhindert sie Schwitzwasserbildung bei Wintercamping und hinterlüftet die Möbel. Notfalls kann man sie auch auf den Kunstleder-Fahrersitz packen, da-

mit man bei sommerlicher Temperatur nicht mit naßgeschwitzter Kleidung fahren muß.

Auf das umfangreiche Angebot der Fachfirmen betreffs Campingmöbel
wie Klapphocker, Deckstühle, Liegen usw. einzugehen, erübrigt sich,
weil hier jeder selbst ausreichende Informationsmöglichkeiten hat.
Auch die angebotenen Vorzelt- und Toilettenzeltprogamme sind ebenso wie spezielle Duschzelte etwas für Wohnmobilbesitzer, die ihren
Urlaub mehr an einem Ort verbringen wollen.

Spezial-Zubehör für Auslandsreisen ist gleichfalls ein sehr kompliziertes
tes Gebiet mit entsprechendem Umfang. Je nach Reiseland können die
Anforderungen an die Ausrüstung stark schwanken. Für Reisen im europäischen Ausland würde ich für die Gasversorgung beispielsweise
das »Euroflaschenset« mitnehmen, einen Satz Verschraubungen, mit
dem sämtliche Gasflaschen in Europa verwendbar sind. Auch für die
Elektrik empfiehlt sich ein Satz Zwischenstecker und Kupplungsteile,
um den verschiedenen Anschlußmöglichkeiten gerecht zu werden. Eine entsprechend lange Kabeltrommel darf ebenfalls nicht fehlen, wie
auch die elektrischen Geräte europäischen Ansprüchen gerecht werden sollten.

Tips und Adressen

VOR DER REISE

Über die leider unvermeidlichen gesetzlichen Formalitäten betreffs Zulassung des Wohnmobils zum öffentlichen Straßenverkehr wurde bereits in dem Abschnitt »Kosten und Nebenkosten« eingegangen. Ich hoffe, daß der TÜV, der technische Überwachungsverein, keine besorgniserregenden Feststellungen an Ihrer Landyacht treffen mußte. Auch die Zulassungsstelle hat mit dem Eintrag in die Fahrzeugpapiere ihren Segen gegeben und das Finanzamt wird mit der ersten Aufforderung, KFZ-Steuern zu entrichten, auch nicht lange auf sich warten lassen. Zu guter Letzt kommt auch noch die Versicherung und hält beide Hände auf, auch wenn wir glaubhaft versichern, daß unser Wohnmobil nur einmal im Jahr für 4 Wochen gebraucht wird. Prämien zahlen muß man da für volle 12 Monate, wenn das Fahrzeug nicht in der übrigen Zeit abgemeldet ist. Über das Thema »vorübergehende Stillegung« wurde auch bereits gesprochen. Aber nehmen wir an, die Anschaffungskosten, die Zulassungs- und Versicherungskoten und andere Nebenkosten haben noch so viel Geld übriggelassen, daß wir noch an eine zumindest kleine Reise mit dem Wohnmobil denken können, so sollte nun daran gegangen werden, das Fahrzeug startklar zu machen:
Da tauchen sofort eine ganze Reihe Fragen auf, die unser Reiseziel betreffen: Wohin soll die erste Reise gehen? Was für Vorschriften sind in den zu durchfahrenden Ländern zu beachten? Verkehrsregeln, Zollbestimmungen, Paßformalitäten, Devisen usw. kann man bei seinem Automobilklub oder bei Reisebüros erfragen. Weitergehende Informationen bekommt man in den konsularischen Vertretungen des betreffenden Reiselandes. Auch über Land und Leute, Klima, Essgewohnheiten, mögliche Krankheiten, Einreisebestimmungen für Haustiere und anderes sollte man sich möglichst frühzeitig unterrichten. So werde ich beispielsweise erst dann nach Großbritannien reisen können, wenn entweder die engstirnigen Quarantänebestimmungen für Hunde weggefallen sind oder meine Promenadenmischung das Zeitliche gesegnet hat. Also auch nach solchen Kleinigkeiten kann sich unter Umständen eine Reise richten! In der Zwischenzeit, in der die Reiseformalitäten geklärt werden, die Einreisevisa bearbeitet werden und der Familienrat die Fahrtroute festlegt (die nachher doch meist nicht eingehalten wird, weil es auch rechts und links der Straße schöne

Kein Baum, kein Strauch und schon garnicht ein Hotel. Trotzdem ist man sogar in so einer relativ unwirtlichen Gegend sofort zu Hause, sobald man den Motor des Wohnmobils abgestellt hat. Und wenn das Wetter schlechter wird? Einfach weiterfahren!

Gegenden zu entdecken gibt), in dieser Zwischenzeit also erledigen wir die letzten Vorbereitungen am Fahrzeug.

Zunächst verstauen wir all das an Zubehör und Ausrüstung im Wagen, was ständig drin bleiben kann. Also Schlafsäcke beispielsweise, Decken, Kopfkissen, Kochtöpfe und Campinggeschirr, die ganzen Ersatzteile, die Tasche mit dem Extra-Werkzeug usw., alles wird an seinem bestimmten Platz untergebracht.

Dann nehmen wir auch die vollen Reservekanister an Bord und ebenso das Motorenöl, das Trinkwasser und die Konservenbüchsen, soweit es überhaupt richtig ist, Konserven mitzunehmen. Vollgetankt ist das Wohnmobil ebenfalls, also starten wir zu einer . . . Probefahrt! Wenn Sie nämlich das erste Mal mit einem vollgepackten Wohnmobil losfahren, werden Sie feststellen, warum eine Probefahrt vor Antritt jeder größeren Reise erforderlich ist: Es gibt ein paar Stellen, wo Teile aneinanderklappern, ein Teil knarrt oder quietscht sogar, und durch die Verwindungsarbeit einer ersten Fahrt stellt sich auch heraus, ob alle Leitungen wirklich dicht sind.

Unterwegs: Wohin mit den Wertsachen? Werden Sie auch nervös, wenn Sie Ihre wertvolle Kameraausrüstung, Ihre Papiere und das Bargeld mitsamt den Eurocheques am Strand oder beim Stadtbummel im Wagen zurücklassen müssen? Ein pfiffiger Wohnmobilbesitzer baute in seinen Campingbus einen soliden Stahlblechtresor ein. Zwischen den Vordersitzen ist alles griffbereit untergebracht, aber nur für den Eigentümer.

Fahren Sie ruhig einmal ein paar Kilometer, auch oder gerade über miserables Pflaster, über Feldwege oder auch durch enge Gassen. Natürlich sollten Sie auch nicht davor zurückschrecken, in der Hauptverkehrszeit durch die Stadtmitte zu schleichen. Dem Fahrzeug bleiben derartige Strapazen später sowieso nicht erspart. Ihnen helfen die gewonnenen Erkenntnisse aber sicher, sich auf einer größeren Reise mit dem Fahrzeug durchzuschlagen. Das Blut und Wasser, das Sie jetzt auf der Probefahrt vielleicht schwitzen müssen, bleibt Ihnen später, im Berufsverkehr mitten in Paris oder auf einem unbefestigten Passweg in den Pyrenäen, wahrscheinlich erspart.

Sind Sie von der Probefahrt zurück, stellen Sie bitte sofort alle festgestellten Mängel ab. Wird das auf die lange Bank geschoben, ist es meist gleich ganz vergessen. Und merken wird man es erst, wenn man wirklich auf die Reise geht, das ist dann viel ärgerlicher.

Auch die ganze technische Einrichtung sollten Sie jetzt noch unter die Lupe nehmen: Sind die Wasser- und Gasleitungen absolut dicht? Funktioniert der Gaskocher, der Kühlschrank, die Leuchte? Geht der Wasserhahn, ist der Abwasserschlauch noch an der Stelle, wo er hingehört? Auch eine Heizprobe sollte man nun vornehmen, eine Panne an der Heizung, erst nachts in den Bergen festgestellt, ist viel unangenehmer als jetzt die paar Minuten Zeitverlust. Es ist übrigens meiner Ansicht nach auch keine verlorene Zeit, sondern ein Vorgeschmack auf den Urlaub, vor der Reise mal mit allen Mitreisenden eine Probenacht im Wohnmobil zu verbringen. Erstens entdeckt man völlig neue Seiten an der Stadt, in der man doch schon so lange gewohnt hat, wenn man sie mal nachts aus Straßenperspektive kennenlernt. Zweitens wird man entdecken, daß Bettenbauen und Sachen verstauen in einem Wohnmobil ganz andere Probleme mit sich bringt, als man das von zu Hause gewohnt ist.

Drittens werden Sie sehen, wieviel Dinge Sie noch zu Hause vergessen haben, die sich so aber noch gut am nächsten Tag einpacken lassen. Überhaupt sollte man als »ungelernter Wohnmobilbesitzer«, besonders wenn auch noch keine Erfahrungen als Camper mit Zelt oder Wohnwagen vorliegen, die erste Zeit immer Papier und Bleistift mitnehmen und alle Wünsche oder festgestellten Mängel sofort notieren. Nach zwei, drei Reisen hat man dann ein wirklich komplett eingerichtetes Wohnmobil und nichts kann einen mehr aus der Ruhe bringen.

Nach Probefahrt und möglichst auch einer Probenacht kann man an Hand seiner Notizen darangehen, die Ausrüstung zu vervollständigen. Der Proviant wird verstaut, die Reisekasse mit Reiseschecks, Devisen und DM gefüttert, Benzingutscheine (?), Reise- und Sprachführer eingepackt, Trinkwasservorrat ergänzt, Toilette betriebsbereit gemacht, Bekleidung (und Regenmantel!) werden im Kleiderschrank untergebracht, Schuhputzzeug, Brillen (in vielen Ländern ist die Ersatzbrille Vorschrift!) und Taschenlampe finden ihre Plätzchen. Auch eine gute Reparaturanleitung für das Fahrzeug und ebenfalls für die eingebauten technischen Geräte, zumindest aber die Gebrauchsanweisungen gehören zum Reisegepäck. Führerschein, Fahrzeugpapiere, Versicherungsdaten und Ausweis oder Reisepaß kommen in die Brieftasche zusammen mit einigen Reiseschecks und etwas Bargeld. Der Rest wird so verstaut, daß ihn die Herren Langfinger nicht so schnell finden. Auch die Impfausweise für Hund oder Katze, die Streckenpläne oder Landkarten und die Adressenliste der Leute, denen wir von unterwegs eine Ansichtskarte senden wollen oder senden müssen, gehören ins Urlaubsgepäck an griffbereiter Stelle.

Überhaupt ist das sachgerechte Verstauen sowieso eine Sache, die man erst im Lauf der Fahrt lernt. Allein nach dem Prinzip, daß leichte Sachen nach oben und schwere nach unten gehören, kommt man sicher auf die Dauer nicht zurecht. Erst die ständige Übung, die Praxis, zeigt einem frischgebackenen Wohnmobilbesitzer, wo welche Sachen verstaut werden wollen.

Das Ventil der Gasflasche wird geschlossen (Vorschrift, damit bei einem Unfall kein Gas ausströmen kann), ein letzter Blick auf den Säurestand der Batterien, die Bremsen, die Beleuchtung. Auch Ölstand im Motor und Füllung des Bremsflüssigkeitsbehälters werden kontrolliert, soweit das nicht schon längst erledigt wurde. Die Wohnung ist abgeschlossen, die Post weiß Bescheid, die Nachbarn sehen nach dem Kanarienvogel und auch die Zeitungsabbonements ruhen für die Urlaubszeit? Dann kann es endlich losgehen!

AUF DER REISE

Die ersten Kilometer fährt man noch etwas unsicher. Das ist normal und gibt sich bald. Lieber zu Anfang etwas langsamer als zu schnell im nächsten Krankenhaus. So ein Fahrzeug ist schließlich ein ganzes Ende breiter und höher als ein PKW. Auch ein ausgesprochenes Rennauto ist es nicht, zumal so vollgepackt. (Die höchstzulässige Belastung haben Sie doch hoffentlich nicht überschritten, oder?).
Unser Wohnmobil braucht kein Rennauto zu sein. Schließlich haben wir Urlaub und an ein bestimmtes Hotel sind wir auch nicht gebunden. Das ist ja das Herrliche, daß wir mit unserem Fahrzeug jederzeit anhalten können, wo sich eine Parkgelegenheit bietet. Da kann man sich viel mehr Zeit lassen, die Schönheit der Landschaft zu studieren (hin und wieder sollte man allerdings wegen des Verkehrs auch mal nach vorne schauen!), man ist von keiner Reiseroute, keinem Magenfahrplan und keiner Geschäftszeit abhängig, man ist endlich frei.
Taucht wirklich unterwegs ein Hindernis auf, sei es nun eine kleine Panne oder eine Verkehrsstockung oder sonst etwas, nehmen Sie es nicht tragisch und tragen Sie es mit Humor. Die Entdeckerfreude, das völlig neue Urlaubsgefühl werden Sie sich doch nicht durch solche Kleinigkeiten kaputtmachen lassen! Wenn der erste Abend in fremder Gegend naht, wird manchem Neuling dennoch etwas komisch ums Gemüt. Die erste Frage: Wo soll man übernachten? Die ersten Nächte sollte man, meiner Ansicht nach, in kleineren oder mittleren Orten, bei Großstädten am Ortsrand verbringen. Etwas abseits gelegene ruhige Seitenstraßen in einem stillen Wohnviertel, ein LKW-Abstellplatz in einem Vorort, ein übersichtliches Industriegelände oder ein nicht zu lauter Parkplatz sind für die ersten Abende und Nächte das Richtige. Später, als alter Hase, kann man schon mal in Nebenstraßen im Zentrum, auf Parkplätzen eines Einkaufs-Centers oder auf einem Kirchenvorplatz übernachten. Wenn die Durchfahrtshöhe ausreichend ist, bildet auch ein zentral gelegenes Parkhaus eine gute Übernachtungsmöglichkeit, meist sogar mit Komfort wie Toilette und Waschbecken. Stellt man sich auf einer Straße zur Nacht zurecht, sollte man erstens darauf

212

Ein rundum winterfest isoliertes, gut beheiztes und belüftetes Wohnmobil (im Bild: Der »Joker« von Westfalia) ist die beste Voraussetzung dafür, daß ein Ski-Urlaub auch ohne Hotelbuchung zu einem angenehmen Erlebnis wird.

achten, daß der Wagen möglichst waagerecht steht, weil das der Kühlschrank lieber hat (sonst heizt er womöglich, anstatt zu kühlen) und weil man außerdem im Bett immer zu der abschüssigen Seite rollt. Zweitens wird man das Fahrzeug versuchen quer aufzustellen, also mit dem Wagenbug zur Straße oder zum Verkehr. Jedes vorbeifahrende Auto erzeugt einen Luftwirbel, der unser Wohnmobil in Schwingungen versetzt. Dem Wohnmobil macht das im allgemeinen nichts aus, aber Ihnen, wenn Sie schlafen wollen und ständig wieder wachgeschüttelt werden. Stellen Sie sich mit Ihrem Wagen in beleuchteten Straßen ab, so wählen Sie möglichst einen Platz direkt unter einer Laterne. Da kann das Licht am wenigsten beim Schlafen stören, andere können infolge der Lampenhelligkeit nicht sehen, daß in Ihrem Fahrzeug auch Licht brennt und schließlich werden auch eventuelle nächtliche Interessenten für Ihr Fahrzeug kein Interesse mehr haben, wenn es so gut beleuchtet ist. Natürlich kann man auch mitten im Wald oder irgendwo im Grünen seine Nächte verbringen, wenn man nicht all zu ängstlich ist. Allerdings sollte man sich, nach meinen eigenen traurigen Erfahrungen, immer so hinstellen, daß man im Notfalle jederzeit abfahren kann. Aus diesem Grunde sollte man auch das Fahrerhaus nicht so mit der

Wochenende am Wasser: Nicht nur eine rollende Ferienvilla für 2 bis 4 Personen, sondern auch gleich noch ein Surfbrett-Transporter ist so ein VW-Bully, wenn er entsprechend ausgebaut wird. Und dabei ist er so handlich, daß er sich auch wochentags als Kleintransporter einsetzen läßt.

Tagesgarderobe vollstopfen abends, daß man nicht mehr starten kann. Aber dann kommt der erste Morgen im Wohnmobil, die Sonne lacht (hoffentlich) zum Fenster herein und bald duftet der Frühstückskaffee durch das ganze Fahrzeug. Das sind dann die Momente, die einen die ganze Mühe und die Kosten vergessen lassen, die mit der Anschaffung eines Wohnmobils verbunden waren.

Die Fahrt geht weiter, die Vorräte müssen aufgefrischt werden unterwegs. Bei der Wasserversorgung ist das nicht weiter schlimm, solange man sich in nordeuropäischen Gefilden bewegt. Jede Tankstelle, jeder größere Rastplatz oder auch Campingplätze sind mit Trinkwasser zur Stelle. Schon in südlichen Gefilden kann es aber bereits zu Problemen kommen betreffs der Genießbarkeit des Wassers. Wer einen empfindlichen Magen bzw. Darm hat, sollte sich zu Hause bereits mit entsprechenden Gegenmitteln versorgen. Die in jedem Dorf oder in Städten befindlichen Wasserhähne (an Brunnen, an Dorfplätzen, auf Kirchenvorplätzen usw. zu finden) geben ein gut verwendbares Brauchwasser ab, das zum Waschen und Kaffeekochen voll ausreicht. Als Trinkwasser würde ich es jedoch erst nach Abkochen und Entkeimen oder nach Durchlauf durch ein Filter-Gerät verwenden. Von dem Genuß auf Flaschen gefüllten Trinkwassers, wie es in Kaufhäusern und Supermärkten überall angeboten wird, mache ich persönlich nur ungern Gebrauch, weil ich nicht weiß, wie lange die Flaschen dort bereits ohne

214

Kühlung herumgelegen haben. Dann greife ich schon lieber zu kohlensäurehaltigen Mineralwässern, die länger haltbar sind.

Der Wassertank im Fahrzeug wird sowieso alle zwei Tage spätestens frisch gefüllt, nachdem er vorher gründlich ausgespült wurde, man kann auch noch ein keimhemmendes Mittel bei diesen »Säuberungsaktionen« verwenden. Sicher ist sicher! Allerdings sollte man dann auch die Pumpe und die Leitungen nicht vernachlässigen.

Apropos Einkaufen in Supermärkten. Ich habe die Erfahrung gemacht, daß sich diese praktischen Einrichtungen vorzüglich zur Auffüllung der Vorräte eignen. Nicht nur, weil sie preiswerter sind als ein umsatzschwächeres kleines Geschäft, sondern weil man nicht die Landessprache zu beherrschen braucht! Alles ist übersichtlich in Regalen zu finden, man braucht keinen Menschen nach etwas Bestimmtem zu fragen, und sogar die Preise stehen (meist) dran. Man hat auch Zeit genug, diese Preisangaben in die eigene Währung umzurechnen (praktisch mit einem der kleinen spottbilligen Elektronenrechner!), um die Preiswürdigkeit zu prüfen. Da hat man es in einem Bazar schon schwerer, wenn man weder der Sprache noch der orientalischen Handelsbräuche mächtig ist. Aber schließlich hat man sich ja ein Wohnmobil auch angeschafft, weil man noch ein kleines Zipfelchen Romantik und Abenteuer erleben möchte. Und da gehört halt ein Einkaufsbummel in einem solchen Bazar einfach dazu.

Eine ganze Menge Sinn für Romantik wird auch unser »Bord-Steward« aufbringen müssen, also derjenige, der für die Hausarbeiten an Bord zuständig ist. Bei so profanen Tätigkeiten wie Hosenbügeln oder Haa-

Ein Ruhetag wird eingelegt. Alle paar Tage sollte man sich die Zeit nehmen, sich und sein Fahrzeug auf Vordermann zu bringen. Wenn die Wäsche am Trockengestell flattert, ist Zeit für eine gründliche Wagenreinigung, Überprüfen der Vorräte, Haarewaschen und Studium der Landkarte. Auch eine zünftige Tageswanderung in guter Luft kann dem geplagten Autofahrer nur gut tun!

retrocknen geht nämlich unsere hochmoderne Technik in die Knie. Die Kapazität unserer Batterien im Fahrzeug würde die Leistung nicht erbringen können, die ein Bügeleisen oder ein Haarfön benötigen. Abgesehen davon gibt es für 12 Volt weder das eine noch das andere Gerät im Handel. Nach bewährter Urvätersitte greift man zu einem als Souvenir gekauften, echt eisernen Hand-Bügeleisen, das man dann auf dem Gaskocher auf passende Temperatur bringt.

Schwieriger ist es schon mit der Haartrocknerei, besonders bei weiblichen Passagieren mit anspruchsvollem langem Haar. Wenn die Mittagssonne und eine handliche Haarbürste nicht ausreichen und ein Friseur nicht in der Nähe ist, bleibt nur noch Trick 17: Die Wagenheizung oder Zusatzheizung voll aufgedreht, den zugehörigen Ventilator oder das Warmluftgebläse eingeschaltet und mit einem passenden Schlauch (oder einem zusammengerollten Regenmantel, was tut man nicht alles in seiner Verzweiflung!) die warme Luft in Richtung nasse Haare gelenkt. Pfiffige Bastler haben beim Selbstbau der Einrichtung für solche Zwecke natürlich gleich ein Abzweigrohr mit einer Düse an entsprechender Stelle in das Heizungssystem eingebaut, womöglich noch mit einer Plastiktrockenhaube, die zusammengefaltet keinen Platz benötigt. Aber schließlich muß man sich ja auch einmal dafür dankbar erweisen, daß unsere Reisegefährtin so viel auf sich nimmt. Denn leicht hat es eine Campingfrau wirklich nicht immer mit uns Herren der Schöpfung. Pünktlich soll das Frühstück, das Mittag- und das Abendessen auf dem winzigen Campingtisch stehen, nachdem die Mahlzeiten in einer genau so winzigen und recht simplen »Küche« mühsam zubereitet wurden. Während »er« sich meist nach dem Mahl in die Zeitung oder die Autokarten vertieft, um die kommende Fahrtroute zu »ermitteln«, muß die Camperfrau in einem fingerhutgroßen Abwaschbecken das Geschirr säubern. Allenfalls zum Abtrocknen findet sich nach längeren Diskussionen jemand bereit. Dann ist es Zeit zum Saubermachen oder Betten-Herrichten und schon ist der Tag herum! Raffen wir uns also auf und führen unsere Crew als Belohnung öfter mal zum Essen aus. Oder zum Friseur. Erstens kann man sich das als Käptn schon mal erlauben und zweitens macht die Fahrt mit einer zufriedenen Mannschaft mehr Spaß! Übrigens braucht das Essen unterwegs in Ihrem Wohnmobil weder bescheiden und dürftig zu sein noch viel Arbeit zu machen. Eine kleine Zwischenmahlzeit oder ein leichtes Abendbrot aus Instant-Menüs und ein paar frischen Zutaten ist genau so schnell bereitet wie ein Jägerschnitzel mit Champignons in Rotweinsoße. Solche und viele andere leckere Fertiggerichte gibt es neuerdings in Klarsichtpackungen zu kaufen, die sich ohne Kühlung (!) einige Monate halten, sofern die Verpackung noch nicht beschädigt ist. Nach 10 Minuten in heißem Wasser kann man das Menü schon ser-

**Urlaub in der Groß-
stadt.** Selbst im Zen-
trum einer Großstadt
wie Paris finden sich
Seitenstraßen und
Parkplätzte, wo man
relativ ungestört ein
bis zwei Tage »woh-
nen« kann.
Das Wohnmobil tritt
als Störfaktor kaum
unangenehm in
Erscheinung, weil
man zumeist tags-
über auf Einkaufs-
bummel oder auf
Jagd nach Sehens-
würdigkeiten ist.

vieren, ohne daß unser Smutje stundenlang in der Bordküche (sprich:
Kombüse) zu schwitzen braucht. Den Abwasch kann man sich ersparen, wenn man Wegwerfgeschirr benutzt. Wegwerfen sollte man es
allerdings nur in entsprechende Müllbehälter auf dem nächsten Rastplatz und nicht in der freien Natur, wo andere ja schließlich auch noch
ihre Freude dran haben wollen (an der Natur, nicht am Müllplatz!). Einen Kühlschrank braucht man auch nicht unbedingt für die Getränke.
Ein nasser Lappen, um die Bier- oder Sprudelflasche gewickelt und in
den Fahrtwind gestellt, kühlt den Flascheninhalt auch einigermaßen.
Mit dem Trinkwasser geht das noch besser, wenn man (beispielsweise
von Sport-Berger) einen Leinen-Wassersack verwendet. Sobald dieser
Wasserbehälter aus Naturleinen naß ist, wird durch die ständige geringe Wasserverdunstung an der Behälter-Oberfläche das Wasser frisch
und geschmackfrei gehalten. In den Kühlschrank sollte man dagegen

die Filme packen, die man auf der Urlaubsreise mitführt. Sowohl belichtete als auch unbelichtete Filme halten sich dort besser, besonders Farbfilme. Vor dem Gebrauch wird man sie allerdings erst einmal ein halbes Stündchen temperieren lassen, indem man sie an ein schattiges, nicht zu heißes Plätzchen im Wagen packt. Hitze und Fotoapparat vertragen sich genau so wenig! Eine Kamera gehört nun mal nicht ins Handschuhfach bei 60 Grad Celsius im Wagen. Dafür gibt es ein mit Schaumstoff ausgepolstertes Fach, das man sich irgendwo im Wagen an versteckter Stelle eingerichtet hat. Allerdings nicht zu versteckt, sonst hat man den Fotoapparat oder die Filmkamera gerade dann nicht zur Hand, wenn man an einem tollen Motiv vorbeikommt.

Wenn man dann aus dem Wagen steigt, um sich die Gegend anzuschauen oder einen Bummel durch die fremde Stadt zu machen, gehört die Kamera natürlich dazu. Im Wagen sollte man sie zumindest nicht offen herumliegen lassen, denn manche Langfinger fühlen sich vom Anblick wertvoller Gegenstände im Fahrzeug geradezu magnetisch angezogen. Ein unbedachter Augenblick, ein Moment der Trägheit unsererseits kann das ganze Urlaubsvergnügen gefährden. Bestenfalls sind die Wertsachen weg, im schlimmsten Fall sogar samt dem drumrumbefindlichen Fahrzeug. Ein Brustbeutel mit den wichtigsten Dokumenten und einem Teil Reisegeld kann da das Übel verringern, man kann zumindest sich ausweisen und man kann auch notfalls nach Hause telefonieren und um Hilfe bitten. Aber nur mit Badehose und Sonnenbrille bewaffnet macht sich das nicht gut, finde ich. Eine entsprechende Alarmanlage, für wenige Mark angeschafft, kann Wunder wirken. Aber auch ein vierbeiniger Wächter ist eine gute Sache.

Wenn man in einem Hotel absteigt, ist man immer auf das Entgegenkommen des Wirtes angewiesen, ob ein Hund mit hinein darf. Hat der Hund infolge der ungewohnten Umgebung oder wegen anderen Futters, im Hotel nachts ein Bedürfnis, sind meist alle Türen verschlossen und der Hundehalter gerät in arge Bedrängnis. Wieviel bequemer im Wohnmobil: Man braucht keinen Menschen um Erlaubnis zu fragen, das Tier kann im Fahrerhaus schlafen, ohne etwas verschmutzen zu können.

Besteht nachts der Wunsch, Gassi zu gehen, ist es nur ein Handgriff und die Tür ist auf. Andere Tiere sind da viel unangenehmer zu ertragen: Ich meine die Mücken, Fliegen und sonstige Insekten, die einem das Leben schwer machen können, besonders abends, wenn das Licht sie anzieht und irgendwo ein Schlupfloch zu finden ist. Mit Insektenspray würde ich im Fahrzeug nicht hantieren, weil der relativ kleine Raum schließlich auch die Atemluft enthält und ich auf die Dauer nicht die Konstitution habe wie manche Fliegen, die sich über das Spray allenfalls totlachen. Da habe ich lieber eine solide altdeutsche Fliegen-

Nobody is perfect. Junge Leute haben nicht immer das Geld für ein luxuriöses Wohnmobil, aber mit ein wenig Improvisationstalent und Beschränkung auf das Wesentliche sehen sie oft mehr von der Welt als ein »Hotel-Urlauber« mit Reiseleiter und Hostess.

klatsche zur Hand und gehe abends auf Jagd, selbst wenn gerade Schonzeit ist. Besser ist natürlich, wenn man gar kein Ungeziefer erst in den Wagen läßt. Ich habe mir zum Beispiel aus einem Stück gelochten Alu-Blech, das ich mit Fliegengaze bespannt habe, einen Fenstereinsatz für das Fahrerhausfenster gebastelt. Die Scheibe wird heruntergekurbelt, das Gitter eingesetzt in die Gummidichtungen und die Scheibe von unten wieder zart gegengedreht. Ein kleines Winkelprofil mit Tesamollauskleidung verhindert das Abrutschen des Gitters unten an der Fensterscheibe.

Gegen die Plagegeister in wärmeren Gegenden, die Mücken, kann man auch dank der Technik mittlerweile elektronisch vorgehen. Der »Skeeter-Skat«, ein elektronischer Mückenschreck mit einem 9-Volt-Trokkenbatterie-Antrieb, vertreibt die Blutsauger in einem Umkreis von über 2 Meter. Zum Spazierengehen kann man das Gerät an der Kleidung mit sich tragen. Im Fahrzeug würde ich den Skeeter-Skat so umbauen, daß er seinen Saft von der Autobatterie beziehen kann, um Trockenbatterien zu sparen. Leider weiß ich nicht, was Haustiere von dem Gerät halten und wie sie darauf reagieren. Wer jedoch ohne Hund und Katze unterwegs ist, sollte sich ruhig mit solchen Errungenschaften der Technik vertraut machen. Bedauerlicherweise ist die Technik noch nicht überall so weit, und elektronisch läßt sich auch nicht alles erledigen. Wenn ich daran denke, wie die bessere Hälfte zu Hause das Problem Wäschewaschen mit Hilfe von Waschautomat, Trockenschleuder und Tumbler löst und dann die Möglichkeiten in einem kleineren Wohnmobil betrachtet! Na schön, wenn genug Wasser und Waschmittel vorhanden ist, wird eben mal ein Waschtag eingelegt. Man kann auch auf eine Schnellwäscherei ausweichen, die es ebenso gut erledigt. Kleine Wäscheteile sind im Handwaschbecken mit Waschmittel aus der Tube dagegen rasch durchgewaschen, und zum Trocknen bietet der Campingfachhandel für wenige Mark ein zusammenfaltbares, plastikbespanntes Trockengestell an, das sich überall außen und innen am Wagen aufhängen läßt. Natürlich wird man die Wäsche nicht gerade tropfnaß im Fahrzeug aufhängen, wenn man keinen Duschraum hat.

Problematischer ist es schon, wenn das ganze Fahrzeug unterwegs mal eine Wäsche verlangt. Man möchte ja nicht mit einem schmutzstarrenden Ungetüm reisen. Paßt der Wagen nicht in eine Waschstraße und findet sich auch keine Tankstelle, bleibt einem nur der Weg zu einem Bach oder See, besser ist allerdings eine Wagenwäsche mit bordeigenen Mitteln: Auf den Wasserhahn im Wagen wird ein Plastikschlauch aufgesteckt und die Pumpe der Wasserversorgung betätigt. Hat man Glück und eine genügend starke Pumpe, kann man so sein Wohnmobil wieder zu einem ansehenswerten Fahrzeug zurückverwandeln. Der Trick mit dem Schlauch geht auch, wenn man unterwegs mal duschen möchte. In jedem Falle aber sollte man schnellstens die Wasservorräte auffüllen, Wasser ist nun einmal sehr wichtig auf der Reise. Und schließlich will man ja alles tun, damit die Reise wirklich ein angenehmes, unvergeßliches Erlebnis wird.

NACH DER REISE

Sind Sie wieder glücklich zu Hause angekommen, wird zunächst einmal der gesamte Wagen gründlich entrümpelt. Nicht nur eine Reihe Mitbringsel für die Verwandtschaft und die Souvenirs für die Dielenwand müssen ausgeräumt werden, sondern auch das Geschirr bedarf einer gründlichen Reinigung, die Betten sind frisch aufzumöbeln und müssen gegebenenfalls in die Reinigung, falls man nicht gleich praktische Kunstfasermaterialien gewählt hatte, die jetzt bloß noch in die Waschmaschine brauchen. Nachdem auch die letzten Ausrüstungsgegenstände von Bord gebracht sind, wird mit dem großen Haushalt-Staubsauger auch das letzte Körnchen Mittelmeersand und die verwelkte Orchideenblüte vom Strandfest aus dem Wagen herausgeholt. Anschließend geht man mit Kunststoffreiniger, Teppichschaum und

einem guten Reinigungsmittel der Einrichtung an den Kragen. Schließlich soll für die nächste Fahrt alles wieder blitzen und strahlen. Auch die
technische Einrichtung will überprüft werden, die Dichtigkeit aller Leitungen und Armaturen wird untersucht, und wenn alles für gut befun-
den wurde, wird unser braves Wohnmobil zum Kundendienst gebracht,
der es auf technische Mängel hinsichtlich Fahrgestell, Motor, Bremsen
usw. unter die Lupe nimmt. Der Abschmier- und Wartungsdienst wird
vielleicht noch gar nicht nötig sein, wenn das Fahrzeug vorher immer
laufend gewartet wurde. Dennoch sollte man einem Wohnmobil diese
Arbeiten gönnen, mit frischer Ölfüllung, nachgefülltem Batteriewasser
und abgeschmierten Lagern wird uns das Fahrzeug bei der nächsten
Reise sicher nicht enttäuschen. Natürlich wird man die Zeit zwischen
zwei Reisen auch dazu benützen, die Einrichtung zu verbessern und zu
vervollständigen. Neue Erkenntnisse wird es in dieser Hinsicht immer
geben. Die Vorräte im Fahrzeug, also Gas oder Heizöl usw. werden am
Besten ebenfalls so bald als möglich aufgefrischt, dann kann später
nichts so leicht vergessen werden. Wenn Sie das Fahrzeug nun noch,
entsprechend gut belüftet und mit offenem Kühlschrank und offenen
Wasserkanistern (damit nichts muffig wird) irgendwo unterstellen bis
zur nächsten Entdeckungsreise, haben Sie eigentlich alles getan, um
noch viele Jahre Freude an dem zu haben, was Ihnen ein großes Stück
Freiheit geschenkt hat: an Ihrem Wohnmobil!

I.) Wohnmobil-Hersteller und Importeure:

Joseph Arnold Fahrzeugbau
Kanalstraße 7
7980 Ravensburg

Bischofberger Fahrzeugbau
Sulzbacher Straße 177
7150 Backnang

Dera-Werk
Postfach 1448
5308 Rheinbach-Hilberath

Erika-Fahrzeugbau GmbH
Biberacher Straße 98
7967 Bad Waldsee

Gerhard Grau Grawomobile
Marktstraße 15
7022 Leinfelden

Joch KFZ-Teile
Ikarusallee 10
3000 Hannover 1

Wilhelm Karmann GmbH
Postfach 2609
4500 Osnabrück

Kick-Mobil-Mehrnutz GmbH
v. Eberspeckstraße 27
8058 Reisen

Karosseriebau Kröller
Industriegebiet
6251 Gückingen/Lahn

Motorhomes Handels GmbH
Rellinghauser Straße 334
4300 Essen 1

Niesmann GmbH
Industriestraße 12
5403 Koblenz-Mülheim

Ottenbacher GmbH
Freiburger Straße 39
7950 Biberach/Riss

Gerhard Rüdel Fahrzeugbau
7175 Vellberg 1

Autohaus Strache
Mainzer Straße 174
6200 Wiesbaden

Syro Campingeinrichtungen
Bahnhofstraße 31
6105 Ober-Ramstadt

Teca Reisemobile GmbH
Braas-Straße 24
3260 Rinteln 1

Teutoburger Fahrzeugbau GmbH
Zum Rotenberg 2–4
4930 Detmold 1

Josef Tischer Fahrzeugbau
Postfach 1226
6983 Kreuzwertheim

Tabbert Wohnwagenwerke
Postfach 2280
8730 Bad Kissingen

Trueblood-Reisemobile
Schmidtstraße 47
6000 Frankfurt 1

Voelkel Reisemobile
Aubingerstraße 128
8000 München 60

Karosseriefabrik Voll KG
Postfach 3240
8700 Würzburg-Heidingsfeld

Karosseriewerke Weinsberg
Kernerstraße 23
7102 Weinsberg

Westfalia-Werke
Postfach 2640
4840 Wiedenbrück

GS Winnebago KG
Rehlingstraße 6
7800 Freiburg

Wohnwagen-Gèrard
Aichstraße 3–7
8123 Peißenberg

II.) Baukasten-Sätze und Bauteile:

Fritz Berger
Postfach 1160
8430 Neumarkt 1

R. Butz
Hackhausen 66
4053 Jülich 2

Camp Mobil GmbH
Fürstenfeld 7
8080 Fürstenfeldbruck

Carthago-Einrichtungen
Henri-Dunant-Straße 48
7980 Ravensburg

Dera-Werk
Postfach 1448
5308 Rheinbach-Hilberath

Emu-Reisemobile
Alfons Stauderstraße 16
85 Nürnberg-Katzwang

Gerhard Grau Grawomobile
Marktstraße 15
7022 Leinfelden

Intercamp GmbH
Föhrenweg 22/24
8011 Vaterstetten

Joch KFZ-Teile
Ikarusallee 10
3000 Hannover 1

Kick Mobil Mehrnutz GmbH
v. Eberspeckstraße 27
8058 Reisen

Motor-Camp Miegel
Thurneysser Straße 2
1000 Berlin 65

Ormocar Reisemobile
in der Zeil 24
6749 Dörrenbach

Reisemobil Center GmbH
Sudetenstraße 3
6073 Egelsbach

Varioplan
Bahnhofstraße 20
4555 Rieste

Syro Campingeinrichtungen
Bahnhofstraße 31
6105 Ober-Ramstadt

Karosseriewerke Weinsberg
Kernerstraße 23
7102 Weinsberg

Teca Reisemobile GmbH
Braas-Straße 24
3260 Rinteln 1

Westfalia-Werke
Postfach 2640
4840 Wiedenbrück

III.) Weiteres interessantes Zubehör:

Sport-Berger
Postfach
8047 Karlsfeld-Rothschwaige

H. Pongratz
Mühldorferstraße 6
8266 Töging/Inn

Gösser Caravan GmbH
Giesestraße 1
5860 Iserlohn

Rau GmbH
Hammerschmiedgasse 1/12
7312 Kirchheim-Teck

H. Hamer
Vogteistraße 34
5353 Mechernich

Te-Caravans GmbH
Kölner Straße 37 b
4330 Mülheim

W. Lilie
Häuserwiesenstraße 20
7022 Leinfelden

Truma P. Kreis GmbH + Co
Postfach 801040
8000 München 80

Jack Pielert
Kelbergerstraße 15
5531 Nohn/Eifel

Wolfbart GmbH
Heinrich Lanzstraße 2
6941 Laudenbach

DAS WOHNMOBIL UND DER TÜV:

Für die Zulassung eines Eigenbau-Wohnmobils als »Sonder-KFZ Wohnwagen« hat die Vereinigung der Technischen Überwachungsvereine e.V., Postfach 103834 in 4300 Essen 1 ein Merkblatt mit Mindestanforderungen herausgebracht, in dem unter anderem festgelegt ist:

Daß beim Ersatz einer (bisher mittragenden) Karosserie durch einen anderen Aufbau der KFZ-Hersteller schriftlich zustimmen muß.

Daß für Aufbauten möglichst Werkstoffe nach DIN 53438 (F1) und schwerentflammbare Materialien verwendet werden sollten.

Daß eine Verständigung zwischen Wohnteil und Fahrzeugführer möglich sein muß, evtl. sogar durch besondere Einrichtungen.

Daß im Wohnteil zwei voneinander unabhängige Fluchtmöglichkeiten nach außen gegeben sein müssen, jedoch nicht auf gleicher Wagenseite.

Daß von außen abschließbare Türen sich auch von innen öffnen lassen.

Daß Fenster an mindestens zwei Fahrzeugseiten vorhanden sein müssen, davon eins im Wohnteil, wenn Durchgang zum Fahrerhaus besteht.

Daß zwei Fenster im Wohnteil vorhanden sein müssen, und zwar auf verschiedenen Seiten, wenn das Wohnteil vom Fahrerhaus getrennt ist.

Daß begründete Ausnahmen möglich sind, sofern ausreichende Beleuchtungseinrichtungen oder ein lichtdurchlässiges Dachteil da ist.

Daß zum Wohnteil ein leichter und sicherer Zugang von außen oder vom Fahrerhaus möglich ist, Trittstufenhöhe max. 400 mm ab Boden.

Daß Einbauten fest montiert sind, der Wohnteil den überwiegenden Teil des Fahrzeugs einnimmt und einen wohnlichen Eindruck macht.

Daß der Wohnteil so beschaffen sein muß, daß bei Unfällen die Verletzungsgefahr Mitreisender möglichst gering ist.

Daß für Gasgeräte eine Prüfbescheinigung gemäß Abs. 6 des DVGW-Arbeitsblattes G 607 vorgelegt werden muß.

Daß Wohnteil und Fahrerhaus ausreichend be- und entlüftet werden und Flüssiggas- oder Auspuffanlage keinen Einfluß haben können.

Daß der Wagenboden absolut dicht ist, wenn die Heizung Abgase unter den Wagenboden leitet.

Daß bei von innen zugänglichem Gaskasten die vorgeschriebene Entlüftung nur seitlich in Bodennähe angeordnet werden darf.

Daß Bodenöffnungen für Bedienteile mit Gummimanschetten abzudichten sind und bei o. a. Gasanlagen keine anderen Bodenöffnungen erlaubt sind.

Daß Heizungen ein bauart-genehmigungspflichtiges Fahrzeugteil sind, wenn Fahrerhaus und Wohnteil miteinander verbunden sind!

225

Daß im KFZ-Brief einzutragende Sitze samt Lehnen und Befestigungen sicheren Halt bieten und allen Betriebsbeanspruchungen stand halten.

Daß derartige Sitze eine geeignete Haltemöglichkeit wie z. B. Griffe oder Sicherheitsgurte aufweisen müssen.

Daß diese Haltemöglichkeiten auch bei Sitzen vorhanden sein müssen, die sich zu Betten umbauen lassen.

Daß lose Polster gegen Verrutschen zu sichern sind.

Daß der Bodenbelag im Wagen eine bessere Rutschsicherheit aufweist als lackierte Bodenbleche.

Natürlich haben die TÜV's der einzelnen Länder (wie könnte es anders sein!) zusätzlich noch ihre eigenen spitzfindigen Vorschriften, die oft sogar bis ins Detail Polsterstärken, Abwassertanks, Kopffreiheit über den Sitzen usw. vorschreiben.

Da hilft nur, entweder sich vorher nach den geltenden Vorschriften genau zu erkundigen oder, was oft einfacher ist, das Fahrzeug zur TÜV-Abnahme in ein anderes Bundesland zu bringen, denn die TÜV-Wahl ist (noch) frei!

Übrigens: Wer sich ernsthaft mit dem Selbstausbau eines Wohnmobils befassen will, findet sicher in meinem Buch »Campingbusse selbermachen« noch viele weitere Anregungen.

Allen anderen Lesern möchte ich an dieser Stelle für ihre Aufmerksamkeit danken. Mein Dank gilt aber ebenso auch den Firmen, die mich mit Unterlagen und Bildmaterial unterstützt haben.

Johannes P. Heymann

auto motor und sport...

...und Reisen
...und Hobbies
...und Musik
...und Abenteuer
...und Essen
...und Tips
...und Technik
...und Informationen von gestern, heute und morgen